CARTOGRAFÍA MARÍTIMA HISPANA

La imagen de América

Queremos expresar nuestro agradecimiento a la
Dirección General de Relaciones Informativas y Sociales de la Defensa
del Ministerio de Defensa por su apoyo en la edición de esta obra.

© Copyright Lunwerg Editores, S.A.

Diseño, realización y producción:
Lunwerg Editores
Beethoven, 12 - 08021 Barcelona. Tel. 201 59 33
Manuel Silvela, 12 - 28010 Madrid. Tel. 593 00 58

ISBN: 84-7782-265-4
Depósito legal: B-18474-93
Printed in Spain

CARTOGRAFÍA MARÍTIMA HISPANA
La imagen de América

Luisa Martín Merás

COLECCIÓN CIENCIA Y MAR

Directora de la colección
María Dolores Higueras Rodríguez

Ministerio de
Obras Públicas, Transportes y Medio Ambiente

CENTRO NACIONAL DE
INFORMACIÓN GEOGRÁFICA

LUNWERG
EDITORES. S.A.

Ministerio de Industria y Energía
Instituto Tecnológico
GeoMinero de España

Ministerio de Educación y Ciencia

CSIC

Esta nueva línea editorial iniciada por Lunwerg, en colaboración con los ministerios de Educación y Ciencia, Industria y Energía, y de Obras Públicas, Transportes y Medio Ambiente, pretende difundir en amplios sectores culturales la gran gesta marítimo-científica de la España Moderna. El gran reto de la navegación oceánica a la que España se ve empujada por el tratado de Tordesillas que distribuyó las áreas de expansión marítimo-comerciales entre España y Portugal, pone en pie uno de los más importantes desafíos tecnológicos de la Edad Moderna. La España Moderna nace así, bajo el signo de la búsqueda de una cobertura científica y técnica que le permita esta necesaria expansión ultramarina, primero hacia América y más tarde a través del Pacífico hacia Filipinas y Oceanía.

Diseñada con el objetivo de revalorizar y difundir el ingente esfuerzo colectivo que supuso esta colosal expansión marítima, esta línea editorial surge sin límites definidos, teniendo cabida en ella cualquier aspecto valorable de esta gran epopeya moderna: los hombres y sus gestas; la ciencia de las navegaciones; los buques y su tecnología; las instituciones marítimo-científicas; el tráfico y sus rutas de poder marítimo y comercial; los grandes descubrimientos geográficos; el intercambio cultural interoceánico; el arte y el mar y otros aspectos significativos tendrán desarrollo general o monográfico en esta serie que enlaza con los contenidos clásicos de las importantes editoriales anglosajonas especializadas en este tema, con la pretensión de lograr, a largo plazo, para las empresas marítimas españolas el mismo grado de difusión cultural y de reconocimiento por parte de la comunidad científica nacional e internacional.

El propósito es ambicioso. Estudios científicos de relieve se han puesto al servicio de esta nueva línea que pretende difundir, con calidad editorial y serios contenidos, aspectos relevantes de nuestra brillante historia marítima todavía reciente y tantas veces olvidada.

María Dolores Higueras Rodríguez
Directora de la colección

ÍNDICE

a Aurora, Miguel y Luis

I

INTRODUCCIÓN

E l hombre siempre ha estado deseoso de conocer el Universo que le rodeaba, en primer lugar por curiosidad puramente intelectual y en segundo lugar por motivos militares, comerciales o administrativos. A medida que su conocimiento del mundo crecía, la representación cartográfica se desarrollaba también en extensión y en perfección. Así pues el trazado de cartas y mapas parece haber sido connatural al hombre y es casi seguro que los mapas precedieron en la mayoría de las sociedades humanas a la escritura y al uso de los números, aunque no han sido considerados objetos dignos de estudio y conservación hasta el Renacimiento italiano.

Hacer un mapa es una actividad innata al hombre y los viajeros en todas partes del mundo observaron que, al preguntar a un nativo de cualquier país el camino que conducía a un lugar concreto, tomaba una varita y dibujaba en el suelo un esquema del camino, añadiendo a veces ramas o guijarros para señalar algún punto notable; así el producto de esta información sería, sin lugar a dudas, un mapa. Incluso para los pueblos primitivos que vivían como guerreros y cazadores moviéndose continuamente, era vital conocer la dirección y distancia de sus recorridos y sintieron también la necesidad de comunicarse unos a otros el conocimiento del terreno; de esta manera debieron nacer los primeros mapas.

Distintos ejemplos de esta actividad se pueden traer a colación: las cartas marinas de los indígenas de las islas Marshall, formadas por conchas dispuestas sobre un enrejado de fibras de palma; los mapas hechos por esquimales, más perfectos que otros de la misma región confeccionados por hombres blancos; los mapas aztecas y de diferentes países asiáticos y africanos confirman la tesis de la antigüedad de la práctica cartográfica.

Antes de entrar en el estudio y descripción de la cartografía hecha por españoles, que es el objeto de este libro,

conviene clarificar someramente la terminología que vamos a emplear en esta tarea.

Entendemos por cartografía el arte, ciencia y tecnología de hacer mapas y el estudio de éstos como documentos científicos y artísticos. A su vez, mapa sería todo tipo de representación a escala, de la tierra o de cualquier cuerpo celeste. Dentro de esta denominación se incluyen toda clase de mapas, planos, cartas, dibujos arquitectónicos y secciones de edificios, modelos tridimensionales y globos.

Mientras que mapa es una palabra derivada del latín *mappa*, que significa *tela* y es usada en muchas lenguas románicas con el mismo sentido actual, en otras se optó por utilizar la palabra *carta*, que, procediendo de la misma lengua, significaba *documento*. Estas diferentes derivaciones provocan a veces confusión por soportar la misma palabra más de un significado, como sucede en español con la palabra *carta*.

La palabra *cartografía* es un neologismo puesto en circulación por el estudioso portugués Manuel Francisco de Barros e Souza, vizconde de Santarem, en la segunda mitad del siglo XIX, para referirse al estudio de los mapas antiguos. El significado de la palabra se ha ampliado desde entonces pues incluye también el arte y la ciencia de construir mapas contemporáneos.

El principal objetivo de la historia de la cartografía es el estudio de los mapas antiguos; estos son instrumentos fundamentales para ayudar al hombre a conocer en múltiples escalas el universo que le rodea y son también una de las más viejas formas de comunicación humana. Es indudable la importancia de los mapas en la historia de la geografía, exploración, diplomacia, desarrollo económico, planeamiento social y militar, pero no es menos importante el estudio de los mapas a la luz de su vertiente artística.

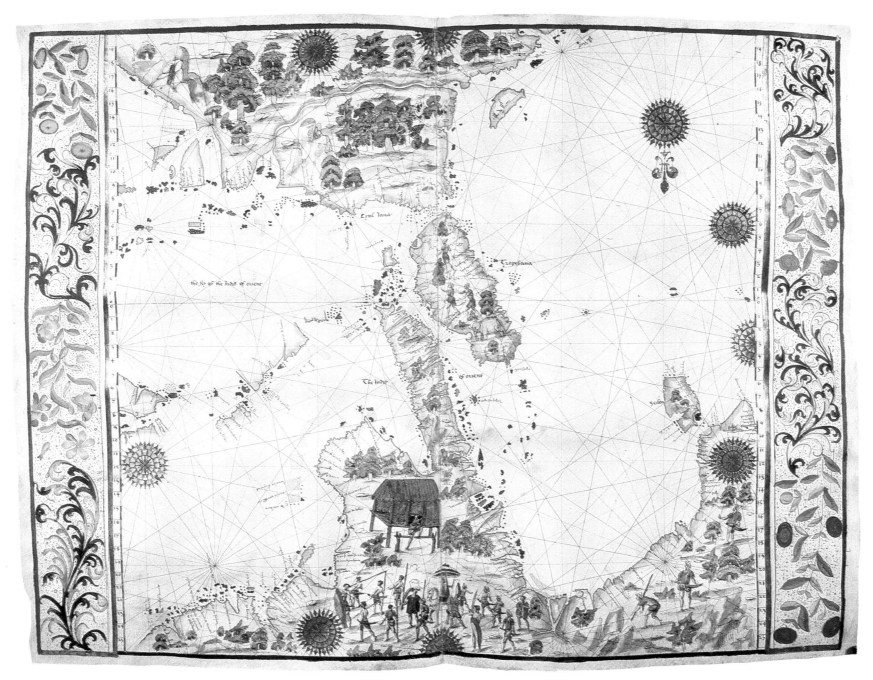

Mapa de las Indias Orientales del cartógrafo francés Jean Rotz. 1542.

Mapamundi medieval de Andrea Walsperger. Biblioteca Vaticana de Roma.

Aspectos artísticos de la cartografía europea

Parece perfectamente natural que los antiguos cartógrafos europeos hayan tratado de dar un sentido artístico a sus mapas. En cualquier caso, los primeros mapas contenían gran cantidad de elementos artísticos, como representaciones de animales, plantas y hombres a menudo en escenas de la vida diaria, paisajes y ciudades. En la Edad Media los mapas aparecían en códices y manuscritos como miniaturas decorativas, algunos manuscritos medievales tienen dibujado un mapa en la letra inicial de un capítulo que empieza por orbis y el círculo de la o resultó el lugar idóneo para dibujar un mapamundi.

Los globos terrestres ilustran doblemente esta teoría pues el aspecto artístico ha tenido desde siempre un gran peso en esta clase de cartografía y eran además por sí mismos objetos de decoración;[1] ya en una pintura de época bizantina aparece un emperador sosteniendo en una mano un globo terrestre. Esta fuerte carga artística y decorativa ha ido aumentando a través de los siglos.

Los cartógrafos medievales llamaban al mapa *Imago Orbis* o *Pictura Mundi* y el concepto de mapa como pintura pervive hasta tiempos muy recientes. El mapa medieval se desarrolló desde una miniatura de un códice hasta llegar al altar de las catedrales; decorado con escenas imaginarias en brillantes y dorados colores era a menudo la obra de un artista más que la de un geógrafo. Este carácter artístico perduró en las cartas portulanas, sobre todo las de la escuela catalano-mallorquina. Los mapas del mundo de los siglos XVI y XVII sirvieron de vehículo para divulgar las maravillas de las tierras recién descubiertas y estuvieron decorados con papagayos y gigantes en Brasil, llamas en Perú, pingüinos en la Tierra de Fuego, elefantes en la India, negros y animales fantásticos en África. Por su parte el océano aparece siempre surcado por naves y animales fantásticos como sirenas, tritones y toda clase de divinidades de las aguas.

La cartografía portuguesa constituye un ejemplo emblemático de una sobrecargada y rica decoración en la que sobresalen las escenas exóticas y la vegetación de las zonas descubiertas junto a los dorados de las rosas de los vientos. Esto es así porque se unen en esta cartografía dos corrientes decorativas muy ornamentadas; la influencia de la cartografía catalano-mallorquina y la tradición pictórica de los países del subcontinente asiático.[2]

Los mapas que aparecen en los manuscritos italianos de la *Geografía de Ptolomeo* fueron embellecidos con retratos del Papa y de los magnates a quienes iban dedicados y, cuando empezó la técnica del grabado en madera y en cobre, la parte artística de los mapas fue a menudo encomendada a artistas del renombre de Durero y Holbein. En esta época del Renacimiento la decoración de los mapas se incrementó notablemente y alcanzó gran calidad, los escudos de armas de los príncipes y nobles relacionados con el mapa, escenas de batallas, alegorías de las artes y de las ciencias agrimensoras y escenas de costumbres y tipos de la región representada en el mapa, se alternaban con los *puttis* italianos y cabezas de soplones representando los vientos;[3] sin embargo el tratamiento artístico de las cartelas que encuadraban el título del mapa y la dedicatoria, no empezó a cultivarse hasta el siglo XVIII.

Los mapas así decorados servían de modelo, en el Renacimiento italiano, para pinturas murales, como se puede comprobar en el palacio Ducal de Venecia, donde había un salón con un fresco de un mapa a finales del siglo XIV y principios del XV que fue destruido por un fuego en 1483 y sustituido por dos nuevos mapas de Africa (1549) y de Asia (1553), ambos hechos por Giácomo Gastaldi; el salón se llama actualmente la *Sala delle Due Mappe*.

Pellegrino Danti de Reinaldo, un conocido astrónomo y cartógrafo de la segunda mitad del XVI, fue famoso por sus mapas murales. Llamado a Florencia por el duque Cósimo de Médicis, dibujó 53 mapas en las puertas de los armarios de su *guardarobba nova* del *Palazzo Vecchio*. En 1580 fue llamado a Roma como cosmógrafo papal y supervisó la ejecución de mapas murales en la *Galleria Belvedere*, hoy llamada *Galleria delle Carte Geográfiche* en el Vaticano, para la que realizó 32 mapas de Italia.

En el monasterio de El Escorial existe también un salón completamente decorado con mapas, esta vez enmarcados, que nos ilustran convenientemente del interés de Felipe II por esta ciencia.

Los mapas fueron también motivo de decoración en los mosaicos, un ejemplo es el casi intacto mapa de Palestina y parte de Egipto, encontrado en las ruinas de la ciudad de Madaba, aunque de esta clase de mapas en mosaicos han sobrevivido pocos por servir, la mayoría, como pavimento de los edificios.

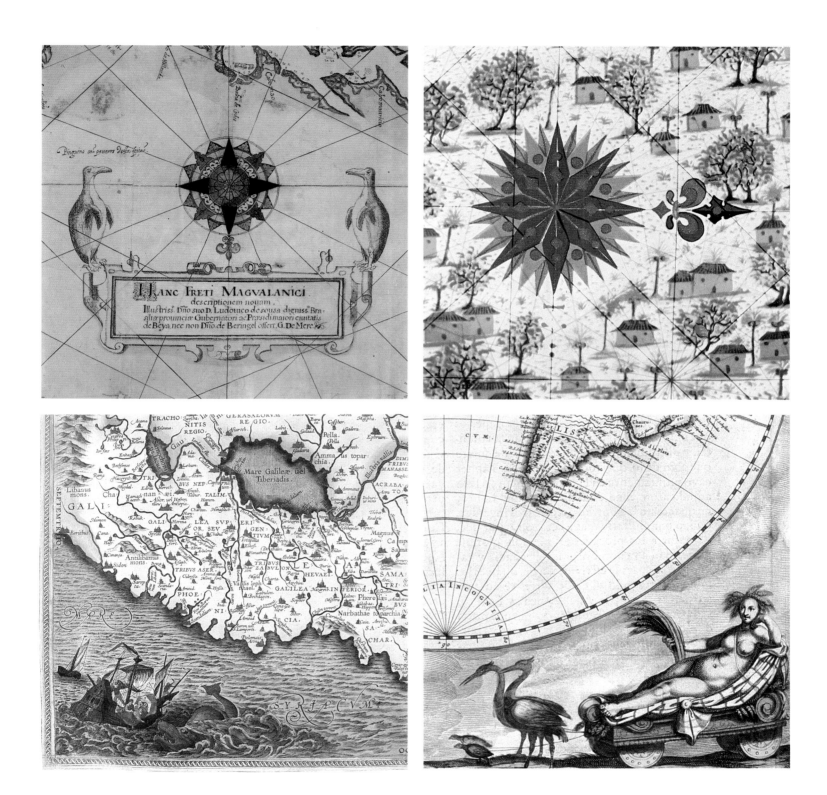

*Cartela de un mapa del siglo XVI del estrecho de Magallanes, en la que se muestran unos pingüinos.
Museo Naval de Madrid. (Arriba, a la izquierda).*

Rosa de los vientos de un mapa del cartógrafo portugués Vaz Dourado. 1570. (Arriba, a la derecha).

Cetáceo y nave del siglo XVI de un mapa del Atlas de Ortelius de 1595. (Abajo, a la izquierda).

Fragmento de un mapamundi de Blaeu del Atlas Universal. 1658. (Abajo, a la derecha).

Ejemplo de decoración renacentista en un mapa de François Oliva.

Trazado característico de la cartografía holandesa de la época.

Cartela con escala de un mapa de Blaeu.

Tronco de leguas o escala del mapa de Vaz Dourado de 1571.

Muchos de estos mapas fueron coloreados y decoraban tanto casas particulares como salones públicos, especialmente en los Países Bajos donde, a partir del siglo XVII, se desarrolló una industria dedicada a suministrar mapas de gran tamaño para decorar estancias en lugar de las pinturas murales.

Los tapices con temas cartográficos fueron otra especialidad de los Países Bajos en el siglo XVI, de donde esta técnica pasó a Inglaterra. Los mapas figuran también en muchos cuadros dentro de escenas costumbristas de pintores holandeses del siglo XVII, sobre todo coincidiendo con el auge del comercio cartográfico en los Países Bajos.[4]

La moda de dibujar mapas en los papeles de las paredes se introdujo en Europa en el siglo XVIII, procedente de China y Japón. Desde el siglo XIV y mucho más en la época de los grandes descubrimientos del siglo XV, se desarrolló el interés en coleccionar mapas por parte de reyes, prelados y magnates. Muchos mapas de Ptolomeo se guardaban en bibliotecas y sirvieron de modelo a copias contemporáneas.

En los siglos XVI y XVII los mapas estaban unidos a intereses nacionalistas y de asentamientos políticos a causa de los descubrimientos y eran también documentos históricos de apoyo a reivindicaciones territoriales.

En el siglo XVIII los mapas además de ser utilizados como se apuntó en los siglos precedentes, también fueron objeto de estudio científico para desvanecer falsas topografías y erróneos descubrimientos.

A estas alturas del tema parece indicado establecer una distinción entre mapas realizados para servir de elemento decorativo y mapas con elementos decorativos; los primeros estarían vacíos de contenido científico mientras que en los segundos la decoración sería un complemento que no afectaría al valor cartográfico. Los mapas decorando cuernos de caza y de pólvora, tabaqueras o globos terrestres como muebles bar se encuadrarían en la primera clasificación. El mapa de Europa con forma de mujer (Johann Putsch, 1537), Asia como Pegaso (H. Bünting, 1582) Suiza como un oso, los Países Bajos como un león (Gourmont, c. 1550) sería una consecuencia político-mitológica de la segunda opción.

Cartógrafos holandeses. Ilustración del libro «Het Licht der Zee-vaert...» de Blaeu. Amsterdam, 1620.

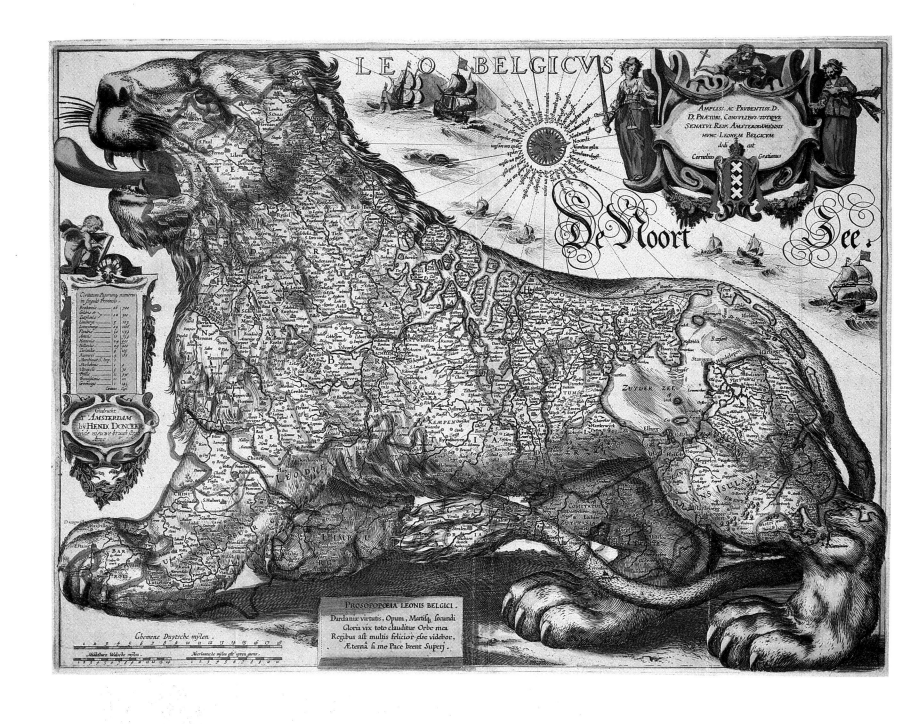

Leo Belgicus. Doncker. Amsterdan.

Cartela de un mapa manuscrito de la Real Compañía Marítima de Santander. 1799.

Rosa náutica de un mapa de Vaz Dourado.

NOTAS

1. Ver H. Moseley, «Behaim's globe and Mandeville's travels». *Imago Mundi* n.º 33. p. 88.

2. D.B. Quinn, «Artits and Illustrators in the early mapping of North América». *The Mariners Mirror*, Vol. 72, 1986. p. 244.

3. R. V. Tooley «Maps in Italian Atlases of the XVIth Century being a comparative list of the Italian maps issued by Lafreri, Forlani, Duchetti, Bertelli and others found in atlases». *Imago Mundi,* Vol. 3, 1939. p. 11-47.

4. J. Keuning, «XVIth Century Cartography in The Netherlands. (Mainly in the Northen Provinces)». *Imago Mundi,* Vol. IX, 1952. p. 35-64.

II

LA CARTOGRAFÍA MEDIEVAL

Cartas portulanas

Es una opinión generalizada que la Edad Media fue una época de ignorancia y desorden entre dos períodos de avanzada civilización; creemos que con la aparición de la carta portulana en el siglo XIV se inicia el amanecer de la cartografía científica.

Fue a principios del XIV cuando los mapas adquirieron un carácter marítimo-práctico pues su objetivo principal era servir a la navegación. Por esta razón sólo se representaba el litoral costero, con algún detalle del interior, como ríos y montes que pudieran servir de referencia a los navegantes, que no perdían nunca de vista la costa en sus viajes.

El origen de esta cartografía es incierto aunque se sitúa en algún momento del siglo XII y está ligado a la generalización del uso de la brújula. Ramon Llull en el libro *Fénix de las maravillas del Orbe* de 1286 dice que los navegantes de su tiempo se servían de «*instrumentos de medida, de cartas marinas y de la aguja imantada*».[5]

Aunque parece claro que estas cartas portulanas se usaban en los barcos como ayuda a la navegación, sin embargo en las que han llegado hasta nosotros no hay ningún rastro de este uso. En este sentido la referencia más antigua de su uso en las galeras mediterráneas la encontramos en una ordenanza del reino de Aragón de 1354, en la que se decretaba que cada galera debía llevar en todas las navegaciones dos cartas marítimas; en la anterior ordenanza de 1331 no se menciona este requisito.

También parece que hubo en el siglo XIV un floreciente comercio de cartas náuticas en el Mediterráneo, así parece indicarlo un documento fechado en Barcelona en 1390 en el que un mercader, Domènech Pujol, envió a Flandes ocho cartas de navegar.[6] Sin embargo un siglo antes de esta fecha ya había aparecido la primera carta portulana que ha llegado a nosotros. Esta primera carta es conocida como *carta pisana* y está considerada como la carta marina más antigua del Occidente europeo; aunque es anónima, su fecha se establece al final del siglo XIII. El nombre de carta pisana procede de una antigua familia de Pisa que la tenía en su poder a mediados del siglo XIX cuando fue comprada por la Biblioteca Nacional de París, pero parece genovesa, al igual que era la galera que naufragó cuando transportaba a Túnez a un personaje importante de la época. Esta embarcación llevaba para ayudarse en su navegación una carta portulana (1270), la primera de la que queda constancia escrita, de donde parece que procede la dicha carta pisana.[7] Está dibujada a pluma sobre pergamino y consigue gran exactitud de proporciones en el trazado de las costas e islas mediterráneas. Algunas manchas de humedad y numerosas desgarraduras hacen ilegible la toponimia del Mar Negro. La costa atlántica más allá del estrecho de Gibraltar hasta Brujas está poco precisada. El sur de Inglaterra aparece muy esquematizado y poco reconocible. Inaugurando una costumbre en esta clase de documentos, los nombres de los puertos están inscritos perpendicularmente a la costa, unos en negro y los otros, considerados como más importantes en rojo. Ninguna indicación geográfica figura en el interior de las tierras. En la parte más estrecha que corresponde al cuello del animal, la escala de distancias aparece en un círculo.

Excepto una cruz de Malta en San Juan de Acre que cayó en poder de los turcos en 1291, no hay ninguna decoración. Sin proyección geométrica aparente ni coordenadas geográficas, subyace una red de trazos rojos y líneas diagonales verdes. Hay también un haz de líneas que se entrecruzan en el interior de dos círculos yuxtapuestos que recubren, uno la cuenca occidental del Mediterráneo y otro la cuenca oriental. Estas líneas, llamadas rumbos de vientos, están dibujadas a partir de los cuatro puntos cardinales: Tramontana, el norte; Levante, el este;

Carta Pisana. ca. 1300. Biblioteca Nacional de París.

Mexojorno, el sur y Ponente, el oeste. Estos rumbos y otros intermedios, correspondientes a las direcciones de la rosa de los vientos forman una trama llamada *mateloio* que es una característica general de este tipo de cartografía. La carta, orientada sobre el norte magnético, está íntimamente ligada al uso de la brújula. El marino, con ayuda de estas cartas puede prever su ruta, seguir el rumbo de uno de los vientos dibujados en la carta y calcular la distancia que debe recorrer.

Estas cartas náuticas abarcaban la cuenca mediterránea principalmente. El historiador sueco Nordenskiöld en su obra *Periplus*,[8] desarrolla la teoría de la construcción, en la segunda mitad del siglo XIII, de un «portulano normal», que representaba las costas de los mares Mediterráneo, Negro y Rojo; esta carta habría servido de patrón a todas las demás y su autor sería precisamente Ramon Llull.

No se sabe la forma en que se realizaba la toma de datos para la construcción de las cartas portulanas; parece que en el siglo XIII existían libros, llamados portulanos, donde se anotaban las particularidades de los puertos y las distancias de unos a otros. Estos datos se pasaban probablemente a cartas parciales que, en un momento dado, se unificaron en una carta náutica general que, por extensión, también se denomina portulano o carta portulana.

Características generales de las cartas portulanas

Las cartas así llamadas carecían de coordenadas geográficas, pero tenían una red de rectas direccionales o rumbos que formaban una tela de araña resultante de prolongar los rumbos de una rosa de los vientos central, los cuales se entrecruzaban con los de otras rosas dispuestas alrededor de la principal. Parece que estas rosas se colocaban en los lugares donde había que cambiar el rumbo de las derrotas más frecuentes, pero generalmente se pueden encontrar con sus centros situados según una circunferencia equidistante en la carta y en número de dieciséis.

La flor de lis con la que suelen representar el norte se documenta a partir del siglo XVI. Llevaban estas cartas una escala en leguas para apreciar las distancias entre los dis-

Carta Portulana de Angelino Dulcert. Biblioteca Nacional de París.

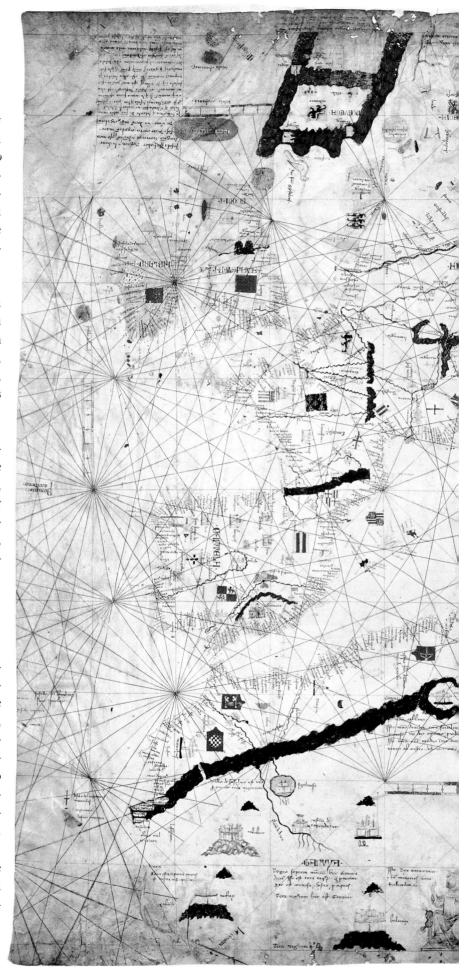

Rosas náuticas. Arriba, con el Norte indicado por una flor de lis y el Este por una cruz. Abajo, con las iniciales de los principales vientos.

tintos puertos, que se llamaba «tronco de leguas». El escritor aragonés Martín Cortés en su obra *Breve compendio de la Sphera y de la Arte de Navegar*, aparecido en Sevilla en 1551, nos ilustra sobre cómo construían estas cartas *«los maestros de hacer cartas de marear»*:

«para la fábrica (de la carta de marear) se supone haber dos cosas. La una es la pusición de los lugares y la otra las distancias que hay de unos lugares a otros. E así la carta tendrá dos descripciones: la una que corresponde a la pusición, será de los vientos a que los marineros llaman rumbos; y la otra, que corresponde a las distancias, será la pintura de las costas de la tierra y de las islas cercadas de mar. Para pintar los vientos o rumbos se ha de tomar un pergamino o un papel del tamaño que se quisiere la carta y echaremosle dos lineas rectas con tinta negra que en el medio se corten en ángulos rectos, la una según lo luengo de la carta que será el este-oeste; y la otra norte-sur. Sobre el punto en que se cortan se ha de hacer el centro y sobre él dar un círculo oculto que casi ocupe toda la carta, el cual algunos dan con plomo porque es fácil de quitar. Estas dos lineas dividen el círculo en cuatro partes iguales. Cada parte de estas repartiremos por medio con un punto. Después, de un punto a otro, llevaremos una linea recta diametralmente con tinta negra y así quedará el círculo dividido con cuatro lineas en ocho partes iguales que corresponden a los ocho vientos. Asimismo se ha de repartir cada ochava en dos partes iguales y cada parte de estas se llamará medio viento. Y luego llevaremos de cada un punto a su opósito diametralmente una linea recta de verde o de azul. E también cada medio viento se ha de dividir en el círculo en dos partes iguales(...)» Termina la explicación del trazado de los rumbos con lo siguiente: *«Es costumbre pintar sobre el centro de algunas destas agujas o de las más, con diversos colores y con oro una flor de lis y el este con una cruz. Esto sirve allende de distinguir los vientos, de ornato de la carta lo cúal casi siempre se hace después de asentada la costa.*

»La colocación de los lugares y puertos y islas en la carta, según sus propias distancias, consiste en particular y verdadera relación de los que lo han andado; y así son menester padrones de las costas, puertos y islas que se han de pintar en la carta, y hase de procurar los más aprobados y verdaderos que se hallen; y no solamente padrones pintados, más también es menester saber las alturas del polo de algunos cabos principales y de puertos y de famosas ciudades».

Estas cartas así trazadas con la ayuda de la brújula, dada a conocer por los árabes, permitían a los navegantes determinar sus derrotas. El método de obtener el rumbo por la brújula y la distancia por la velocidad de la nave, se llama navegación de estima.

Los centros en los que aparecen por primera vez cartas portulanas son: Génova, Palma de Mallorca y Venecia. El primer cartógrafo del que se conoce un trabajo firmado y datado es el genovés Petrus Vesconte (1311), aunque su carta sólo representa la mitad oriental del Mediterráneo ya que parece que este cartógrafo desarrolló su trabajo en Venecia. El segundo es el mallorquín Dulcert (1339).

La controversia sobre si fueron mallorquines o genoveses los que iniciaron esta cartografía está hoy atenuada, pero comenzó después de que Nordenskiold asegurara que el modelo a partir del cual se desarrolló esta cartografía fue un trabajo catalano-mallorquín. Le siguen con distinto razonamientos H. Winter[9] y M. Destombes.[10] La tesis del origen italiano de las cartas portulanas la defienden los italianos A. Magnaghi,[11] R. Almagiá,[12] G. Caracci[13] y el alemán K. Kretschmer.[14]

Sin entrar en esta polémica, hay que señalar que con un porcentaje mínimo de errores y una gran riqueza de datos, además de excelente ornamentación, los mallorquines en el siglo XIV sobrepasaron a las escuelas italianas, que no se pusieron al día hasta el siglo XV; ambas escuelas continuaron un desarrollo paralelo en el siglo XVI, en el que se produjo la transición de la cartografía náutica mediterránea a la atlántica con la escuela portuguesa y sevillana.

Características de las cartas portulanas catalano-mallorquinas

Siguiendo a Rey Pastor[15] llamamos cartografía catalano-mallorquina al conjunto de cartas náuticas o portulanas que reúnen alguna de estas tres condiciones: estar firmadas en la isla de Mallorca, estar construidas por un cartógrafo mallorquín o tener los topónimos en catalán. Las características estilísticas de la escuela catalano-mallorquina son las siguientes:

Toponimia en catalán, más abundante en el Mediterráneo y Península Ibérica.

Leyendas con informaciones útiles al comercio.

Cartas profusamente adornadas con banderas, reyes, animales y perfiles de ciudades.

Representación orográfica del monte Atlas en forma de palmera.

El mar Rojo en ese color por influencia judía.

El río Tajo en forma de bastón rodeando Toledo.

Los Alpes en forma de pata de ave.

Decoraciones religiosas en la parte izquierda del pergamino al lado de la firma, cuando la tienen.

Las decoraciones religiosas aparecen por primera vez en la carta portulana de Jaume Bertrán de 1489, que se encuentra en la Biblioteca Marucelliana de Florencia; está decorada con la Virgen y el Niño, motivo que se repite muy a menudo, así como la representación del Calvario con la Virgen y San Juan al pie de la Cruz. En la carta de Juan de la Cosa aparece, además de una bella estampa de la Virgen con el Niño dentro de una rosa de los vientos en medio del océano, un San Cristóbal en la parte correspondiente al continente descubierto por Colón.

La decoración más curiosa aparece en una carta de Mateo Prunes de 1571 en la que la Virgen sostiene con un brazo al Niño y con el otro blande un palo para darle un estacazo a un pequeño demonio que quiere llevarse a una figura humana agarrada a las faldas de la Virgen y que muy bien podría ser el autor.

Los mares interiores están representados por rayas onduladas en sentido horizontal y las barras de la corona de Aragón suelen cubrir la isla de Mallorca; esta isla, junto con las de Malta y Rodas está especialmente resaltada en las cartas que estamos estudiando.

Aunque en las cartas portulanas se siguen incluyendo algunos elementos fantásticos como la representación del famoso Preste Juan de las Indias, los cuatro ríos del Paraíso y las fabulosas noticias de islas en el Atlántico, estos elementos no alteraron ni la información práctica ni la concepción científica con que está trazada esta cartografía.

Las cartas portulanas están pintadas sobre una piel de cordero o ternero extendida, con el cuello del animal hacia la izquierda o poniente, aunque hay algunas cartas venecianas que, de forma excepcional, tienen el cuello del pergamino hacia el este, tal vez porque al desenrollar la carta lo primero que aparecía era la zona oriental del Mediterráneo que era la más frecuentada por las naves de esa ciudad.

A comienzos del siglo XVI empiezan a aparecer cartas en varias hojas, también en pergamino, siguiendo el antecedente remoto del famoso atlas catalán de 1375.

Construyen atlas porque la zona geográfica se amplía, ya que cuando se descubrió América, seguramente urgidos por sus clientes, los cartógrafos de esta escuela incluyeron las tierras recién descubiertas.

El estilo mallorquín aparece sometido a unas normas rígidas; fue una industria gremial, frecuentemente desarrollada por una misma familia y sin carácter o apoyo oficial, que sin embargo pervivió durante tres siglos. El instinto gremial les llevó a firmar sus cartas con el patronímico, no importa donde las hicieran.

El atlas catalán de c. 1375, atribuido a Abraham Cresques y conservado en la Biblioteca Nacional de París, se considera la obra maestra de la escuela catalano-mallorquina. Es un pergamino de doce folios iluminados ricamente y pegados sobre cinco planchas de madera de 640 x 250 mm y representa todo el mundo conocido en el siglo XIV. Cuatro de las doce hojas representan asuntos de cosmografía y navegación, entre ellos un calendario perpetuo, las restantes ocho hojas componen el mapa propiamente dicho.

No está firmado ni fechado y no se sabe con seguridad si fue hecho por Abraham Cresques, como se ha venido afirmando generalmente. Sí es seguro que fue un regalo de Juan I, heredero de la corona de Aragón a Carlos V de Francia y en el inventario de la biblioteca real de 1380 aparece reseñado. Así pues, entre 1375 que es la fecha para el que está construido el calendario perpetuo que se incluye en el atlas y la de 1380, citada anteriormente, estaría el año de su ejecución. Este argumento se contradice con una carta que Juan I envió al rey de Francia en 1381, anunciando el regalo de una carta de Cresques, el judío.

Independientemente de estos problemas, el atlas de Carlos V es uno de los más bellos ejemplos de la cartografía catalano-mallorquina del siglo XIV. La pertenencia a esta escuela está avalada por las leyendas en catalán y la ornamentación característica, aunque también participa de elementos procedentes del mapamundi medieval. El estilo

es el de una carta portulana excesivamente alargada para incluir Asia y las islas del Japón, regiones que están muy bien dibujadas gracias a la excelente información geográfica proporcionada por los viajes de Marco Polo y por las redes comerciales judías. La hoja del atlas que representa los archipiélagos del Atlántico es un buen ejemplo de la voluntad de armonizar informaciones de diferente origen; las Canarias, recién descubiertas, aparecen todas reseñadas y al norte hay un conjunto de islas que podrían ser las Azores. La costa de África aparece muy bien cartografiada y con una importante puesta al día en los descubrimientos más recientes y sobre ella un navío evoca en dos líneas de comentario la partida del catalán Jaume Ferrer hacia el río de oro en 1346.

Las excepcionales dimensiones del atlas que comentamos, provocaron la aparición de un elemento repetido después incesantemente en la cartografía posterior: la rosa de los vientos. Al no poder abarcar el portulano de una sola mirada había que encontrar un método más sencillo para indicar la orientación que el de escribir el nombre de los vientos en la periferia de los rumbos. Este problema se solucionó incluyendo varias rosas de los vientos en cada hoja del pergamino. Los ocho vientos principales se dibujaban en azul, rojo o poniendo la inicial del nombre en catalán; hay una insistencia particular en señalar dos direcciones, el este, que en los mapamundis medievales estaba indicado con una cruz por la creencia de que en esa dirección estuvo el Paraíso Terrenal, y el norte señalado con las siete estrellas de la Osa Menor que luego se convirtieron en una flor de lis.

Al incorporarse las Baleares a la confederación aragonesa en 1229, los puertos de Palma, Barcelona y Valencia se convirtieron en bases de una actividad comercial que se extendía por todo el Mediterráneo. La actividad cartográfica se desarrolló en Mallorca porque las circunstancias históricas hicieron de esta isla en el siglo XIV y XV un cruce de culturas y un centro comercial de primer orden ya que existía un sustrato comercial y científico que lo hizo posible.

Una de las principales diferencias entre las cartas de la escuela mallorquina y los mapamundis medievales es la base empírica de las primeras frente al componente teológico y religioso de los segundos. Las cartas portulanas están fundadas en el cálculo de la posición del navío y las

Fragmento del Atlas Catalán. ca. 1375. Facsímil del Museo Naval de Madrid. Original en Biblioteca Nacional de París.

distancias entre los puertos; nacen de la experiencia y están dedicadas a la práctica de la navegación. Los conocimientos que la Europa culta tuvo de los países del Báltico se deben a la cartografía mallorquina que demuestra, además una perfecta información de África, Mar Negro y Golfo Pérsico, adquirida a través de las redes comerciales judías de estos lugares y, a partir del siglo XV, de los viajes portugueses alrededor de África. En este sentido, las menores dimensiones atribuidas en estas cartas a las regiones del centro y norte de Europa en clara contradicción con la realidad física, radican, al parecer, en la utilización de datos españoles y portugueses expresados en leguas de 17,5 al grado de a cuatro millas cada legua, traducidas erróneamente por leguas de 15 al grado que tenían un valor sobreentendido de 3 millas italianas.

Desde el siglo XIV la carta portulana tiene, con el libro manuscrito miniado, además de un sentido utilitario, el carácter de objeto de lujo susceptible de ser regalado a personas de importancia social. Esta faceta comercial de las cartas portulanas está documentada en un contrato que firmó Francisco Becaria en Barcelona, comprometiéndose a hacer una carta con un número determinado de reyes, monstruos y demás decoraciones.[16] Si bien este sentido comercial no fue incompatible en los siglos XIV y XV con los términos científicos de las cartas, paulatinamente se fue inclinando la balanza hacia el lado ornamental y comercial de este producto, en detrimento de su primer fin: ser un instrumento de apoyo a la navegación.

De este somero análisis de la cartografía portulana, especialmente de la elaborada en Mallorca, podemos resumir que estamos en presencia de mapas en los que la representación geográfica alcanza altas cotas de perfección en su época y que fueron cartas náuticas hechas por y para los marineros, como un instrumento más de ayuda a la navegación y para los que era vital el conocimiento del rumbo y la distancia. Por esta razón las treinta cartas que han llegado a nosotros del siglo XIV y las aproximadamente ciento cincuenta del siglo XV[17] revelan un continuo perfeccionamiento en la hidrografía costera y en la puesta al día de datos geográficos; el deterioro de esta información a mediados del siglo XVI fue debido a que su función práctica y eminentemente marítima dejó de interesar a coleccionistas, mecenas y comerciantes que eran entonces los demandantes de esta cartografía.

Las cartas portulanas y el descubrimiento de América

A lo largo del siglo XVI, Mallorca dejó de ser el centro de esta escuela de cartografía y los cartógrafos que trabajaban en la isla se establecieron en otros puertos del Mediterráneo.

En 1492 tuvieron lugar dos hechos importantes que afectaron a esta cartografía: el descubrimiento de América y la expulsión de los judíos de España. Con el primer acontecimiento, el interés de la corona española se polarizó en la vertiente atlántica, cuya avanzadilla fue otro archipiélago: las Canarias. La escuela sevillana de cartografía se desarrollará al calor de los descubrimientos americanos y los intereses políticos y comerciales de la Monarquía; no hay que olvidar que la Casa de Contratación fue desde el primer momento una empresa oficial con unas normas y un desarrollo estatal. En esta misma época la escuela mallorquina empezó a languidecer por falta del impulso comercial y científico que la alentaba. Por este cúmulo de circunstancias, los cartógrafos mallorquines se desplazaron a otros puntos del Mediterráneo, pertenecientes también a la corona española.

Las principales ciudades donde se establecieron fueron: Palma de Mallorca, Mesina y Nápoles, en el siglo XVI, ampliándose más tarde a Marsella y Livorno.

En Mallorca permanecieron la familia Prunes y Salvat de Pilestrina, del que se conocen dos cartas firmadas, una de 1511 y otra de 1533.

La familia Prunes permaneció también en la isla de Mallorca al producirse la decadencia de esta escuela cartográfica; de ella, el más prolífico fue Mateo Prunes, con una obra datada desde 1532 a 1594, que comprende 13 cartas náuticas y un atlas de 4 hojas. Le siguen, por orden cronológico, Vicente Prunes, probablemente su hijo, con dos obras de 1597 y 1600 que se encuentran en la Hispanic Society de Nueva York y en el Museo Marítimo de Barcelona, respectivamente. La dinastía de los Prunes termina con Juan Bautista Prunes, autor de una carta, actualmente en la Biblioteca Nacional de París.

Los Olives, por su parte, al emigrar a las ciudades del sur de Italia, cambiaron su apellido por el más italiano

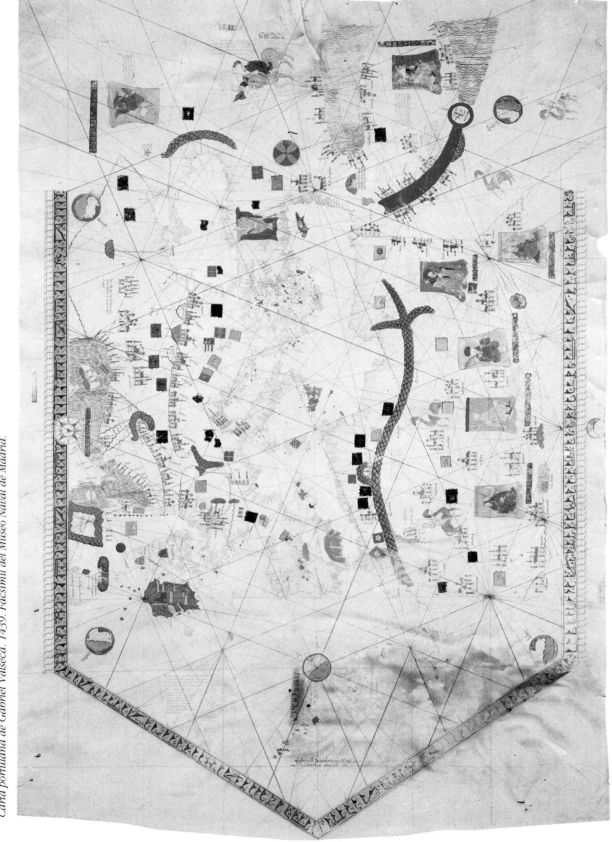

Carta portulana de Gabriel Valseca. 1439. Facsímil del Museo Naval de Madrid.

Oliva. El iniciador de esta dinastía parece ser Bartomeu Olives que firmó cartas en Mallorca desde 1538, para seguir trabajando en Mesina, donde firmó la última carta que ha llegado hasta nosotros en 1588 con leyendas en italiano. Contemporáneo a él fue Jaume Olives cuya producción se extiende desde 1550 con una carta firmada en Mallorca, hasta 1566, trabajando primero en Mesina y, sucesivamente, en Nápoles y Marsella. Continuaron la tradición cartográfica mallorquina, con diversas influencias italianas, varios miembros de esta numerosa familia, entre los que podemos citar a Francisco Oliva, 1562-1615, Domingo Olives, con una carta en Nápoles de 1568, Joan Riczo Oliva, 1580-1593, y finalmente Joan Oliva con una abundante producción cartográfica que abarca desde 1598 hasta 1650.

Otro importante cartógrafo que trabajó en Mesina en el siglo XVI fue Joan Martines, su obra se extiende desde 1556 a 1591. Se le han contabilizado 33 atlas fechados y firmados, en los que ya aparece América, además de diversas cartas portulanas en las que sólo aparece el Mediterráneo.

Con este éxodo a otros puertos mediterráneos y por las circunstancias ya apuntadas, empezó el período de decadencia científica de esta cartografía, que se prolongó durante siglo y medio y fue degenerando lentamente. La perfección en el trazado de las costas desapareció y las cartas se sobrecargaron de ornamentos en detrimento de su utilidad práctica y científica. Los cartógrafos y marinos fueron dejando paso a los copistas y miniaturistas en esta tarea, pero, a pesar de lo expuesto, la producción se mantuvo, incluso más próspera que en el pasado, a juzgar por la cantidad de ejemplares que nos han llegado.

Al mismo tiempo, la imprenta puso en circulación otro tipo de mapas, los grabados, que eran más fáciles de adquirir y más económicos, pero que según indica Lucas Jan Zoon Waghenaer en la introducción a su famosa obra *Spieghel der Zeevaerdt*, Amsterdam 1584, el primer atlas marítimo de las costas de Europa que aparece impreso, los pilotos desconfiaban de la fiabilidad de las cartas impresas, en lo que estaban acertados, pues éstas, hasta la innovación de Mercator, adolecían de los mismos errores que las manuscritas.

La mayoría de estas cartas portulanas son copias de antiguos mapas con escaso valor geográfico y ningún espíritu

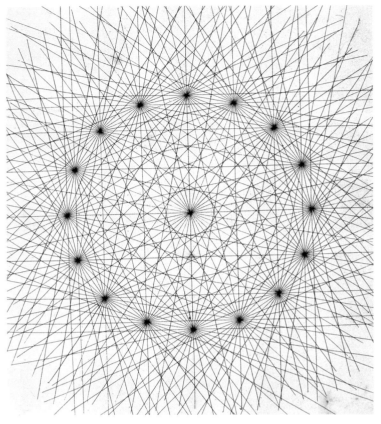

Manera de trazar las rosas de los vientos en las cartas del libro «Regimiento de Navegación» de Pedro de Medina. Sevilla. 1552.

crítico. Podemos comprobar que a través de dos siglos ha cambiado el carácter de esta cartografía, pues los fundadores de estas escuelas de cartógrafos, los que dejaron el nombre y la autoridad a la familia y cimentaron la riqueza y la fama de ésta, eran auténticos hombres de mar, sólo ocupados temporalmente en la construcción de cartas y de instrumentos marítimos, capaces de verter en unas y en otras toda su experiencia directa.

Los productos que salían de las manos de los descendientes de estos imitadores no tenían siempre un fin práctico y no servían en la mayoría de los casos para dirigir una navegación; así, terminaban en manos de curiosos y aficionados o eran destinados a los archivos y bibliotecas de príncipes y magnates. Su fabricación no era ya privilegio de unos pocos, ni estaba reservada a los técnicos, como antes; con el paso del tiempo los talleres de cartografía estaban llenos de copistas, dibujantes y amanuenses que habían terminado por sustituir a los cartógrafos lo que motivó su decadencia. En este sentido no nos deben

Carta de España, Inglaterra y Francia del Atlas de Juan Riczo Oliva de 1580.
Biblioteca del Palacio Real de Madrid.

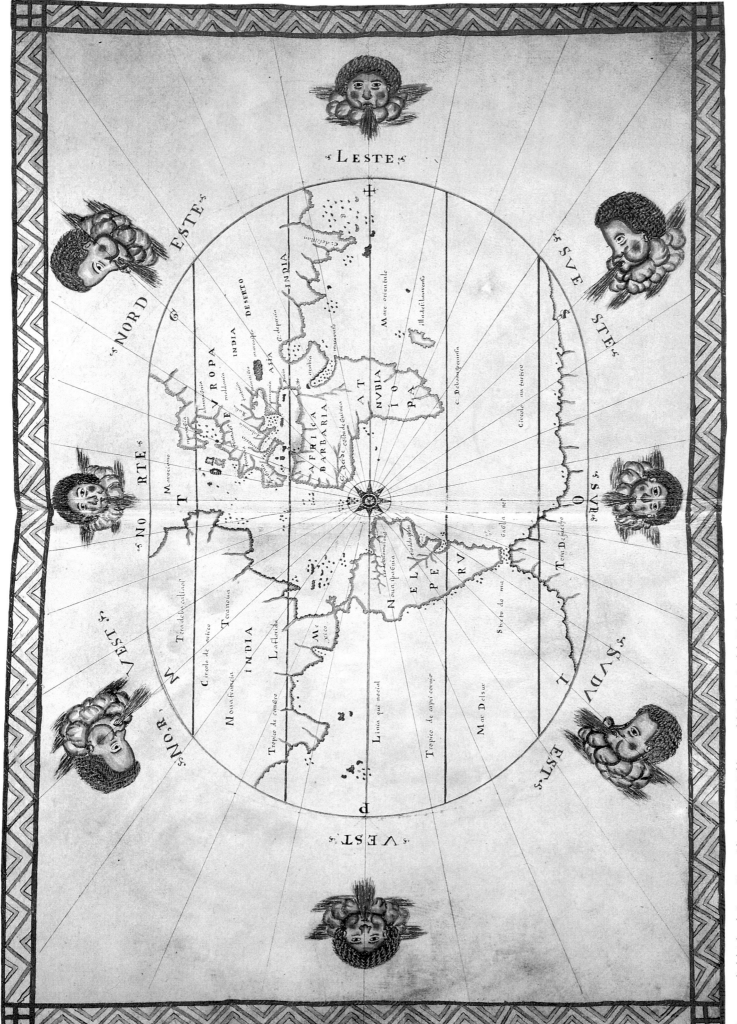

Mapamundi del Atlas de Juan Riczo Oliva de 1580. Biblioteca del Palacio Real de Madrid.

38

Carta de Centroamérica y La Florida del Atlas de Juan Oliva de 1591. Servicio Geográfico del Ejército. Madrid.

asombrar los errores, anacronismos y las confusiones en los topónimos que puede haber en las cartas de esta época final, pues estaban escritas al dictado de un maestro como se hacía para las copias de otros manuscritos.

Los tratadistas de marina de esta época han dejado abundantes ejemplos de cómo construían las cartas náuticas estos descendientes de los verdaderos inventores, quejándose de que se limitaban a copiar de un padrón ya elaborado, sin someterlo a un examen crítico que, por otra parte, no estaban capacitados para llevar a cabo. Son conocidas las explicaciones sobre la construcción de cartas portulanas de Bartolomé Crescentio (1601) y de Pedro de Medina (1545) y la ya citada de Martín Cortés, en la que se aprecia una base científica para el trazado de ellas; base que ha desaparecido en el relato de Pedro de Siria, valenciano y próximo al núcleo cartográfico de Mallorca, que en el capítulo XIX de su obra *El arte de la verdadera navegación*, Valencia 1602, dice:

«Suelen comúnmente en las ciudades marítimas que son de gran trato, vivir algunos hombres, de trasladar cartas de marear los cuales por el vulgo de los marineros suelen llamarse maestros de cartas de marear, y ser tenidos por muy doctos en la Hidrographia, pareciéndoles ser cosa admirable, saber hazer una carta de marear en tanta perfection como ella está...Y a la verdad, como los más no sepan Mathemáticas, antes las gastan que las enmiendan, haziendo en ellas muy notables errores.

»Que primero procuran de tener la carta para trasladar, y un padrón de dicha carta que esté en un papel; y en el padrón solamente está escrita la ribera del mar, islas, baxos y peñas, y lo demás que en dichas cartas hay; excepto las escripturas de los pueblos, puertos y agujas con sus rumbos.

»Después ahuman un papel tan grande como el padrón, solamente por la una parte, con humo de tea o pez. Después clavan encima de una tabla el pergamino, sobre el qual quieren hazer las carta y encima dél ponen el papel por la parte ahumada, pegando en los cabos con cera o pez y encima deste papel asientan el padrón, el qual también lo apegan en los cabos con pez, o le clavan con tachas. Después de hecho todo esto, con un puntero que tenga la punta lisa, van discurriendo por encima de la ribera del padrón, señalando lo que hay en el padrón, y en acabando de discurrir por toda la ribera, islas, peñas y ba-

xos y lo demás que hay en el padrón, queda todo imprimido del humo en el pergamino. Hecho esto así, quitan el padrón y el papel ahumado de encima del pergamino y con una pluma de escribir moxada en tinta, señalan todo lo que está ahumado y luego con una migaja de pan limpian el humo del pergamino y queda la tinta con lustre. Hecho esto, señalan en el pergamino cuatro o seis agujas, según quisieran hacer la carta de punto mayor o menor y después, con una pluma van escribiendo los nombres de los lugares marítimos, con este orden; primero escriben los cabos, después las ciudades y lugares con tinta negra. Y esto teniendo delante de ellos otra carta, a do miran. Finalmente hacen el tronco de las leguas y esmaltan las agujas con muchos colores, y pintan algunas naos en el mar, según que fuera curioso el transladador y así ponen fin al traslado de sus cartas».

La característica principal de los cartógrafos mallorquines afincados en otros lugares del Mediterráneo y de sus descendientes es que añaden poca información a sus obras y no incorporan, en la mayoría de los casos, los descubrimientos geográficos con la esperada celeridad que sería de desear, pues no tienen acceso a la información de primera mano que se producía en los centros científicos y descubridores de Europa, como eran Sevilla, Lisboa y Amsterdam. Así la India, continuamente visitada por los portugueses, aparece a menudo rígidamente alargada y con escasos topónimos; la isla de Ceylán, aún es denominada con el antiguo nombre de Trapobana y confundida a menudo con Sumatra. El estrecho de Magallanes es incorporado muy tardíamente a esta cartografía; la zona antártica aparece dibujada muy extensa y de una forma imaginaria. Lo mismo sucede con el contorno de América del Norte, unida a Europa.

Da la impresión de que estos cartógrafos, alejados de los centros descubridores, sustituyeron la escasez de información por la abundancia de ornamentación, producto de la época en que fabricaron sus obras.

La cartografía náutica mallorquina presenta pues a finales del siglo XVI y principios del XVII claros indicios de decadencia. Esto es debido, probablemente, a que se había agotado el ciclo científico que la hizo nacer.

Carta del Mar Adriático del Atlas de Diego Homen de 1561.
Museo Naval de Madrid.

Galeón del siglo XVI, en la carta de Tierra Firme de Juan Martínez. 1596.

NOTAS

5. E. Stenvenson, *Portolan charts. Their origin and characteristics with a descriptive list of those belonging to The Hispanic Society of América.* (New York: Publications of The Hispanic Society of América, 1911).

6. Véase C. Carrere, *Barcelona: centre économique à l'epoque des difficultés, 1380-1462,* 2 vol. París, 1967, I, p. 201.

7. B. Veronesse, «La navigazione nell'Antiquitá e nel Medio Evo». *Rivista Marittima.* Anno CXIII, 1985, p. 45-60.

8. *Periplus, an Essay on the early history of charts and sailing-directions.* (New York: Burt Franklin, s.f.).

9. «Catalan portolan maps and their place in total view of cartographic development». *Imago Mundi.* XI, 1945. p. 1-12.

10. M. Destombes, «Contributions pour un catalogue des cartes manuscrites 1400-1500. Cartes catalanes du XIV siécle». *Union Geographique Internationale. Rapport de la Commision pour la Bibliographie des cartes anciennes.* París, 1952. Fas. I, p. 38-63.

11. A. Magnaghi, «Sulle origine del portolano normales del Medioevo e della cartografia dell'Europa Occidentale». *Memorie Geografiche.* Firenze, 1909.

12. «Intorno alla piú antica cartografía nautica catalana». *Bolletino delle Societá Geografica Italiana,* Firenze, 1945. VIII. p. 20-27.

13. *Italiani e catalani nella primitiva cartografia nautica medievale.* (Roma: Istituto di Sciencia Geografiche, 1959).

14. *Die Entdeckung America's in inher Bedeuntung fur die Geschichte des Welbildes. Mit einen Atlas.* (Berlin, Leipzig, 1892).

15. J. Rey Pastor y E. Garcia Camarero, *La cartografía mallorquina.* (Madrid: Consejo Superior de Investigaciones Científicas, 1960).

16. R. A. Skelton, «A contract for words at Barcelona 1399-1400» *Imago Mundi*, XXII, p. 107.

17. Este dato y algunos otros, como la comprobación de la puesta al día de los topónimos en las cartas portulanas, está tomado del definitivo trabajo de *T. Campbell*, «Portolan Charts from the Late Thirteenth Century to 1500» en *The History of Cartography*, Volumen I pp. 371-464. Edited by J. B. Edited by J. B. Harley and David Woodward. (Chicago: The University Chicago Press, 1987).

III

LA CARTOGRAFÍA
DEL RENACIMIENTO

La cartografía de Ptolomeo en el siglo XV

En el siglo XV, la cartografía, junto con otros aspectos de la actividad humana, surgió estimulada por la recuperación del saber clásico y transformó la visión del mundo y la relación con él que tenía el hombre medieval. El colapso del imperio bizantino, amenazado por los turcos, produjo el éxodo de la cultura clásica hacia Italia e introdujo la *Geografhia* de Ptolomeo en Europa. El contenido y la forma de los mapas fueron profundamente afectados por el conocimiento de esta cartografía. El desarrollo de los procesos de impresión aplicado a los mapas fue otro impulso muy importante para la divulgación de este autor clásico. Por otra parte, la indefinición de los períodos temporales en que se encuadra el Renacimiento hace que la última cartografía monástica coincida con la aparición de la cartografía de Ptolomeo.

Haremos un somero análisis de la obra de Ptolomeo antes de detenernos en la influencia que tuvo en el siglo XV.[18]

Claudius Ptolomeo (ca. 90-168 d. C.), astrónomo y matemático griego, que vivió en Alejandría, parece haber escrito su *Geographia* más bien como un manual para hacer mapas y no como una descripción geográfica del mundo conocido. El principal valor de su obra es que considera el mapa como producto de observaciones astronómicas y matemáticas. Su propósito al escribir la *Geographia* era revisar la obra de Marino de Tiro, que no ha llegado hasta nosotros.

En su obra, Ptolomeo examinó los diferentes tipos de proyecciones cartográficas. Su *Geographia* está dividida en ocho libros; en el primero establece la mejor manera de determinar la posición de los lugares por medio de la observación astronómica y de los itinerarios de los viajeros y también cómo proyectar la superficie esférica de la Tierra sobre un plano. Los siguientes seis libros contienen una breve descripción de países, regiones y ciudades con sus correspondientes coordenadas geográficas. El último libro sirve para pasar revista a 26 mapas regionales.[19]

Ptolomeo seguía a Marino de Tiro y a Posidonius al adjudicar a la circunferencia de la Tierra el valor de 180.000 estadios, un 30% menos de lo que le adjudicó Eratóstenes, mucho más ajustado en sus cálculos a la realidad; también ampliaba considerablemente el continente euroasiático y adjudicaba al Mediterráneo una anchura de 62 grados, veinte más de los 42 que tiene. Estos tres errores del alejandrino indujeron a Colón a pensar que sería fácil llegar al Japón por el Oeste; en su primer viaje, Colón llegó a las Antillas en el tiempo que había calculado que tardaría en llegar al Japón, de donde proviene su primer empecinamiento en considerar las tierras recién descubiertas como parte de Asia.

Algunos autores piensan que Ptolomeo no incluyó en su obra ningún mapa, pero esto resulta difícil de creer si consideramos que su intención al escribirla era corregir los de Marino de Tiro.

El principio básico de la cartografía de Ptolomeo, que procedía directamente de Hiparco-Strabon y Marino de Tiro, era que todos los puntos importantes del mundo conocido deberían estar determinados por su latitud y longitud y de acuerdo a estas coordenadas ser colocados en el mapa. Una vez realizado esto, se podían conectar unos lugares con otros para establecer itinerarios y proporcionar información a viajeros y navegantes. Pero lo más importante de Ptolomeo fue su preocupación por proyectar el mapa en una superficie plana que se correspondiese lo más posible con la realidad.

Ediciones de Ptolomeo en el Renacimiento

Aunque su obra debió ser conocida por el geógrafo árabe Al Masudi, no influyó en la cartografía occidental hasta

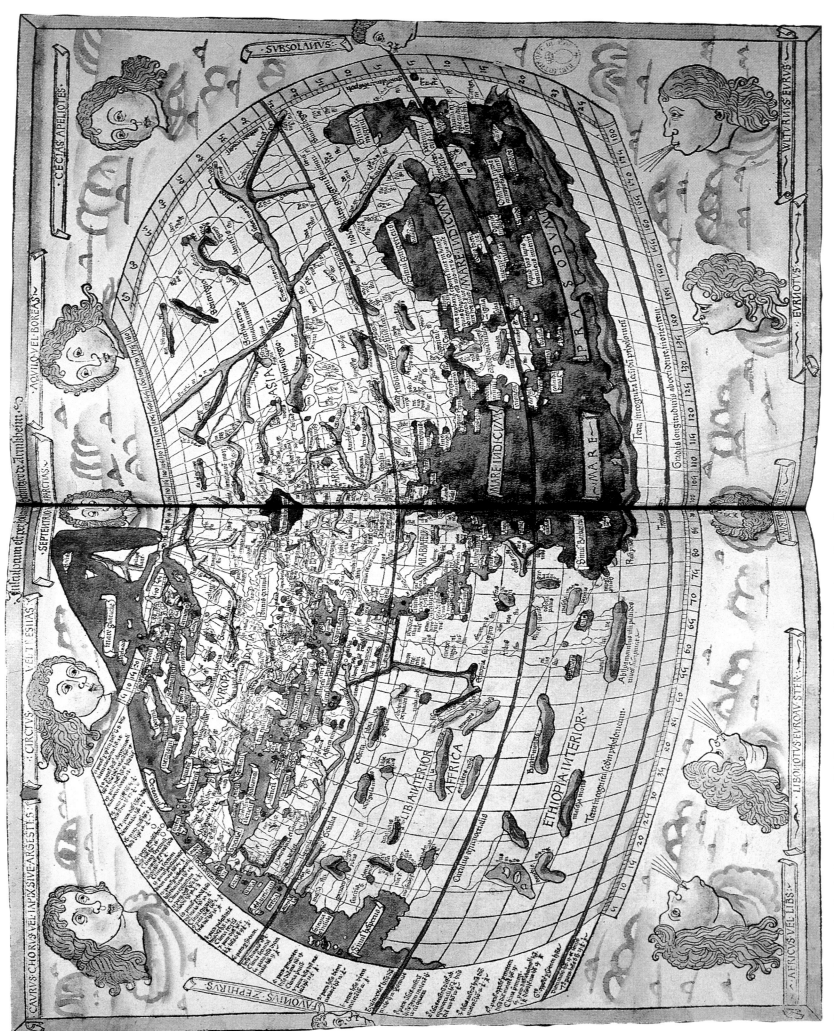

En esta página y en las dos siguientes, mapamundi de Ptolomeo, según distintas ediciones de su «Geografía».

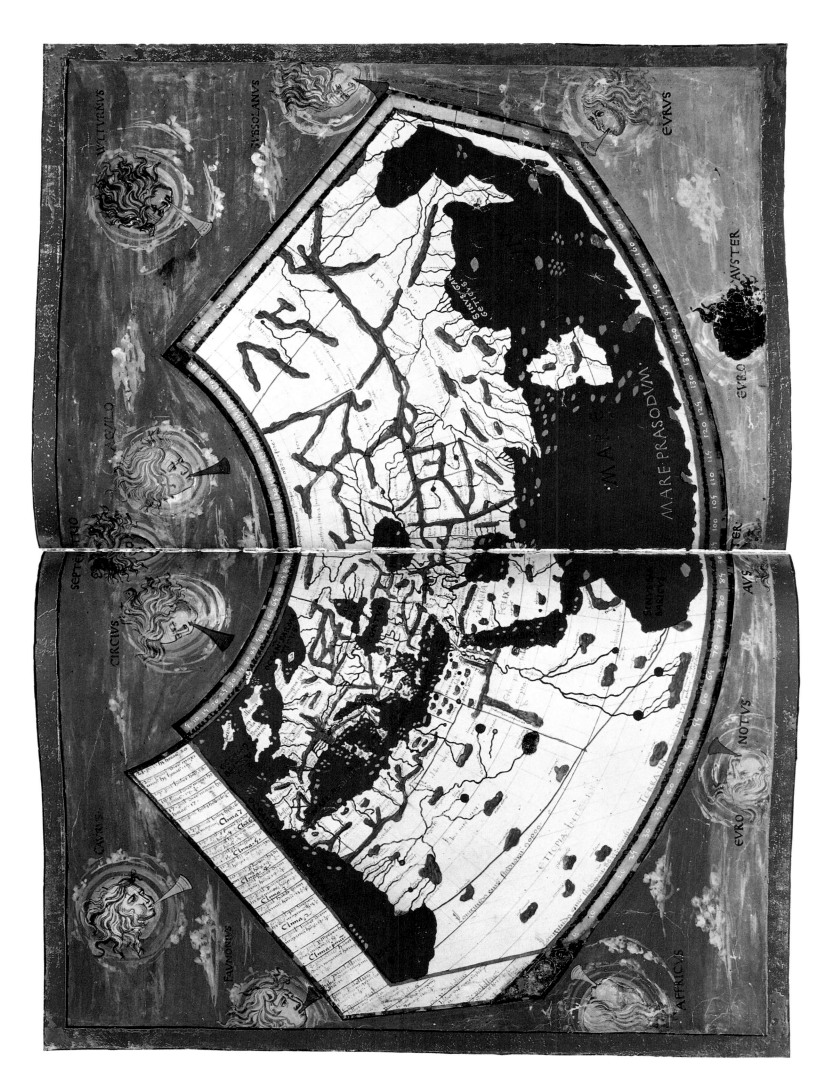

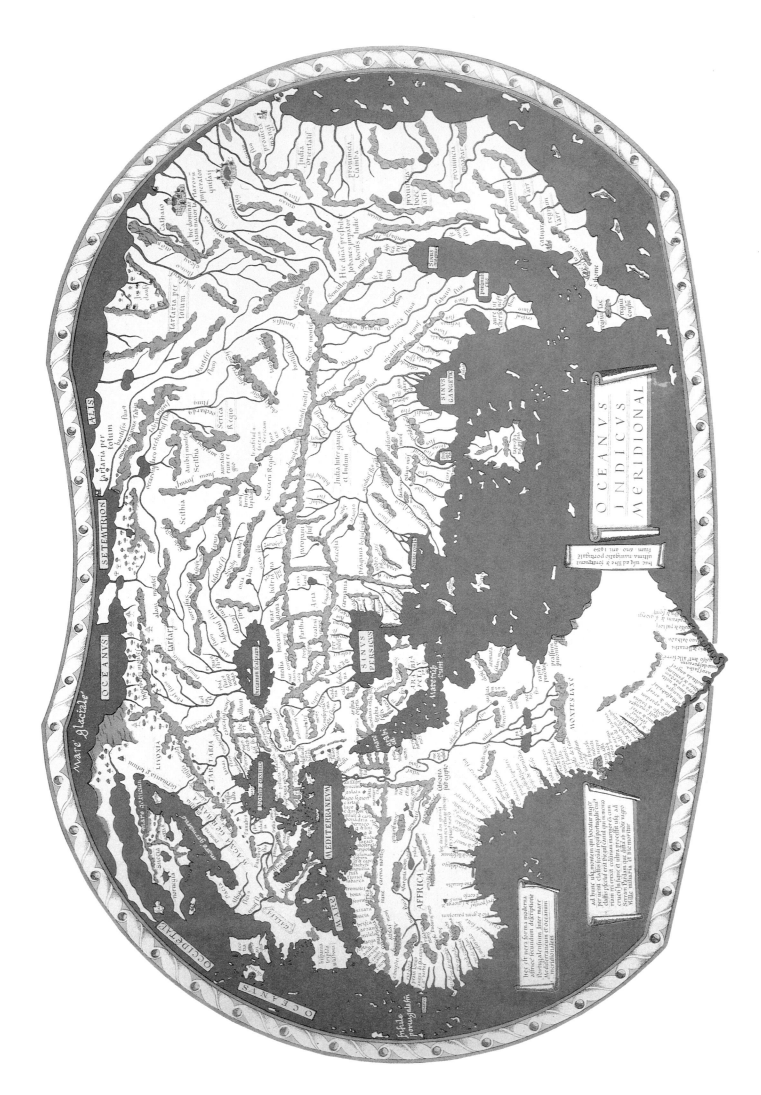

el siglo XV. Al renacimiento y divulgación de la cartografía de Ptolomeo contribuyeron tres hechos importantes. El primero de ellos fue el hallazgo en Constantinopla en 1400, de un códice griego de la *Geographia* de Ptolomeo por el erudito florentino Palla Strozzi. El códice fue traducido al latín por Jacopo Angelo de Scarparia hacia 1406 y no contenía mapas; en 1415 se hizo otra traducción al latín de otro códice griego con mapas dibujados por Francesco de Lapacino y Doménico de Boninsegni.[20]

Los códices griegos tenían dos clases de mapas; unos incorporaban un mapa general, que se creía dibujado por Agathodaimon de Alejandría, y 26 mapas particulares; 10 de Europa, 4 de África y 12 de Asia. Otros códices griegos tenían un mapa general y 63 de pequeñas regiones; estos últimos se divulgaron muy poco pues no llegaron ni a imprimirse. La polémica sobre si los mapas que han llegado hasta nosotros fueron hechos por Ptolomeo o no, se mantiene hoy en día y algunos piensan que fueron hechos para Maximus Planudes (c. 1260-1310) o en tiempos del emperador bizantino Andrónicus II Paleolugus (1282-1328). Hasta nosotros han llegado 51 manuscritos griegos, fechados desde el siglo XIII hasta el XIV. En los primeros 70 años del siglo XV se hicieron muchas copias al latín de la *Geographia* de Ptolomeo que también se denominaba *Cosmographia*. Desde la primera aparición de los mapas de Ptolomeo se puso de manifiesto la necesidad de corregirlos y ponerlos al día a la luz de los conocimientos geográficos del siglo XV y modernizar los·nombres geográficos. Estos mapas que solían ir al final de los mapas originales se llamaban *tabulae novellae*. El primero de estos mapas se incluyó en un manuscrito de Ptolomeo de 1472 y fue uno de Escandinavia, hecho por un danés llamado Claudius Clavus que había estado en Roma en 1425; aunque siguió el mapa de Ptolomeo en todo, se salió de los límites del mapa clásico·representando a Noruega, Islandia y el sur de Groenlandia, países que conocía personalmente. Esta fue la primera expansión del horizonte cartográfico más allá de los límites septentrionales del mundo antiguo. El artista florentino Pietro del Masaio en colaboración con Hugo Comminelli hizo tres códices de la *Geographia*, fechados entre 1469 y 1472 en los que se incluían 7 *tabulae novellae* y 9 planos de ciudades.

La edición de Ptolomeo de Estrasburgo en 1513, fue la primera que separa los mapas modernos de los antiguos, mostrándonos un inicio de sentido crítico entre los cartógrafos de la época.

Además de las copias manuscritas, numerosísimas en esos años, debemos contabilizar las siete ediciones de la *Geographia* de Ptolomeo[21] que fueron hechas desde 1475 hasta 1490, de éstas, la de 1475 (Vizenza) no tenía mapas pero sí los tenían la de 1477 (Bologna), 1478 (Roma), las dos de 1482 (Florencia y Ulm), 1486 (Ulm) y 1490 (Roma). Después de un lapso de 17 años, que curiosamente coincide con el auge de los descubrimientos marítimos de portugueses y españoles, apareció en Roma en 1507 otra edición y en 1508 en la misma ciudad, otra con un doble mapa del mundo de forma cuneiforme de Johann Ruysch, basado en el mapa de Contarini, grabado dos años antes. Desde 1508 hasta 1548 hubo 17 ediciones en las que se fueron incorporando más *tabulae novellae*, realizadas por famosos cartógrafos italianos y centroeuropeos. Así, la edición de Venecia de 1511, preparada por Bernardo Silvanus también contiene un nuevo mapa del mundo. La edición de 1513 de Estrasburgo contenía 20 mapas nuevos que estaban hechos por Waldsemüller, mientras que la edición de Basle de 1540 contenía 48, realizados por Sebastián Münster. Poco a poco los mapas antiguos quedaron separados de los nuevos y conservados como un añadido tradicional e histórico, claramente diferenciado. La rápida sucesión de ediciones, junto con las copias manuscritas que circularon por Europa, son buena muestra del interés por la información geográfica que reinaba en el Renacimiento.

Tal fue el prestigio y la autoridad de la obra de Ptolomeo que en muchos casos sustituyó a la información de primera mano obtenida de las cartas portulanas. La forma alargada que Ptolomeo asignó al Mediterráneo contribuyó a que se calculase por lo bajo la longitud del grado y amenazó con sustituir el correcto trazado de estos mapas. La deformación del Mediterráneo se reprodujo en la mayoría de los mapas cultos del siglo XVI. Mercator redujo su longitud a 53 grados, y más tarde Kepler en 1630 lo ajustó, reduciéndolo un poco más; pero fue Nicolás Delisle en su mapa de 1700 quien colocó a este mar en su verdadera longitud de 42 grados. Otros errores de Ptolomeo que se aceptaron en el Renacimiento sin someterlos a crítica fueron: el trazado de un gran río a través del Sahara y la consideración del océano Índico como un mar cerrado y, aunque los europeos estaban inmersos en una serie sorprendente de descubrimientos geográficos tuvieron en muchos casos que volver a Ptolomeo para contrastar sus exploraciones con los conceptos geográficos vertidos en su *Geographia,* tal era la influencia del geógrafo griego.

Ya hemos visto que en el siglo XVI se desarrolló el interés por los mapas de las centurias precedentes. Este interés está mezclado con el intento por adaptarlos a los conocimientos actuales y con admiración a los monumentos científicos de la antigüedad. La difusión de la *Geographia* de Ptolomeo está muy ligada a la generalización de la imprenta en Europa Central e Italia. Hasta entonces los mapas tenían que dibujarse a mano por lo que resultaban caros y laboriosos. En algunos lugares, como Venecia, hubo verdaderos talleres de mapas con una numerosa plantilla de copistas e iluminadores; pero aún así su uso estaba bastante limitado y no era un artículo de uso común. Aunque se continuó con la práctica medieval de reproducir mapas de forma manuscrita, la imprenta y la técnica del grabado contribuyeron a estimular el interés por la cartografía en los siglos del Renacimiento, ya que podían obtenerse miles de copias y el menor coste de ellas hizo posible su divulgación.

Los primeros mapas grabados aparecieron en la edición de Ptolomeo de Bolonia en 1477 y estaban grabados en madera, aunque pronto fueron sustituidos por los grabados en cobre que mantuvieron su predominio durante tres siglos ya que eran más fidedignos, se podían incluir más detalles, duraban más que los de madera y la corrección de errores era muy simple.

Otros ejemplos de mapas divulgados por la imprenta son: la Tabula Peutingeriana, mapa itinerario de época romana, grabado por Peutinger por orden de Ortelius, publicada en 1598 e incluida después en varias ediciones del Parergon; y el tratado de Marino Sanudo *Liber secretorum fidelium crucis*, manuscrito de ca. 1320, que incluía un mapa de Palestina y que fue impreso en Hannover en el año 1611.

Estado de los conocimientos geográficos en el siglo XV

La representación cartográfica de Europa

El conocimiento de las regiones de Europa del norte en la Antigüedad y Edad Media venía proporcionado por las conquistas de las legiones romanas y éstas no mostraron gran interés por explorar más allá de sus fronteras. Después de la caída del Imperio Romano, los pueblos que ocuparon su lugar tampoco se interesaron por el conoci-

miento de su entorno geográfico, si exceptuamos a los árabes, que, tanto en sus conquistas como en sus transacciones comerciales, demostraron un conocimiento geográfico plasmado en excelentes trabajos. Sin embargo las cartas portulanas participan poco de la influencia árabe y el portulano normal abarca el mundo conocido desde tiempos de los romanos y, sobre todo, el ámbito geográfico donde los pueblos mediterráneos realizaban su comercio.[22]

En el mapa de Marino Sanudo de 1310, las regiones de Escandinavia comenzaron a tener una forma concreta aunque no perfecta, probablemente debida a la observación directa que el autor del mapa tuvo de esos territorios; pero esta información no fue recogida por los autores de las cartas náuticas, única cartografía real de la Edad Media, que representaban el Báltico como un gran mar con muchos afluentes hacia el este y el oeste, circundado al norte por un país rodeado de montañas que se extendía hasta Escocia. El golfo de Botnia no había sido descubierto para la cartografía y Jutlandia aparecía como una gran isla en el Báltico, a menudo en color rojo y oro para significar su riqueza. La costa sur del mar Báltico estaba dibujada con líneas estrechas en las que las ciudades y ríos se marcaban de una forma estereotipada que indicaba claramente que los datos no procedían de la observación directa.

El mapa de Alemania y del sur de Escandinavia de Nicolás de Cusa, impreso en Eichstadt en 1491, muestra estas regiones de la misma manera, lo que nos indica el escaso conocimiento que de las regiones del norte de Europa tenían los habitantes del sur y del centro del continente. El trazado cartográfico de Europa está basado en el conocimiento proporcionado por los marinos españoles e italianos que iban a Flandes y a los puertos ingleses al comercio de la lana. Este comercio empezó en 1262 y el de los ingleses en el Báltico en 1310. La representación de Inglaterra con Escocia separada por un canal fue fijada en el siglo XIV y repetida en toda la cartografía posterior y procedía de las noticias de Ptolomeo, lo mismo que la isla de Thule y otras islas imaginarias alrededor de Irlanda.

La representación cartográfica de Asia

La idea del mundo que tenían los cosmógrafos de la Antigüedad y Edad Media era fundamentalmente la de una gran masa de agua que rodeaba los tres continentes cono-

Mapa de Francia, según la concepción de Ptolomeo.

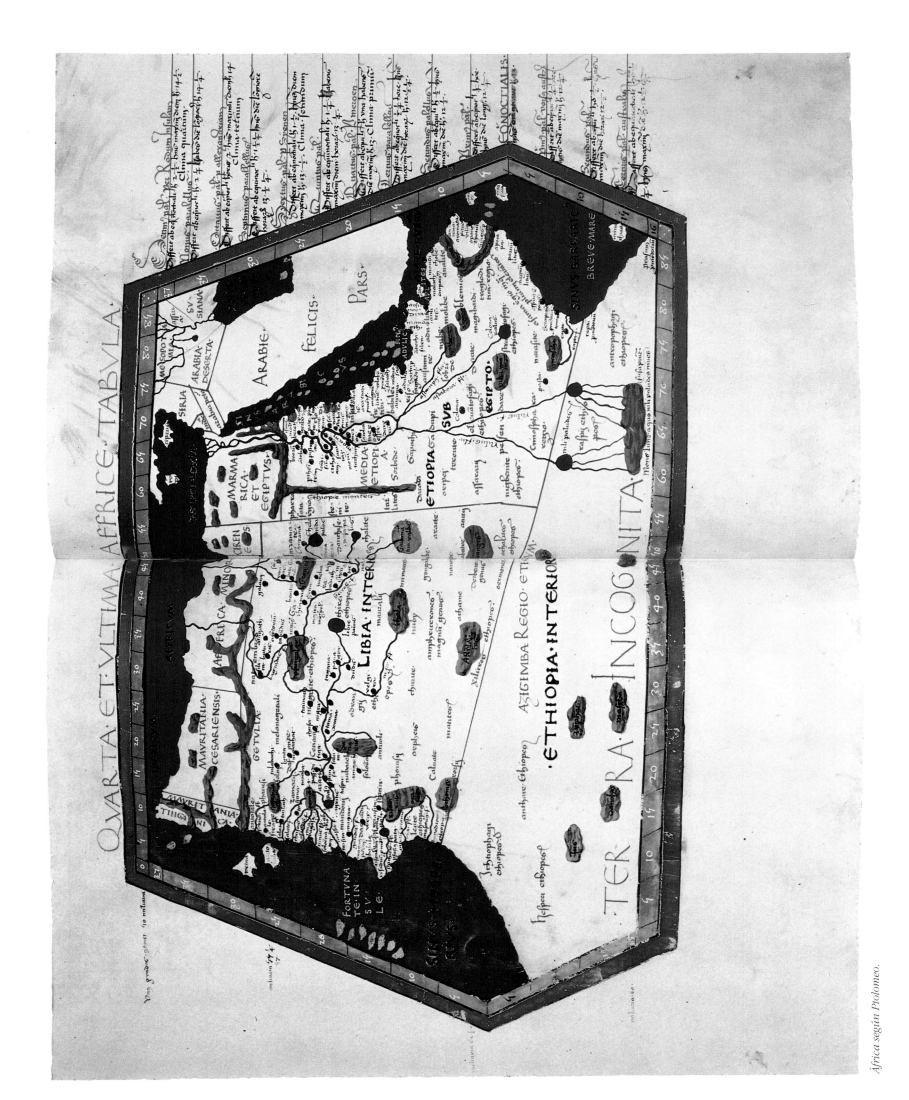

África según Ptolomeo.

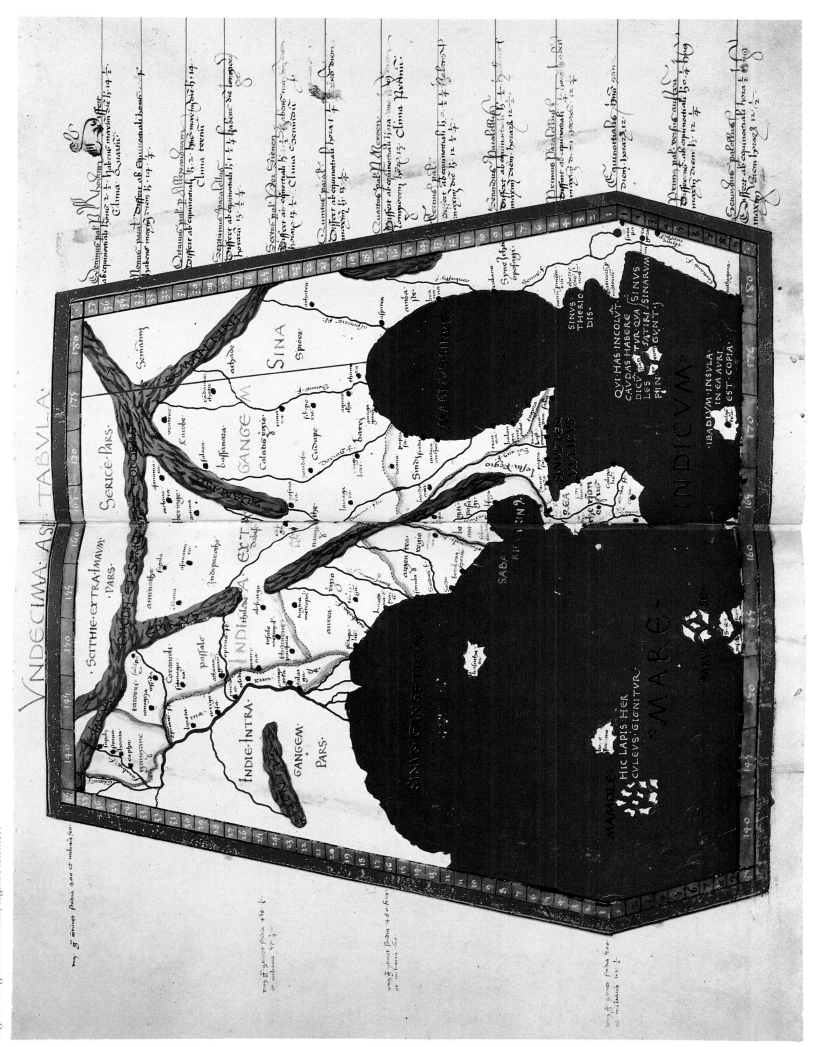

Región Ganguética o India, según Ptolomeo.

51

cidos, Europa, Asia y África; la teoría de los antípodas o habitantes de la parte opuesta a estos continentes estaba en continua controversia en el mundo científico.

Como bien ha señalado Humboldt, en la Edad Media costaba asimilar descubrimientos que no estuvieran ya indicados en las fuentes clásicas; por eso la cartografía de Asia costó mucho tiempo que fuera dibujada correctamente. Los reconocimientos de los portugueses en la costa africana fueron pronto incorporados a la cartografía y aceptados por el público culto, pues sus mentes no estaban predispuestas por los relatos clásicos. Los viajes de los portugueses en el continente asiático empezaron en 1487 y sus hitos principales fueron: 1515 conquista de Malaca; 1516 expedición a China; 1542 llegada al Japón. Además supusieron doblar el cabo de Buena Esperanza, reconocer la costa este de África, llegar hasta Melinda y Calicut, islas de la Sonda, Malaca, Socotora, Ormuz y golfo de Persia, India, China y Japón.

Aunque estas noticias eran conocidas, la mente de los geógrafos estaba anclada en las viejas representaciones de ese continente y, tras un período de duda y vacilación, volvieron a las antiguas concepciones. Mientras que los descubrimientos de Vasco Núñez de Balboa en el Pacífico y de Cortés y Pizarro en América fueron correctamente incorporados a los mapas en un corto espacio de tiempo, a mediados del siglo XVI no se conocía con certeza la forma de la península de la India.

Walseemüller en su *Tabula moderna Indiae orientalis* y en su *Tabula Superioris Indiae et Tartarie majoris* de 1522 se basa exclusivamente en Ptolomeo y Marco Polo, olvidando la información que asegura haber recibido de los portugueses. Mercator en 1538 también coloca la India al este del golfo Pérsico, terminada en tres grandes penínsulas en el sur, siendo la India la más pequeña. Alonso de Santa Cruz en su mapa de 1542 estrecha la costa de cabo Comorín y la boca del río Ganges. Honter en su mapa del mundo de 1546 no señala la India. Al lado de estos ejemplos, el mapa de Cantino, el de Diego Ribero, el de Ruysch y los nuevos mapas de la edición de Ptolomeo de 1513, reseñan correctamente las costas del sur de Asia. Contribuyó probablemente a este desconocimiento, el deseo de los portugueses de mantener en secreto sus descubrimientos asiáticos frente a dos rivales en el comercio de las especias: las naciones europeas y los musulmanes. No

ocurrió lo mismo en el Nuevo Mundo, donde los portugueses no tenían una competencia comercial ya que no hubo en un principio la posibilidad de un floreciente comercio.

La representación cartográfica de América y del Pacífico

Colón murió con la creencia de que las tierras descubiertas formaban parte de Asia,[23] esta creencia está expresada en los mapas que representan el norte de América unida a Asia.

En 1512 Juan Stobnicza de Cracovia publicó un mapa en el que América aparecía rodeada de agua y separada de Asia. A raíz de la divulgación de este mapa hubo dos tendencias en la representación de estos dos continentes: los que mantenían que América estaba unida a Asia por el norte por medio de un istmo; y los que representaban Asia separada de América. Las dos concepciones eran completamente imaginarias, pues la realidad no se conoció hasta las expediciones de Baffin y Bering en el siglo XVIII.

Los geógrafos clásicos tenían muy pocas noticias del más grande océano de la tierra, pensaban que rodeaba las tierras inhabitables del este de Asia. Cuando fue aceptada la forma esférica de la tierra, se pensó que el agua llegaba desde las costas de la Península Ibérica hasta las del este de Asia, aunque algunos dudaban de la comunicación entre los océanos.

Ptolomeo consideraba el océano Índico como un todo, con África al oeste, Asia en el norte, Europa en el este y el sur y sudeste estaría ocupado por una tierra llamada *Terra Australis Incógnita* cuya representación ha perdurado en los mapas hasta el siglo XVIII.

Durante la Edad Media este conocimiento, heredado de Ptolomeo, sólo se alteró por noticias inciertas de países fabulosos en la costa este de Asia, trasmitidas por comerciantes árabes y viajeros europeos.

El verdadero descubridor de este gran océano fue Marco Polo, pero al no dar detalles geográficos sobre la situación de las islas que mencionaba, se produjeron confusiones en los mapas, sobre todo en los de tipo ptolemaico. De este modo Angamanan y Necuveran, que probablemente eran las islas Andamán y Nicobar, fueron colocadas al este de la península de la India, confundiéndolas con Ceylán.

Asia Interior, según Ptolomeo.

53

Con el viaje de circunnavegación de Magallanes en 1522, se obtuvo información fidedigna de la extensión del océano y la forma esférica de la tierra fue comprobada experimentalmente después de muchas dudas y conflictos entre la Iglesia y la Ciencia. Pero incluso después del viaje de Magallanes, los cartógrafos dibujaron la parte sur del continente americano separado por un estrecho muy pequeño de un continente que sería la Tierra Incógnita de Ptolomeo; esta idea tomó alas a partir de mapas españoles divulgando el viaje de Magallanes porque estaba de acuerdo con las teorías de Ptolomeo y Macrobio.

Este continente imaginario, al sur del estrecho de Magallanes, permaneció en la cartografía hasta mucho después del descubrimiento del cabo de Hornos por Schouten y Le Maire en 1616.

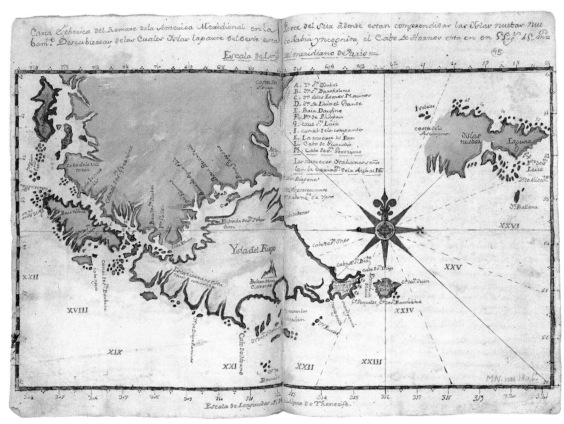

Patagonia y Tierra de Fuego. Manuscrito. Museo Naval de Madrid.

NOTAS

18. O. A. W. Dilke, «The Culmination of Greek Cartography in Ptolomeo» en *The History of* 19. 19. *Cartography* Vol. I. (Chicago: The University of Chicago Press, 1987).

19. George Beans, «Notes on the Cosmaographie of Ptolemy, Bologna 1477», *Imago Mundi,* Vol. IV. p. 23 y sig.

20. Aubrey Diller, «The Oldest manuscrips of Ptolemaic Maps», en *Transactions of The American Philological Association 71*, 1940. p. 62-67.

21. Remedios Contreras, «Diversas ediciones de la Cosmografía de Ptolomeo en la biblioteca de la Real Academia de la Historia» *Boletín de la Real Academia de la Historia.* T. CLXXX, 1983. p. 245 y sg.

22. J. Vernet, «Influencias musulmanas en el origen de la cartografía náutica», *Boletín de la Real Sociedad Geográfica*, LXXXIX, 1953, p. 35-62.

23. H. Wagner, «Marco Polo's narrative becomes propaganda to inspire Colon», *Imago Mundi,* VI. p. 3.

IV

LA EXPANSIÓN PORTUGUESA
EN EL SIGLO XV

Antes de la última década del siglo XV, Europa conocía muy poco del resto del mundo; por Occidente se extendía el misterioso océano Atlántico del que sólo recientemente se habían descubierto algunas islas. Sobre los fabulosos y ricos países de Oriente había vagas y confusas historias aportadas por mercaderes y clérigos. Los conceptos geográficos de Ptolomeo, cuyo sistema tenía a la Tierra como centro del universo, eran los únicos aceptados por los cosmógrafos, filósofos y por la Iglesia. Esta concepción geográfica cambió en un espacio de tiempo increíblemente corto y en menos de 25 años el mundo conocido de los europeos se ensanchó de una manera sorprendente. El progreso geográfico fue posible gracias al desarrollo, a finales del siglo XV, de la ciencia y arte de navegar y a la invención de un método para determinar la latitud en alta mar por la observación de un cuerpo celeste con instrumentos construidos al efecto.

La conquista del Atlántico

A finales de la Edad Media, un proceso de reconocimiento y aceleración geográfica tuvo su desarrollo en toda la centuria del cuatrocientos. Los portugueses fueron los primeros en iniciar este proceso, inaugurando las rutas de la Mar Océana hacia África. Tras haber poblado Madeira y las Azores en los decenios de 1420 y 1430, Gil Eanes dobla el cabo Bojador en 1434. Entre 1440 y 1460 se avanza por la costa de Guinea y se descubre el archipiélago de Cabo Verde; en el decenio de 1470 se descubren las islas de Fernando Poo, Santo Tomé, Príncipe y Annobon; en 1483, Diogo Câo llega al Congo-Zaire y en 1487-88, Bartolomé Dias establece la conexión entre el Atlántico y el Índico al doblar el cabo de Buena Esperanza que él llamó de las Tormentas. A fines del siglo XV los navegantes portugueses abren por fin la comunicación marítima entre Europa y Asia con el viaje de Vasco de Gama en 1497-99.

A lo largo del siglo XVI la expansión portuguesa se diversifica; penetra en el interior de África y se explora el río Monomotapa, actual Zimbawe, en 1514. En América, Pedro Alvares Cabral llega a Brasil y los hermanos Corterreal a Terranova, todos en 1500. En Asia llegan a Malaca e Insulindia en 1509-11, a China en 1513 y al Japón en 1542-43.

En estas navegaciones se practicó y puso a prueba un nuevo sistema de navegación en alta mar, la navegación astronómica,[24] frente a la antigua navegación de rumbo y estima, utilizada en el Mediterráneo. Este descubrimiento se fue aplicando paulatinamente y, desde entonces, el Atlántico pudo ser cruzado con un razonable margen de seguridad. Esta innovación estuvo apoyada por diversos avances en otros campos directamente conectados con la navegación, como eran la construcción naval, el progresivo conocimiento de las corrientes marinas y de los vientos y también el perfeccionamiento de la cartografía.

En este tiempo de acelerados descubrimientos científicos, Copérnico dio a conocer su teoría del heliocentrismo, caracterizada por la simplicidad en la explicación de los fenómenos celestes y, debido a esto, y con bastantes reticencias al principio, la era de Ptolomeo y el geocentrismo empezó a declinar. Todo este período de la historia que podemos denominar como la edad de oro de la geografía, después del lapso de obscuridad del medievo, comenzó con las primeras navegaciones de los portugueses y andaluces por las costas de África.

Enrique el Navegante y la organización de los primeros descubrimientos

Bajo la administración del rey Juan I de Portugal, el pequeño reino peninsular creció en prosperidad y libre de contiendas con sus vecinos, pudo dedicarse a empresas

Príncipe Don Enrique «el Navegante» y su sobrino nieto, el futuro rey Don Juan II. Fragmento del óleo de Nuno Gonsalves. Siglo XV. Museu Nacional de Arte Antiga. Lisboa.

comerciales más allá de sus fronteras. La toma de Ceuta por los portugueses en 1415 marcó el comienzo oficial de la expansión portuguesa en el Atlántico, esto fue posible gracias al tratado de paz firmado con Castilla en 1411; se trataba de controlar el tráfico de oro y especias que llegaba hasta ese enclave musulmán del norte de África. Aunque este objetivo no se consiguió pues los árabes desviaron el tráfico de especias a otros puertos del Mediterráneo para que no llegara a Ceuta, el camino de la expansión portuguesa en África estaba ya establecido.

La primera etapa de los descubrimientos portugueses comienza en 1415, con la conquista de Ceuta y abarca hasta 1460, con la llegada de los portugueses a Sierra Leona y está regida por la iniciativa privada; tal serían las actividades de Enrique el Navegante que fueron un paso previo al monopolio estatal y una reminiscencia arcaizante

Monasterio de los Jerónimos de Lisboa.

Castillo de San Jorge en Lisboa.

de actitudes feudales. El Infante se afana en coordinar y conciliar la actividad individual de los nobles y mercaderes interesados en la riqueza agraria, las conquistas y el dominio de las redes del comercio y de los productos mercantiles con un sentido nacional. Esta primera etapa, a la que estamos haciendo mención, se consolidaría en 1443 y estaría situada en el Algarve y en la famosa escuela de Sagres. No está claro qué quieren decir algunos autores portugueses con la denominación de «escuela», ya que no hay ninguna documentación que pruebe que la escuela de Sagres fuese un centro científico pionero en los estudios náuticos. Julio Guillén en su artículo *En torno a la escuela de Sagres* cita un pasaje de la crónica de Zurara, historiador portugués contemporáneo del Infante, en el

que dice que éste quiso fundar en Sagres: *«Una vila especial para trato de mercaderes e porque todos los navíos que atravesassem do Levante para o Ponente pudessem alí fazer divisa e achar mantimento e piloto, assim como fazem en Callez (Cádiz)»*. En Cádiz parece que solamente existía un colegio de pilotos vizcaínos, entendiendo colegio en el sentido de una mera cofradía.

Rolando Laguardia Trías en su obra *El infante D. Enrique y el arte de navegar de su tiempo* demuestra documentalmente que la ciencia cartográfica no le debe mucho al Navegante ya que la navegación astronómica y las cartas de grados iguales son un hallazgo portugués del siglo XVI.

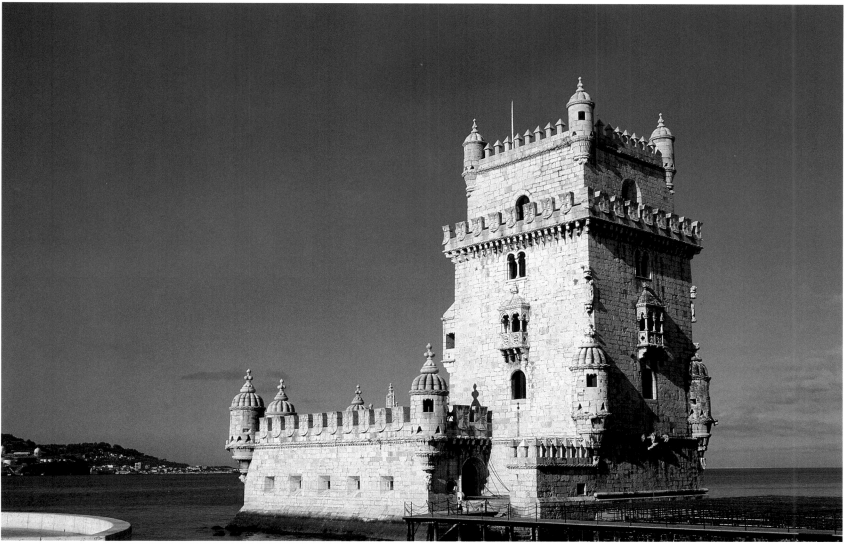

Torre de Belem en Lisboa.

La segunda etapa se extiende desde 1469 a 1498, es decir desde la firma del contrato entre Alfonso V y Fernaô Gomes para explorar la costa africana hasta la llegada de Vasco de Gama a Calicut en el estado indio de Kerala y el establecimiento de la conexión marítima entre Europa y Asia.

El camino hacia el monopolio estatal no se realizó sin obstáculos; es a partir de 1474 cuando se inicia y por medio del cual se creó el Imperio portugués; ya la construcción del Asia portuguesa, como prolongación de los descubrimientos en África, no conoció el sistema de capitulaciones feudales. El imperio portugués de la ruta de las Indias se construyó en su totalidad entre 1480 y 1515 de

una manera relativamente fácil: era una red de factorías con pocos hombres y pocos espacios pero mucha actividad comercial, lo que explica su rápida evolución hacía total el control administrativo del estado. Así pues en el siglo XV y hasta la muerte de Enrique el Navegante, el Algarve canalizó las iniciativas; luego Lisboa tomó el lugar de Lagos. Esta transferencia se realizó antes de la fase decisiva, la del paso del cabo de Buena Esperanza en dirección a la India.

La posición del Algarve era excepcional para la explotación de las cercanas costas africanas, pero Lisboa y el enorme estuario del Tajo se impusieron en la etapa de explotación.

El más antiguo de los organismos de control económico y comercial es la Casa da Guiné, que organizó administrativamente Enrique el Navegante en Lagos a cargo de un pequeño grupo de oficiales al servicio del estado patrimonial africano del príncipe portugués. Después de la construcción de la fortaleza de la Mina, a principios del reinado de Juan II, la Casa se trasladó a Lisboa, pasando a denominarse la Casa de Guiné e Mina. La Casa da India se creó al regreso de Vasco de Gama y fue un nuevo órgano de control comercial de acuerdo con las nuevas necesidades. La Casa de Contratación de Sevilla siguió una trayectoria similar y al principio se organizó según el modelo portugués, pero la creación en 1519 de una sección especial del Consejo del Rey, llamado Consejo de Indias, encargado de la administración de los nuevos mundos, restringió el papel de ésta a un órgano comercial y no político

Los historiadores portugueses aseguran, sin documentación fehaciente, que en 1420 el infante Enrique, que estaba organizando su empresa comercial en África y que estaba muy interesado en los estudios marítimos, mandó llamar al maestre Jácome de Mallorca, cartógrafo judío de la isla e hijo del famoso Abraham Cresques, el autor del atlas catalán c. 1375. Aunque recientes hallazgos en el Archivo de la Corona de Aragón prueban que en la fecha citada Jafuda Cresques estaba ya muerto, como lo atestigua la documentación sobre los pleitos por la herencia, es posible que se hiciera una gestión para la llegada a Portugal de algún cartógrafo y que esa gestión tuviera éxito, pues indudablemente la influencia mallorquina es patente en la cartografía portuguesa. La necesidad de contar con buenos pilotos con algún conocimiento de matemáticas y astronomía, aunque fuera rudimentario, estaría en el origen de la protección que el Infante dispensó también a la Universidad de Coimbra desde 1431.

La empresa de los descubrimientos fue iniciada y desarrollada con el objetivo final de alcanzar el Oriente por mar para proveerse directamente de las especias y otras mercancías preciosas de las que Europa no estaba dispuesta a prescindir. Este objetivo se complementaba con otra serie de razones en las que se mezcla la económica y la curiosidad científica con razones políticas y religiosas.

El arte de navegar y la cartografía portuguesa

En esta época el arte de la navegación se había desarrollado eficazmente en el Mediterráneo con ayuda del compás y de la «toleta de mateloio», pero en las navegaciones por el Atlántico se pudo comprobar que este método de navegación costera no era el apropiado para un mar abierto y desconocido, donde era absolutamente necesario navegar largas distancias y largos períodos de tiempo sin avistar la costa.

Todo el incipiente desarrollo científico y tecnológico portugués del siglo XVI, tiene sus raíces en los viajes marítimos realizados por el Atlántico en el siglo XV. En efecto, a partir de mediados del siglo XV los navegantes comienzan a observar las corrientes marinas y los diversos regímenes de los vientos, primeros pasos hacia el conocimiento de la geofísica de las grandes masas oceánicas; también se perfecciona y progresa la técnica de la construcción naval. El arte de navegar se va acercando lentamente al ideal de una práctica cada vez más segura, mientras que en los primeros años del siglo XVI la cartografía se implanta en el reino de Portugal, según modelos mediterráneos, hasta alcanzar una gran expansión más allá de las fronteras del reino lusitano, en particular por Francia y Japón.

El viaje de ida a lo largo de la costa occidental africana no ofrecía mayores dificultades, en cambio el de vuelta se veía a menudo estorbado y retardado por los vientos y las corrientes que obstaculizaban y a veces impedían el regreso. Los esfuerzos realizados para dominar tales agentes físicos tuvieron por lo menos tres consecuencias importantes.

En principio se pensó que un derrotero, con sucesivos cambios de bordo (navegación de bolina) bastaría para vencer los vientos de cuadrante que soplaban de proa.

En segundo lugar, se consideró indispensable construir un tipo de navío que por sus características estructurales, se adaptase mejor a esta forma de navegación y esto dio lugar a sucesivos tipos de carabelas.

Por último, los navegantes comprendieron que para llegar más rápidamente al puerto de destino había que elegir una derrota alternativa por alta mar para evitar esos elementos físicos adversos. Esta maniobra náutica, a la que

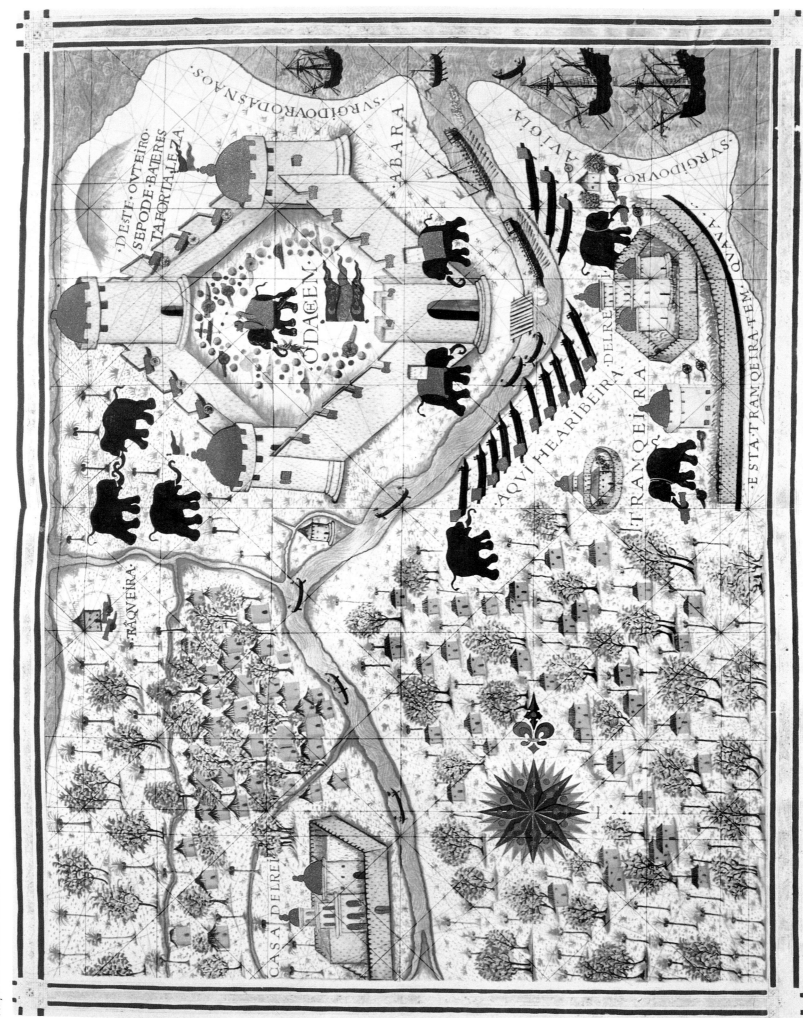

Mapa de Vaz Dourado de 1568.

debe atribuirse la mayor facilidad para llegar a las Azores, se llamó en los siglos XV y XVI la vuelta de Guinea o vuelta de la Mina (puerto de la actual Ghana) porque a partir de allí las naves debían iniciar, en el momento oportuno, una bordada hacia el noroeste hasta situarse a la latitud aproximada del meridiano de Lisboa.

Es por tanto natural que esta práctica del pilotaje que por primera vez llevaba a las naves a engolfarse en mar abierto planteara nuevos e inesperados problemas. La navegación mediterránea, incluso en las travesías a los puertos del Canal de la Mancha y del mar del Norte, era siempre costera por lo que la localización del navío podía efectuarse prácticamente a diario, mediante el reconocimiento de la costa. Sin embargo el regreso de Guinea en dirección a Lagos o Lisboa implicaba un rumbo incierto que podía durar tres semanas o dos meses. El momento adecuado para que el barco virara bruscamente hacia el este para enfilar la costa portuguesa podían indicarlo los vientos, las corrientes, el color del agua y las aves marinas pero resultaba sumamente aleatorio. Era pues necesario fijar la posición del navío a diario durante esta larga navegación, realizada sin contar con la menor referencia terrestre.

En una primera fase se resolvió este problema recurriendo a las observaciones de alturas meridianas de astros como la estrella polar, el sol y otras varias estrellas y comparando estas coordenadas celestes, tomadas con cuadrantes o astrolabios, con las alturas que el mismo astro en su tránsito meridiano alcanzaba en Lisboa o en cualquier otro lugar de referencia.

Aunque ya se conocía desde antiguo la manera de establecer las coordenadas geográficas por observación de los astros, este método adaptado a la navegación, vino a servir para determinar las latitudes a bordo de las naves y fue una innovación de gran importancia en la historia de la náutica. De la comparación de las alturas de los astros se pasó en poco tiempo a la determinación de latitudes por medio de la observación de estrellas o por el sol; en este último caso con tablas de sus declinaciones diarias. A partir del siglo XVI los marinos estaban también empeñados en determinar la longitud en el mar, ya que la conjunción de la latitud y la longitud hacía posible «marcar el grado» y fijar con exactitud la posición de la nave, pero esta última coordenada no se descubrió hasta bien entrado el siglo XVIII.

Pero en el siglo XVI los pilotos portugueses estaban convencidos de que la longitud estaba en relación directa con la declinación magnética o, como se decía entonces, con la variación de la aguja y por lo tanto acumularon muchos valores de esta declinación que más tarde usaron como indicio para establecer su posición en el mar. Estos datos fueron muy útiles a los científicos posteriores para estudiar los fenómenos magnéticos de finales del siglo XVI.

A la manera de hallar la latitud se añadían una serie de indicaciones generales como las instrucciones para conocer las leguas navegadas por diversos rumbos y para diferencias de un grado de latitud; los datos para fijar las horas de las mareas en un puerto determinado y las técnicas de navegación anteriores adaptadas a la nueva manera de pilotar una nave.

Todos estos conocimientos fueron compilados en los llamados regimientos de navegación o guías náuticas que, a imitación de los portulanos mediterráneos, se editaron por primera vez en Lisboa hacia 1515.[25] En ellos se incluyen las reglas mencionadas, acompañadas por una lista de latitudes de los lugares más frecuentados por los navegantes y una traducción del *Tratado de la Esfera* de Sacrobosco por el que los pilotos aprendían los rudimentos de la cosmografía. Este tipo de tratados hizo rápidamente escuela y con más o menos interpolaciones, se tradujo a todos los idiomas europeos.

El perfeccionamiento de los barcos de vela se hizo también necesario para estas empresas oceánicas. En los primeros viajes más allá del cabo Bojador puede decirse que no se utilizó un tipo especial de nave; pero cuando se intensificaron los viajes de reconocimiento costero o penetración por el curso de los ríos, fue necesario un tipo específico de embarcación. Así nació la carabela portuguesa que era un barco de alto bordo, con los mástiles y las velas dispuestas de tal forma que pudiera navegar incluso con vientos contrarios y que resultaba fácil de maniobrar. En adelante no fue preciso bordear las costas, como con las galeras mediterráneas, tampoco había necesidad de llevar grandes cantidades de provisiones para alimentar a los remeros; las carabelas podían aprovisionarse para meses y navegar a la vela en mar abierto durante largo tiempo. Durante casi todo el siglo XVI las carabelas siguieron siendo las naves más usadas en las flotas, pero poco a poco fueron dando paso a los bajeles y galeones,

Mapa de la India, Sumatra y Borneo de Vaz Dourado. 1568.

navíos de mayor porte que podían transportar cargas más voluminosas.

Así pues nuevos métodos fueron necesarios para nuevas empresas, entre ellos el cuadrante astronómico y el astrolabio adaptado a usos marítimos y los nuevos barcos fueron los más significativos.

La nueva navegación astronómica que recurría a observaciones de astros a bordo de las naves, implicó el desarrollo de una nueva cartografía con meridianos graduados e indicación de las latitudes. Para realizarla, los navegantes se basaron en los únicos modelos científicos que tenían a mano, es decir las cartas portulanas mediterráneas, especialmente las producidas por la escuela catalano-mallorquina.

El atlas del catalán Cresques tuvo una gran influencia en los padrones portugueses y no hay más que examinar las primeras cartas hechas por los portugueses para comprobarlo.

La cartografía está íntimamente ligada a todas estas innovaciones náuticas, en este sentido la introducción de la escala de latitudes en las cartas náuticas fue desde el punto de vista de la cartografía científica, el acontecimiento más importante de la primera mitad del siglo XVI. Era una consecuencia de la navegación astronómica pues cuando el piloto consiguió hallar la latitud en el mar, no le resultaba de mucho uso si no sabía a qué punto de la costa correspondía. Solamente podía resolverse este problema poniendo en relación la observación de la latitud del lugar donde estaba la nave con la escala de latitudes dibujada en su carta de navegar. De esta manera se podía, por medio de una simple operación aritmética, obtener la diferencia de latitud entre el lugar en que se hallaba su nave y el lugar adonde pretendía ir.

Esta idea de introducir una escala de latitud en las cartas náuticas, que ya tenían los mapas de Ptolomeo, tuvo que ser lógicamente posterior al descubrimiento de la manera de hallar la latitud en el mar por medio de la observación de astros con instrumentos adecuados.

Según Cortesao[26] la primera carta con la escala de latitudes, aunque no está datada ni firmada, se debe a los marinos portugueses y sería de hacia 1500. En la actualidad se encuentra en la Bayerische Staatsbibliothek de Munich. En esta carta se observa que los grados de longitud en el Mediterráneo son prácticamente iguales a los de latitud observada en el Ecuador. Parece ser que el cartógrafo, al dar al grado de longitud en el Mediterráneo el mismo valor que había obtenido en sus observaciones para el grado de latitud en el Ecuador, consiguió una carta de grados iguales o más bien una proyección cilíndrica, rectangular o equidistante, más perfecta que la de Marino de Tiro, usada en los portulanos del Mediterráneo. Cuando necesitaron reflejar los nuevos descubrimientos oceánicos en estas mismas cartas, los portugueses siguieron adjudicando el mismo valor del grado de longitud a la latitud en cualquier lugar del globo.

Las nuevas tierras descubiertas fueron dibujadas según su posición por la estima y a veces corregida por la observación de latitudes. Sin embargo, la determinación de la longitud era imposible en aquellos primeros siglos y la declinación magnética, desconocida y considerada como un misterio.[27] La colocación de las tierras recién descubiertas en las cartas cada vez más acertadamente fue una larga tarea que ocupó los siglos XVI y XVII. Todo esto parece demostrar que la escala de latitudes o un meridiano graduado fue un descubrimiento de los portugueses en la primera mitad del siglo XVI.

Los pilotos portugueses se quejaron a Pedro Nunes, acerca de la dificultad de uso de las cartas de navegación, a lo que el Cosmógrafo Mayor portugués contestó con dos tratados *Tratado em defensam da carta de marear* y *Tratado sobre certas duvidas da navegaçao*, publicadas junto con su *Tratado da Sphera* en 1537, demostrando que el rumbo o la distancia más corta entre dos puntos en una esfera no sería una línea recta, sino curva, parte de una doble espiral que cortaría los meridianos en un ángulo constante hasta terminar en el Polo; esa línea se llamaría loxodrómica.[28] Gerard Mercator dibujó por primera vez en su globo terrestre de 1541 esa línea loxodrómica y, en 1569, produjo su famoso planisferio en el que aparecían las líneas loxodrómicas proyectadas como líneas rectas en un plano: había nacido la proyección que lleva el nombre de Mercator y que se utiliza hoy en día para dibujar cartas náuticas.

A pesar de las frecuentes referencias a las cartas portuguesas no han llegado a nosotros ninguna del siglo XV. Es-

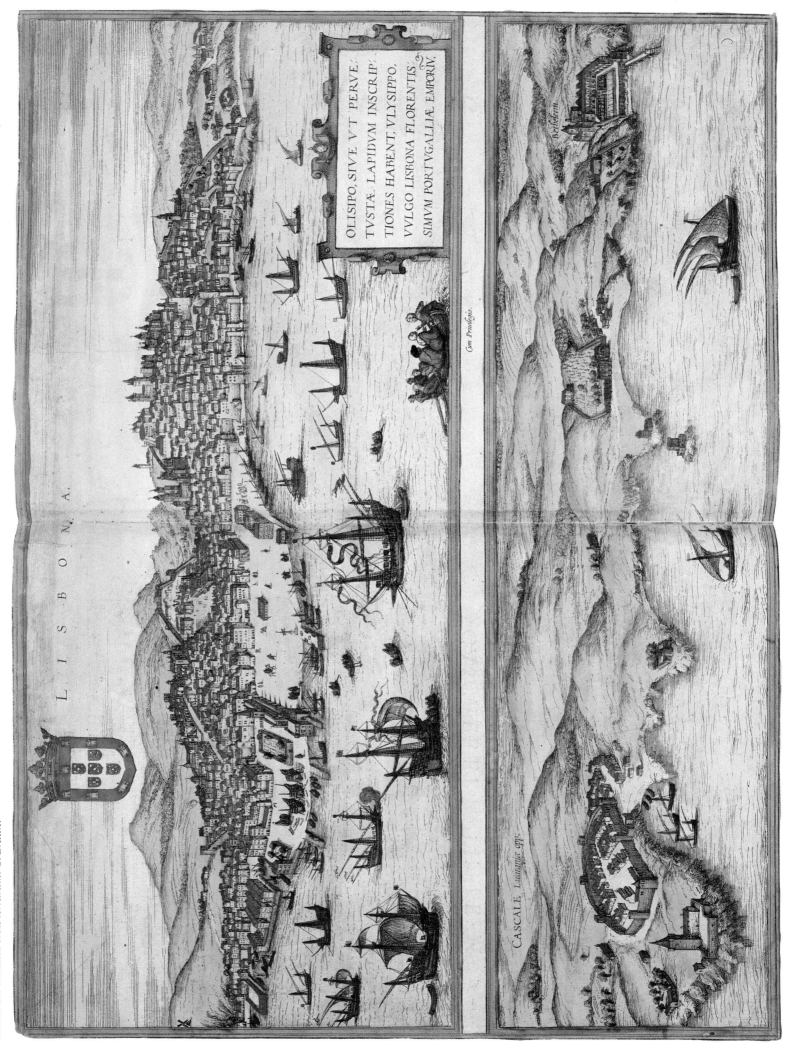

OLISIPO, SIVE VT PERVE=
TVSTA, LAPIDVM INSCRIP=
TIONES HABENT, VLYSIPPO.
VVLGO LISBONA FLORENTIS=
SIMVM PORTVGALLIÆ EMPORIV.

L I S B O N A.

Cum Priuilegio.

CASCALE *Lusitaniæ opp.*

Bethlehem

Lisboa del Civitates orbis terrarum. G. Braun.

to resulta muy sorprendente si tenemos en cuenta que conservamos abundantes muestras de la cartografía anterior a la portuguesa (cartas portulanas) y un número menor, pero no escaso, de cartas españolas de la escuela de Sevilla.[29] Muchas explicaciones se han dado para justificar esta ausencia de cartas portuguesas, entre ellas el fuego que siguió al terremoto de Lisboa en 1755 que destruyó la biblioteca del Paço da Ribeira, la Casa da India y el Armazém da Guiné e India; la política de secreto observada por los reinos peninsulares tampoco justifica una desaparición tan selectiva. La primera carta fechada y firmada por un portugués es la de Joge de Aguiar de 1492, que lleva la inscripción: *«Jorge dagujar Me fez em Lisboa...»*. El original se encuentra actualmente en la Beinecke Rare Book and Manuscrip Library, Yale University, New Haven. Estados Unidos.

De todas formas la información relativa a los descubrimientos portugueses en las costas occidentales de África fue utilizada por cartógrafos genoveses y venecianos. La primera carta que recoge los viajes patrocinados por Enrique el Navegante es la del veneciano Andrea Bianco en 1448; esta carta, actualmente en la Biblioteca Ambrosiana de Milán, señala la costa sur del cabo Bojador hasta cabo Rojo en Guinea, el sur del río Gambia y los descubrimientos de Nuno Tristão en 1446. En una leyenda de dicho mapa se explica que ha sido hecho en Inglaterra. También Fra Mauro, cartógrafo alemán que trabajaba en Italia, señala en su mapamundi de 1459, actualmente en la Biblioteca Marciana de Venecia, que ha manejado cartas portuguesas para construir su obra. Otro cartógrafo italiano que parece haber tenido acceso a la información que llevaron a Italia cartógrafos italianos que trabajaron en Portugal es Grazioso Benincasa de Ancona que trabajó en Génova, Venecia, Roma y Ancona, entre 1461 y 1482. Su carta de 1468, hecha en Venecia, presenta nombres portugueses y muestra los descubrimientos de Alvise de Cadamosto en sus dos viajes de 1455 y 1456 en Gambia y el Río Grande y el descubrimiento de Pedro de Sintra que navegó más allá de Sierra Leona en 1462.

El atlas italiano llamado de Conaro, que se encuentra en la Biblioteca Británica y que está datado hacia 1489, incluye información de los descubrimientos portugueses. Lo mismo ocurre con el mapa del mundo de Henrico Martellus Germanus, manuscrito de hacia 1490, con el globo del mundo de Martín Behaim de 1492 y con el mapamundi de

Cantino de 1502, que está en la Biblioteca Estense de Módena, Italia.

Armando Cortesao después de decir que no puede explicar convincentemente la falta de esta cartografía que aparece citada en documentos, se dedica a examinar todas las cartas del siglo XV en las que están representados algunos de los descubrimientos portugueses para acabar afirmando que todas, a pesar de estar firmadas en Mallorca, Génova o Venecia, son copias de unas perdidas cartas portuguesas anteriores a ellas. Esta teoría excesivamente nacionalista no es compartida por una parte importante de estudiosos de otros países, que consideran que si los descubrimientos portugueses de los últimos años del siglo XV y primeros del XVI están reseñados solamente en cartas hechas por cartógrafos extranjeros, sería debido a que Portugal no contó con cartógrafos propios hasta más adelante.

Durante las siguientes décadas del siglo XVI los principales cartógrafos portugueses fueron la familia Reinel que también trabajó para España, Lopo Homen y su hijo Diogo, Fernâo Vaz Dourado y Luis Teixeira, entre otros.

Influencias científicas entre España y Portugal

Las influencias científicas entre los dos países que forman la península Ibérica son múltiples y recíprocas. Está suficientemente demostrado el origen ibérico-balear de la carta portulana, contemporáneo al de la escuela genovesa. En este sentido el historiador italiano Roberto Almagiá[30] cita un documento de 1335, encontrado en la Biblioteca Vaticana en el que se habla de *«mapa maris nabigabilis secundum Januenses et Maioricenses»*.

El precursor de estas cartas fue el sabio mallorquín Ramon Llull, autor de libros de matemáticas y ciencias; en su obra *El arbol humanal*, escrito en Roma en 1295 dice: *«El marinero considera la galera, nave y barca, considera también la vela, timón y piloto y al árbol y lo demás que pertenece a la nave. Después considera el tiempo de navegar, los puertos en que tiene su refugio, la estrella, aguja, el imán, los vientos y millas y lo demás que corresponde a su arte.»* En *El árbol questional*, parte del *Árbol de la Ciencia* 1298, se interroga: *«¿Cómo los marineros miden las millas en el mar? Para esto tienen instrumento, carta, compás, aguja y la estrella del mar»*.

Parece que Ramon Llull escribió también un *Arte de navegar,* perdido pero citado por sus contemporáneos, con lo que se confirma su influencia sobre la naciente escuela catalano-mallorquina.

El otro gran antecedente de la ciencia náutica española fue el rey Alfonso el Sabio con su obra *Libros del saber de astronomía,* de 1280; en ella se halla condensado todo el conocimento náutico procedente de los árabes, judíos y cristianos. Allí hallamos descrito, entre otros instrumentos, un astrolabio esférico y otro plano, un cuadrante o cuarto de círculo y una esfera armilar. Otro de los libros compilado por el Rey Sabio era un *Regimiento de la altura del polo al mediodía* y *Las tablas alfonsíes,* que tuvieron gran influencia entre los cosmógrafos peninsulares y fueron conocidas y traducidas en todo el Occidente medieval hasta la aparición de las teorías de Tycho-Brahe, Kepler y Galileo.

Estos antecedentes científicos y unas condiciones históricas y comerciales apropiadas, favorecieron en la isla de Mallorca la aparición de la escuela mallorquina, origen a su vez de toda la cartografía náutica originada en la península Ibérica.

En 1492, a causa de la expulsión de los judíos de España, pasaron a Portugal el judío salmantino Abraham Zacuto, autor del *Almanaque Perpétuo,* usado por los navegantes, el profesor de astronomía de la misma Universidad, Diego de Calzadilla y probablemente el también judío José Vizinho, que trabajaron en los círculos científicos portugueses. Gómez Teixeira asegura:[31] *«La astronomía náutica es ibérica, su origen está en los regimientos de navegación portugueses y resultó de la colaboración de Zacuto con la junta de matemáticos de Lisboa».*

El astrolabio náutico, fundamental para las navegaciones atlánticas, fue perfeccionado y utilizado en España[32] con preferencia a la ballestilla o báculo de Jacob, dada a conocer en Portugal por Martín Behaim, porque proporcionaba más exactitud en los cálculos. El primer dibujo de un astrolabio náutico aparece en el planisferio llamado de Castiglioni de 1525, procedente de la Casa de Contratación y atribuido a Diego Ribero.

Con ocasión del descubrimiento de América, el polo de atracción científica se desplazó desde Portugal a España,

adonde llegaron pilotos portugueses e italianos; unos ya formados en las navegaciones atlánticas como Magallanes, Solís y los Faleros; y otros, como Diego Ribero que adquirieron fama y conocimientos a la sombra de la Casa de la Contratación. En ambos casos, sus obras fueron realizadas al servicio de España. Los descubrimientos de Solís y Magallanes son suficientemente conocidos, Francisco Falero editó en Sevilla, en 1535 su *Tratado de la Esphera y del Arte de Navegar* y las cartas de Diego Ribero llevan el sello inconfundible de los padrones de la Casa de Contratación.

Podemos pues asegurar que la influencia ibérica fue recíproca y muy intensa, además de autóctona, teñida con importantes pugnas políticas, derivadas del Tratado de Tordesillas y de la división del mundo en dos partes.

Lo anteriormente expuesto se refiere a los fundamentos teóricos de la ciencia náutica. Si repasamos la práctica de la navegación, nos encontramos a los dos países ibéricos emprendiendo las navegaciones africanas a la vez. Como ha explicado el profesor Miguel Angel Ladero,[33] Sevilla y los puertos del occidente andaluz tenían en el siglo XV una larga tradición de comercio y navegaciones con las costas occidentales de África. El comercio del oro y el de esclavos, el de manufacturas, en especial la pañería, y los productos agrícolas y el desarrollo paralelo de las pesquerías de altura, produjo un progresivo conocimiento por parte de los marinos andaluces de las rutas del Atlántico medio. Según A. Rumeu de Armas, los caladeros africanos, frecuentados por los andaluces, llegaron a estar muy al sur del cabo Bojador, hasta Senegal, Gambia y Guinea, en la segunda mitad del siglo XV, pero los andaluces pescaban sobre todo entre los cabos Aguer y Bojador, hasta río de Oro y siguieron haciéndolo a pesar de las limitaciones establecidas en los tratados luso-castellanos de Alcaçovas (1480), Tordesillas (1494) y Sintra (1509), que afirmaron el monopolio portugués en África. Así pues los puertos de Palos, Huelva, Moguer y Ayamonte entre otros, estaban acostumbrados a faenar en el cabo Espartel, río Lukus, cabo Bojador, incluso al sur de éste. A este entorno atlántico llegó Colón y allí encontró interlocutores válidos para sus proyectos, que allí no parecían descabellados; en este sentido hay que recordar que las dos carabelas de Palos que participaron en el primer viaje colombino, pagaban así una pena impuesta por la Corona por infracciones en materia pesquera.

El que los portugueses prosiguieran este camino y pasaran de una simple empresa comercial y privada en época del infante Enrique, a una empresa estatal con plenitud de recursos, adelantándose a los españoles en las rutas atlánticas, se debe a un problema político coyuntural; mientras Portugal estaba en paz y gozaba de un período de estabilidad social y económica en la segunda mitad del siglo XV,

Castilla apenas había salido de una dura guerra dinástica y tenía sin rematar la última fase de su guerra de reconquista. Es por esta razón por lo que Castilla no pudo dedicar esfuerzos nacionales a la expansión atlántica en la misma época que Portugal, pero creemos que tenía los medios técnicos para abordarlos, como el descubrimiento de América se encargó de probar veinte años después.

Fragmento del mapa del Pacífico de Vaz Dourado. 1571.

NOTAS

24. Custodio J. Morais, *Determinaçao des cordenadas geograficas pelo pilotos portugueses o pilotos arabes no principio de seculo XVI.* (Coimbra: Centro de Estudos Geográficos. Vol. II 1960).

25. C. R. Boxer, «Portuguese Roteiros, 1500-1700», *Mariner's Mirror*, Vol. 20, 1934.

26. Véase A. Cortesao, *History of Portuguese Cartography.* (Coimbra: Junta de Investigaçoes do Ultramar, 1971). Cap. VI, cuya obra se ha seguido para la realización de parte de este capítulo.

27. W. G. L Randles, *Portuguëse and Spanish attemps to mesure longitude in the 16th Century.* (Lisboa: Centro de estudos de cartografia Antiga, n.º 179.)

28. L. de Alburquerque, *Portuguese books on Nautical Science from Pedro Nunes to 1650.* (Lisboa: Centro de Estudos de Cartografía Antiga, 1968).

29. R. Uhden, «The oldest portuguese original chart of the Indian ocean A.D. 1509», *Imago Mundi*, Vol. III. 1939.

30. «Intorno alla piú antica cartografia náutica catalana», *Bolletino della Societá Geográfica Catalana*, Vol. X, Firenze, 1945.

31. «Colaboraçao dos españoles e portugueses nas grandes navegaçâos dos seculos XV e XVI», *Asociación española para el progreso de las ciencias*, Oporto, 1921.

32. R. Laguardia, «Origen Hispánico de las tablas de declinación solar», *Revista Gral. de Marina*, 155. P. 297-310.

33. «El entorno hispánico de Cristóbal Colón» Lección Inaugural del 17 Congreso Internacional de Ciencias Históricas, Madrid, 26 de agosto al 2 de septiembre de 1990.

V

LA CASA DE CONTRATACIÓN:
ESCUELA SEVILLANA DE CARTOGRAFÍA

L a fecha de 1492 marca una efemérides en la era de
los descubrimientos atlánticos, pero no es más que
la conclusión de un proceso que se inició en el
segundo tercio del siglo XV con las exploraciones de castellanos y portugueses en las costas de África. Estas exploraciones supusieron un replanteamiento y revisión
de la técnicas de navegación y pilotajes hasta entonces
empleadas.

Se pasó así de navegar por el Mediterráneo, el *Mare
Nostrum* de los romanos, y por el norte de Europa con el
sistema de rumbo y distancia, sin perder de vista las costas y sus accidentes, a engolfarse en el Atlántico, sin referencias geográficas precisas ni antecedentes de otras
navegaciones. Así pues hubo que desarrollar otros elementos de navegación como la brújula e instrumentos para determinar la altura del sol. Los barcos a su vez fueron
reformados para adaptarlos a las necesidades atlánticas,
sustituyendo los remos por el timón, reformando las velas
y elevando el bordo de los barcos.

La Casa de Contratación fue otra consecuencia de los
descubrimientos atlánticos; como su nombre indica fue
creada por Real Cédula del 14 de febrero de 1503 como
un lugar donde centralizar el comercio y organizar las flotas para las Indias, recién descubiertas.

En esa cédula se mandaba crear: «*una casa de contratación y negociación de las Indias y de Canarias y de las
otras islas que se avían descubierto y se descubriesen a la
cual se avían de traer todas las mercaderías*». En función
de estas necesidades, se nombraba un factor, un tesorero
y un escribano para atender los aspectos puramente mercantiles como decidir qué mercancías había que embarcar,
nombrar a los capitanes de los barcos y darles las correspondientes instrucciones, además de recibir y guardar las
mercancías procedentes de las Indias.

*La organización científica
de la Casa de Contratación*

La organización científica de la institución objeto de este
trabajo, descansa en un primer momento sobre el Piloto
Mayor que debía examinar a los pilotos que iban a las Indias y sellar las cartas que, de acuerdo con el Padrón Real
había hecho el cosmógrafo de hacer cartas de marear. El
cargo de Piloto Mayor, el primero que se crea, se legisla
por Real Cédula de 1508 y recae sobre Américo Vespucio,[34] descubridor y cosmógrafo, sucediéndole Juan Díaz
de Solís en 1512 y Sebastián Caboto en 1518.

La institución del piloto mayor de la Casa de Contratación de Sevilla[35] fue el sistema nervioso central de los estudios geográficos de la institución pero, con el paso del
tiempo, parte de las tareas que abordaba el piloto mayor
se repartieron en dos cargos de nueva creación que fueron: el cosmógrafo fabricador de instrumentos y cartas de
marear, creado en 1523 y del que nos ocuparemos en el
próximo apartado, y el catedrático de Cosmografía, nombrado por Real Cédula de 1552, que estaba encargado de
enseñar la parte teórica de la navegación a los pilotos que
iban a Indias. El primer catedrático nombrado fue Gerónimo de Chaves, hijo de Alonso de Chaves.

Veitia y Linaje explica las materias que debía enseñar el
catedrático de Cosmografía en su cátedra:[36]

«*La esfera o al menos los libros primero y segundo de ella.
»El regimiento que trata de la altura del sol y cómo se sabrá y la altura del Polo y cómo se sabe y todo lo demás que
aparece en el regimiento.
»El uso de la carta y de echar el punto en ella y en saber
siempre el lugar donde está el navío.
»El uso de los instrumentos y fábrica de ellos para saber
si tienen error y son la aguja de marear, astrolabio, cuadrante, ballestilla y como se han de marear las agujas pa-*

ra que sépan en todo lugar si nordestean o noruestean que es una de las cosas que más importa saber por las ecuaciones y resguardos que han de dar cuando navegan.

»El uso del reloj general diurno y nocturno y que sepan de memoria y por escrito en cualquier dia de todo el año, cuantos son de luna para saber cuando y a que hora serán las mareas, para entrar en los ríos y barras y otras cosas que tocan a la práctica y uso».

El cargo de cosmógrafo, encargado de enseñar a los pilotos era absolutamente incompatible con el cargo de piloto mayor que los tenía que examinar, aunque hubo piloto mayor que tuvo los dos cargos con los consiguientes problemas de competencias que esto generó. Por su parte los catedráticos de cosmografía podían ser también fabricadores de instrumentos.

El cargo de cosmógrafo de hacer cartas de navegar

El cosmógrafo de hacer cartas de navegar y fabricar instrumentos estaba directamente encargado de hacer las cartas y después de selladas por el piloto mayor, de entregarlas a las flotas que iban a Indias; pero de la documentación consultada se desprende que él no hacía materialmente ni las cartas ni los instrumentos necesarios para la navegación sino que supervisaba este trabajo artesanal en su taller donde tenía distintos oficiales para hacerlos. Este cargo, dice Pulido Rubio, era normal que fuera ejercido por varias personas al mismo tiempo.

En un memorial presentado en el Consejo de Indias el 15 de octubre de 1590 por el piloto mayor Rodrigo de Zamorano, que llegó a acumular en su persona los tres cargos científicos de la Casa, se dice que el oficio de hacer instrumentos para la navegación es propio de todos los cosmógrafos y que lo ejercieron simultáneamente Jerónimo de Chaves, Sancho Gutiérrez y el que presentaba el memorial.[37]

El primer cosmógrafo de hacer cartas de navegación y de fabricar instrumentos, nombrado por Real Cédula de 1 de julio de 1523, es el portugués, naturalizado español, Diego Ribero y le sucedió en 1528 Alonso de Chaves. Por la Real Cédula de 1523 se oficializó el cargo que ya había ostentado antes Nuño García de Toreno, según Harwing[38] en 1519 éste recibió el título de «maestro de hacer cartas de navegar» y bajo este epígrafe firma la única carta suya que ha llegado hasta nosotros en 1522.

Pulido, siguiendo a Harwing, dice que en otros documentos Nuño García de Toreno es nombrado simplemente Miguel García y es el Miguel García que, juntamente con Juan Vespucio, estaba encargado de examinar a los pilotos en ausencia de Sebastián Caboto.

Con el título otorgado por primera vez a Nuño García de Toreno se estableció una distinción clara sobre el resto de los pilotos que ejercían distintas labores más o menos oficiales en la Casa de la Contratación, los cuales cobraban 25.000 maravedíes, la mitad de los emolumentos asignados al cosmógrafo de hacer cartas. Estos pilotos eran: Andrés de San Martín, Juan Vespucio, Juan Serrano, Andrés García Niño, Francisco Coto, Francisco Torres y Andrés Morales.

Abundando en esta idea, Veitia y Linaje asegura al referirse a los padrones de Juan Vespucio y Juan Díaz de Solís: *«no se pudieron llamar las referidas operaciones de Cosmographos, ni los dichos Juan Vespucio y Juan Diaz de Solís tuvieron títulos más que de pilotos».*

De estas informaciones deducimos que los únicos que podían hacer las cartas y fabricar instrumentos legalmente eran los cosmógrafos de hacer cartas y fabricar instrumentos, como se puede comprobar en distintos pleitos que tuvieron estos cosmógrafos con otros que, sin serlo ni tener licencia, invadían su terreno. La licencia para hacer las cartas la tenía que dar el piloto mayor y el mismo cosmógrafo, con la competencia y rivalidades que esto generaba, como atestigua un pleito que tuvo Rodrigo Zamorano con el francés Pedro Grateo que pretendía vender las cartas de la Casa sin licencia.

En 1533 Diego Gutiérrez pidió que se le nombrara cosmógrafo de hacer cartas pues llevaba mucho tiempo haciéndolas en Sevilla y para avalar su petición dijo que en 1524 se nombró a dos portugueses, Pedro y Jorge Reynel, para fabricar cartas e instrumentos y que por la misma razón se le debe nombrar a él, como efectivamente se hizo en Real Cédula de 21 de mayo de 1534. Esto demuestra que había varios cosmógrafos para hacer cartas simultáneamente. Según Pulido, de 1562 a 1566 cobraban como cosmógrafos los siguientes: Alonso de Chaves, que además era piloto mayor, Francisco Falero, Jerónimo de Chaves, Sancho Gutiérrez, Diego Gutiérrez y Alonso de Santa Cruz. Pero poco a poco esta pluralidad de cosmógrafos va

Plano del Obispado de Sevilla, hecho por Jerónimo Chaves para el Atlas de Ortelius de 1570.

descendiendo y sólo figuran en las cuentas tres personas para los tres empleos ya citados, aunque todavía aparece Alonso de Chaves simultaneando los oficios de piloto mayor y cosmógrafo de hacer cartas. En 1585, una vez fallecidos Zamorano y Chaves, los grandes acaparadores de cargos, a instancias de la Universidad de Mareantes, el Consejo de Indias nombró a Domingo de Villarroel como único cosmógrafo de hacer cartas. Parece ser que no había una norma fija en el procedimiento seguido para proveer el cargo. Por ejemplo, Sancho Gutiérrez hizo un examen para que le dejaran hacer los trabajos de cosmógrafo aunque el título oficial de cosmógrafo de la Casa de Contratación no lo obtuvo hasta mucho después; otro tanto pasó con Gerónimo de Chaves que, a petición de su padre, fue examinado por un tribunal que le concedió el título de cosmógrafo de hacer cartas e instrumentos. Esta era una posibilidad, pero Pulido Rubio dice que en otros casos no ha encontrado rastros de que tuvieran que hacer un examen. Después de la ausencia de Domingo de Villarroel que marchó a Burdeos y dejó el puesto vacante, se inició el procedimiento de la oposición que ganó Martín Pradillo y una vez muerto éste, la ganó Antonio Moreno, si bien él era el único opositor en 1607. Por este procedimiento obtuvieron el cargo los sucesivos cosmógrafos hasta los inicios del siglo XVIII, en que la vida científica de la Casa de Contratación se fue desvaneciendo hasta apagarse.

Reproducimos a continuación la lista de cosmógrafos de hacer cartas, sacada de la obra de Pulido, indicando si se conservan cartas de cada uno, las cuales serán estudiadas más adelante.

Nuño García de Toreno, nombrado en 1519, maestro de hacer cartas y fabricar instrumentos, antecedente de lo que luego serían los cosmógrafos. Muerto en 1526. Se conserva cartografía.

Diego Ribero, nombrado en 1523, muerto en 1533. Se conserva cartografía.

Alonso de Chaves, nombrado en 1528 y en 1552 piloto mayor, murió en 1587. No se conserva cartografía firmada, se le atribuye una carta.

Diego Gutiérrez, nombrado en 1534, muerto en 1554. Se conserva cartografía.

Pedro Mexía, nombrado en 1537, muerto en 1551. No se conserva cartografía.

Alonso de Santa Cruz, nombrado en 1537, muerto en 1567. Se conserva cartografía.

Sancho Gutiérrez, nombrado en 1553, muerto en 1580. Se conserva cartografía.

Diego Gutiérrez, nombrado en 1554 por fallecimiento de su padre, del mismo nombre. No se conserva cartografía.

Diego Ruiz, nombrado en 1573. No se conserva cartografía.

Rodrigo Zamorano, nombrado en 1579 sin sueldo, que acumuló en su persona los tres cargos. No se conserva cartografía.

Domingo Villarroel, nombrado en 1586, como sucesor de Sancho Gutiérrez; cesó por haber marchado a Francia en 1596. Se conserva cartografía.

Gerónimo Martín de Pradillo, nombrado en 1598 como sucesor de Villarroel. No se conserva cartografía.

Antonio Moreno, nombrado en 1603, nombramiento definitivo en 1607, acumuló como Zamorano en sus manos todos los cargos de la Casa de Contratación, pero no tuvo como él los mismos disgustos. No se conserva cartografía firmada, se le atribuye una carta.

Juan de Herrera de Aguilar, nombrado en 1652. Muerto en 1647. No se conserva cartografía.

Sebastián de Ruesta, nombrado en 1652, muerto en 1669. Se conserva cartografía.

Miguel Suero, nombrado en 1674, muerto en 1677. No se conserva cartografía.

Manuel Salvador Barreto, nombrado en 1680, muerto en 1709. No se nombró sucesor. No se conserva cartografía.

El Padrón Real de la Casa de Contratación

En 1508 se mandó por Real Cédula a Américo Vespucio que: «*Se haga un Padrón general y porque se haga más cierto mandamos a los nuestros oficiales de la Casa de la Contratación de Sevilla que hagan juntar todos nuestros pilotos, los más que hallaren en la tierra a la sazón, y en presencia de vos el dicho Américo Vespuci, nuestro piloto mayor, se ordene y haga un padrón general, el cual se llame padrón real, y por el cual todos los pilotos se hayan de*

*regir y gobernar y esté en poder de los dichos nuestros ofi-
ciales y de vos el dicho piloto mayor que ningun piloto use
de otro ninguno, sino del que fuera sacado de él».*[39]

Con esta orden se pretendía unificar conocimientos y
que todos los pilotos se guiaran por las mismas cartas
contrastadas y puestas al día. Es significativo que desde
entonces la formación del padrón fuera siempre un trabajo en equipo de las personas más cualificadas en el tema,
bajo la dirección del piloto mayor.

Este sería el patrón o modelo de carta de navegar que
junto con los modelos del resto de los instrumentos de
navegar como astrolabio, ballestilla, aguja de marear y regimiento de navegación o arte de navegar[40] al que sólo
los cosmógrafos oficiales tenían acceso y quedaría en la
Casa de Contratación para que *«sirva como de patrón en
la Casa de la Contratación o modelo para las que tengan
que realizarse».*[41]

De este modelo se sacaban las copias oficiales que generalmente hacía y vendía el cosmógrafo de hacer cartas
de navegar y sellaba el piloto mayor y que debían llevar
todas las flotas a Indias. Este documento se renovaba y
corregía cada cierto tiempo con las novedades que traían
los pilotos que, una vez contrastadas en juntas de pilotos,
se incorporaban al padrón oficial.

A lo largo del siglo XVI encontramos varias reales cédu-
las del Consejo de Indias[42] instando a los pilotos y cosmógrafos a reunirse para rectificar el padrón que no siempre
se tradujeron en rectificaciones efectivas, como vamos a
ver a continuación.

En 1512 se reitera la orden dada a Américo Vespucio,
esta vez a Juan de Solís y a Juan Vespucio, para que con
publicidad y reuniendo a cuantos pilotos se pueda, se haga un padrón general y se exponga públicamente en la
Casa de Contratación para que se rijan por él todos los pilotos que fueran a las Indias y en 1515, reunidos en junta
de pilotos, se aprobó la carta hecha por Andrés Morales
como padrón o modelo.

Como los viajes de descubrimiento aumentaban al correr
los años y los problemas con los portugueses también,
por otra Real Cédula de 1526, se mandó a Hernando Colón,[43] que junto con los oficiales de la Casa, procediera a

reformar el padrón; en ella y en la del año siguiente se pide que todos los pilotos que hayan navegado a las Indias
escriban un diario explicando los rumbos y regimiento que
llevaron y la altura de los cabos y demás accidentes que tocaron; de todo esto debían dar noticia o bien en Sevilla o
en Santo Domingo para proceder a la reforma del padrón.

A pesar de estas disposiciones, en 1535 todavía no estaba corregido el padrón pues hay una Real Cédula urgien-
do al hijo de Colón para que mande la carta corregida al
Consejo de Indias.

Cuando en 1539 murió Hernando Colón, fue encargado
de terminar la rectificación del padrón Juan Suárez de Car-
bajal que reunió a los pilotos y cosmógrafos de la Casa,
Alonso de Santa Cruz, Alonso de Chaves, Francisco Falero,
Sebastián Caboto, Diego Gutiérrez y Pedro de Medina, los
cuales, después de mucha discusiones y rivalidades, firma-
ron el nuevo padrón, al que hace referencia Fernández de
Oviedo en su obra.[44]

Aunque desde 1536 se contó con un padrón totalmente
reformado, creemos que por primera vez, los nuevos descubrimientos así como los más ajustados conocimientos
náuticos, hicieron necesaria una nueva revisión del padrón, encargada al entonces piloto mayor Sebastián Caboto, que en 1544 reunió otra vez a los técnicos de la Casa
de la Contratación y abrió información pública sobre los
errores que contenía. De esta información salieron, como
era de esperar, informes contradictorios; mientras Caboto
y Sancho Gutiérrez dicen que está imperfecto, Alonso de
Chaves y su hijo Gerónimo opinan lo contrario. Queremos
señalar aquí, para recalcarlo más adelante, que todas las
controversias sobre el padrón se refieren a lugares geográficos americanos y a problemas de su colocación en el
mapa debidos a errores de longitud y latitud.

Sabemos por una Real Cédula de 1553 que por orden
del doctor Hernán Pérez se hizo otro mayor y más ampliado[45] sobre la base del que ya existía de 1536.

Pero la segunda definitiva enmienda del Padrón Real tuvo lugar a finales del siglo XVI. En 1593 el Consejo de Indias envió a su cosmógrafo mayor Pedro Ambrosio de
Ondériz a Sevilla para que diera un informe sobre el Padrón Real y los errores que contenía; una vez emitido el
informe, por Real Cédula del 8 de octubre de 1594, se le
manda que vaya otra vez a Sevilla para hacer:

«Una carta universal reformada con tierra adentro si pareciere que conviene y en conformidad de ella los seis padrones siguientes de mayor grado del que tiene el padrón del dicho viaje ordinario de las Indias. El primer padrón del dicho viaje ordinario de las Indias enmendado conforme a las relaciones que trajeron los pilotos que fueron en las flotas del Perú y Nueva España este año en conformidad de lo que se les mandó por las instrucciones impresas que llevaron; corrigiéndose también en el dicho padrón las costas de España, Francia, Inglaterra y las demás partes septentrionales y también la de Bacalaos, tierra del Labrador y la de Nueva España de la parte del sur con la de Perú.

»El segundo padrón desde el cabo Verde hacia el sur, que tenga el Brasil y costas de África hasta el Cabo de Buena Esperanza.

»El tercero el Estrecho de Magallanes hacia el norte, todo el mar del sur y la costa del Perú hacia Nueva España.

»El cuarto que tenga la navegación de la costa de Nueva España e islas Filipinas.

»El quinto que tenga desde España toda la costa de África y Cabo de Buena Esperanza, costa del Mar Mediterráneo hasta el fin del mar Eugino de la parte del norte y las puertas del Mar Bermejo de la parte del sur.

»El sexto y último que tenga desde el Cabo Guadafu hacia levante toda la costa de las Indias orientales por el Cabo de Camoren y Malaca, costa de la China y las Filipinas y Maluco y Japón».[46]

Las órdenes dadas a Onderiz no se cumplieron por la muerte de este cosmógrafo y Andrés García de Céspedes, que era el nuevo Cosmógrafo Mayor de Indias, fue nombrado piloto mayor para la ocasión y encargado nuevamente el 13 de junio de 1596 de corregir el padrón.

Este escribió en la segunda parte de su *Regimiento de Navegación*[47] que:

«El padrón de la navegación de la carrera de Indias tenía muchos defectos y lo mismo el mapa universal por haberlo prevaricado los portugueses con sus pretensiones [...] Hizose finalmente el padrón general de la carta de marear

como manda la instrucción, en los cuales seis padrones particulares se compartió todo el universal, según que pareció eran más acomodados para la navegación; y si alguno quisiere otra carta diferente de como están los seis padrones particulares, se podrá sacar del general con mucha facilidad».

Continúa explicando cómo se ha corregido el padrón y lo más importante, incluye una carta universal que es una reproducción del Padrón Real.

Estas informaciones de los dos Cosmógrafos de Indias, encargados de revisar el padrón, nos aclaran suficientemente que el padrón era una carta o mapa universal que representaba todo el mundo conocido hasta entonces; para más comodidad estaba dividido en seis partes, llamadas también padrones o cuarterones y según el lugar por donde se fuera a navegar, se adquiría una u otra parte. Aunque también se podía encargar otro padrón abarcando una zona geográfica distinta de los seis que se vendían normalmente.[48]

Creemos que cuando se habla de corregir el padrón fundamentalmente se están refiriendo a la parte de la carta general que representaba América, que era donde se producían los avances geográficos o a la zona asiática navegada por los portugueses y objeto de una fuerte controversia a partir del viaje de Magallanes-Elcano, pues es poco probable que se corrigiera el padrón que representaba el Mediterráneo, o la parte de África por donde los españoles no navegaban.

En el informe emitido por Céspedes encontramos otras noticias interesantes a efectos de determinar la composición del Padrón Real. Dice este autor que no se debe rectificar el padrón de la parte de Occidente por ser el resultado de una navegación de cien años, ni tampoco los de la navegación septentrional ni del Mediterráneo, pues aunque no están en sus latitudes y longitudes verdaderas tienen en cambio derrotas conocidas.

De este importante documento se extrae otra noticia igualmente interesante: que los españoles consideraban que los portugueses falseaban los datos geográficos de sus descubrimientos para obtener ventajas en sus negociaciones políticas con España.

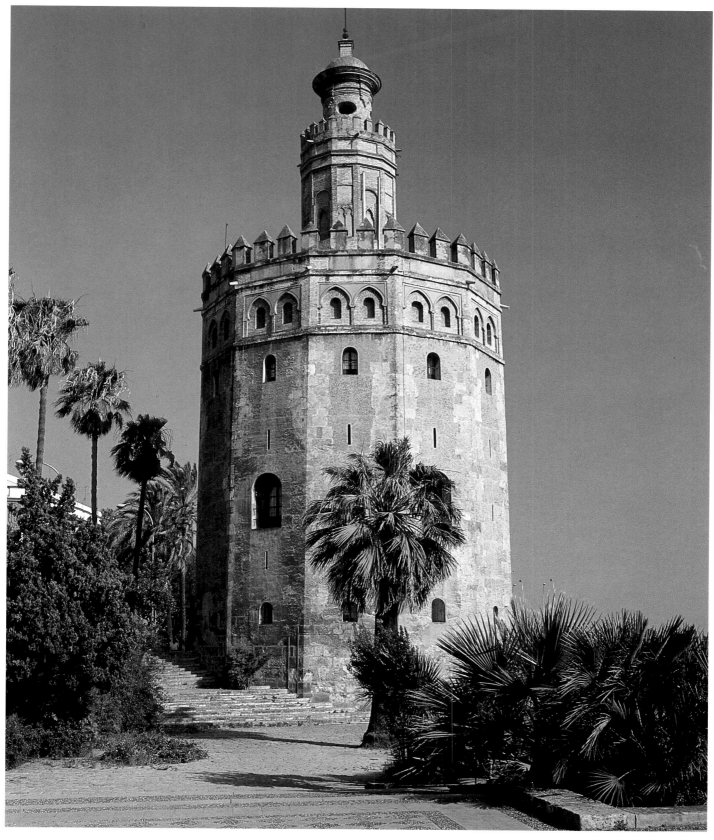

Torre del Oro en Sevilla.

La producción cartográfica de la Casa de Contratación

La labor cartográfica de la Casa de Contratación estaba, como regla general, encomendada a los pilotos mayores ya que ellos presidían las rectificaciones del Padrón Real, pero eran los cartógrafos de hacer cartas los únicos autorizados a sacar copias y venderlas. Al ser la construcción de la carta general oficial una labor de equipo, es lógico que no fuera firmada; el hecho de sacar copias de los distintos padrones tampoco justificaba el que se firmaran. Por esta razón han llegado hasta nosotros tan pocas cartas firmadas. Creemos que sólo lo fueron las que eran un encargo especial para uso distinto de la navegación y cuando el piloto había puesto en ella leyendas cosmográficas, detalles ornamentales o cualquier otra innovación que la hacían personal y distinta del resto.

De las firmadas que han llegado a nosotros, la mayoría lo son de cosmógrafos de hacer cartas de navegar y las atribuciones de las que son anónimas siempre giran en torno a los hombres que eran cosmógrafos en la época.

Encontramos varias clases de cartas procedentes de la Casa de Contratación:

1. La carta universal o padrón oficial que se custodiaba allí.

2. Las cartas y planos hechas por los pilotos como resultado de sus navegaciones y que trasladaban al padrón.

3. Las cartas que vendía el cosmógrafo de hacer cartas con destino a las flotas de Indias que eran copias del padrón original.

Estas cartas generaban una industria muy importante en torno al taller del cosmógrafo y desataron, a lo largo del siglo XVI, varias disputas entre los distintos cargos científicos de la Casa y entre otros pilotos afincados en Sevilla que querían participar en los beneficios de tan floreciente negocio.

Pasamos a continuación a analizar con algún detenimiento las cartas manuscritas que han llegado a nosotros y de las que todos los estudiosos coinciden en señalar como procedentes de la Casa de Contratación. La mayoría de ellas se encuentran en bibliotecas extranjeras y muy pocas veces se han examinado y reproducido en su totalidad. La creencia

general es que la mayoría de las cartas universales que han pervivido hasta nuestros días estaban destinadas a regalos de grandes mandatarios y a resaltar los descubrimientos españoles en las nuevas tierras, es decir que eran más o menos documentos políticos. Cuando son anónimas y sin fechar es necesario pasar revista a los avances geográficos que reseñan para intentar encuadrarlas cronológicamente. A estos avances geográficos y a los problemas políticos que generaron vamos a dedicar ahora las próximas líneas.

El tratado de Tordesillas de 1494 fue la plasmación política de la bula *Inter caetera* (1493) dada por el papa Alejandro VI; aunque en ella el Papa establecía una línea de polo a polo a 100 leguas al oeste de las islas de las Azores y Cabo Verde, los portugueses consiguieron en el tratado que la línea se estableciera a 370 leguas de las dichas islas. Todo lo que se descubriera desde esa línea a la «parte de Levante de N. a S.» sería del rey de Portugal y lo que descubriera «a Poniente de N. a S.» sería para el rey de España. Portugal veía ampliado así su radio de acción, limitado en el tratado de Toledo; los españoles a su vez podían explorar al sur de las Canarias que les estaba vedado con el tratado antes mencionado. En estas negociaciones quedaron muchos puntos sin tratar; por ejemplo, establecer qué legua se iba a usar en el cómputo, si la de 16 millas y 2/3 española o la de 17 y 1/2 portuguesa. Esto que entonces no se contempló como un problema, fue importantísimo cuando Magallanes descubrió las Molucas. Los portugueses hasta entonces habían abogado porque la línea se trazase lo más al occidente posible para que el Brasil entrara plenamente en su demarcación y, con tal fin, habían trazado la línea a partir de la isla de San Antonio que es la más occidental de las de Cabo Verde para que ésta pasara por las bocas del Marañón y un cabo situado en el Río de la Plata; sin embargo desde 1522 estaban interesados en retrotraerla hacia el oriente para reclamar las tierras descubiertas por los españoles en Asia, por lo que el valor atribuido a la legua náutica era muy importante en este contencioso.

El litigio estaba planteado y fue fuente de continuas disputas diplomáticas y científicas en la primera mitad del siglo XVI. Ya en 1508 los portugueses se oponían a las expediciones de los españoles hacia la costa sur de América y apresaban las naves españolas que encontraban a la altura del cabo San Agustín; los españoles por su parte hacían lo mismo con los portugueses que encontraban en

Castilla del Oro. Sin tener medios de establecer la latitud y mucho menos la longitud, el cabo de San Agustín se fijó a 20° al este de la línea de demarcación mientras que estaba a 12° en realidad, esto era así porque los portugueses habían acercado la isla de San Antonio a 2° de la costa americana cuando en realidad dista 10°.

El descubrimiento del Mar del Sur por Balboa en 1515 renovó el interés de los españoles en hallar un paso para las Indias que ya había buscado Colón en su cuarto viaje y en 1508 Solís-Pinzón en el istmo de Panamá, pues las tierras recién descubiertas no producían la riqueza inmediata que Colón había prometido. Mientras, los portugueses seguían siendo los dueños de las especias y además el tratado de Tordesillas les había favorecido en cuanto al Brasil. En 1517 se llevaron a cabo las exploraciones de Hernando de Córdova en América Central y en 1518 la de Grijalva por la misma zona. En esa época Fernando de Magallanes estaba en España ofreciéndole al rey sus servicios para hallar las Molucas por occidente. Cuando en 1522 llegó la nave Victoria a España y las noticias ciertas del descubrimiento de las Molucas, los portugueses se apresuraron a reclamarlas pues consideraron que entraban en su zona establecida por la línea de demarcación.[49] Por problemas políticos las longitudes en estas zonas en conflicto aparecen en esta época muy confusas, por ejemplo desde las islas de Cabo Verde al Cabo de San Agustín se establecieron 11° 30' en vez de los 17° 30' que distan en realidad. Un error tan grande no se corresponde con la casi ausencia de ellos en zonas que no estaban en litigio; así desde estas islas a la Florida el cálculo de la longitud está bastante acertado.

Pero lo más llamativo es que los portugueses aumentaban a 31° los 22° que Magallanes y Elcano dijeron haber recorrido hasta llegar a las Molucas, para reivindicar sin ninguna duda la pertenencia de las Molucas a la corona de Portugal.

Por lo tanto las Juntas de Badajoz de 1524, organizadas para llegar a un acuerdo entre los portugueses y españoles, se plantearon las siguientes cuestiones:

1. Si la demarcación debía trazarse sobre una carta plana o sobre un globo.

2. Cómo situar las islas de Cabo Verde.

3. De cuál de estas islas iniciar la cuenta de 370 leguas.

Los portugueses querían empezar a tratar el tercer punto pues era el más importante ya que desde la isla más occidental a la más oriental de las de Cabo Verde había 2° 30' de diferencia, que eran los que determinaban si las Molucas estaban en una u otra demarcación. Los portugueses querían contar desde la isla más oriental del grupo de las de Cabo Verde y los españoles contestaban que a pesar de eso las Molucas eran de España pero que entonces las islas de Cabo Verde más al occidente pertenecían a España. Trazar las distancias en un plano o sobre un globo también era importante, porque al ser hechas las cartas con una proyección de grados iguales, tenían el mismo valor los grados equinociales que los establecidos para los mares orientales, alejados del Ecuador; lógicamente, los españoles preferían el globo porque sobre él los grados por «círculo menor» tenían menos leguas que los del Ecuador y las Molucas estaban muy alejadas del Ecuador.

De todo este contencioso conservamos los documentos españoles pero faltan los portugueses, que no han llegado a nosotros, con lo que los razonamientos están un poco cojos, pero podemos resumir que los portugueses acortaban el viaje desde Guinea a Calicut y los españoles desde América al Pacífico de acuerdo con sus intereses. Los españoles para probar que los portugueses habían acortado la distancia a la India aportaban fuentes antiguas como el viaje de Cadamosto o el «itinerarium portugaliensium» publicado en 1508, así como los viajes de Marco Polo, Juan de Mandeville y del libro de Salomón en los que se explicaba que se tardaba tres años en llegar a la India, y se olvidaban intencionadamente el relato de Diego López Sequeira que había llegado a Sumatra en 1509. Por su parte, los portugueses aducían que sus mismos pilotos para obtener recompensas del rey alargaban las distancias navegadas que en realidad eran más cortas. El 30 de mayo de 1524 la Junta de Badajoz se disolvió sin llegar a un acuerdo y con el vago propósito de enviar naves cada reino a los lugares en conflicto para hacer nuevas mediciones. Los españoles decidieron por su cuenta que la línea debía trazarse entre la punta de Humos al norte de Brasil, y la del Buen Abrigo en el sur. El antimeridiano a su vez pasaría por Sumatra como muestra la carta de Nuño García y por lo tanto nada impedía sus expediciones a las Molucas para donde salió en julio de 1525 García de Loaysa para tomar posesión de ellas; en abril del año siguiente lo hizo Caboto para buscar desde España las Molucas y tierras de Tarsis y Ofir, el Catayo oriental y Cipango. Aunque esta expedición no pasó del Brasil pues la nave principal, la *Santa Catalina*, naufragó allí y Caboto desistió de seguir, quedándose a explorar el río de la Plata y las regiones interiores hacia Panamá.

Estos viajes y el de Esteban Gómez que quería encontrar las Molucas a través de un paso en el norte de América y sólo llegó a Rhode Island, más allá de la Florida, fueron un desastre en cuanto al objetivo señalado que era encontrar un camino marítimo a través de América para las Molucas. Mientras que los portugueses tenían un océano por delante, los españoles se encontraban ante un continente muy grande que atravesar antes de llegar a las especias; gracias a que el genio de Cortés, el más inteligente de los exploradores españoles de su época, había descubierto México, desde donde se alcanzaron las riquezas de Perú. La corona española se pudo resarcir de los grandísimos desembolsos sin provecho inmediato que había hecho en América. Este nuevo planteamiento geográfico permitió a Carlos V, por el tratado de Zaragoza de 1529, desprenderse de las Molucas y vendérselas a los portugueses que las poseerían *«hasta que se encontrara el modo de determinar su posición»*. La línea de demarcación debía trazarse ahora provisionalmente a 17° al este de ellas y hacer un nuevo padrón para los navegantes. Pero estas soluciones políticas no se plasmaron en las cartas pues las Molucas se consideraban por parte de los españoles sólo prestadas y, por tanto, dejaron la línea donde estaba anteriormente. Así en la carta de 1542 de Alonso de Santa Cruz *el meridianus particionis* pasa por las bocas del Ganges al oeste de Sumatra y en Brasil la línea ya no pasa por el estuario del Plata, sino 10° más al este para quitar a Portugal también un buen trozo de Brasil.

Los puntos más sobresalientes que sirven para datar las cartas de la Casa de Contratación son: el antimeridiano de las Azores; el problema del Maluco, provocado por el viaje de Magallanes-Elcano de 1522, no toma estado oficial hasta las Juntas de Badajoz en 1524; la costa patagónica a partir del río de la Plata, anteriormente denominado río Jordán, empieza a aparecer hacia 1530 después del viaje de Caboto; la costa chilena y peruana hasta México aparece en las cartas universales de la Casa de Contratación en la segunda mitad del siglo XVI; en América del Norte un criterio para datarlas es la delineación y orientación correcta de la península de la Florida y el dibujo de la península de Yucatán como una isla, propio de las primeras cartas españolas; la inclusión de los viajes de Esteban Gómez a la tierra de los Bacalaos en la costa norte de la Florida sirven para situar las cartas después del primer tercio del siglo XVI.

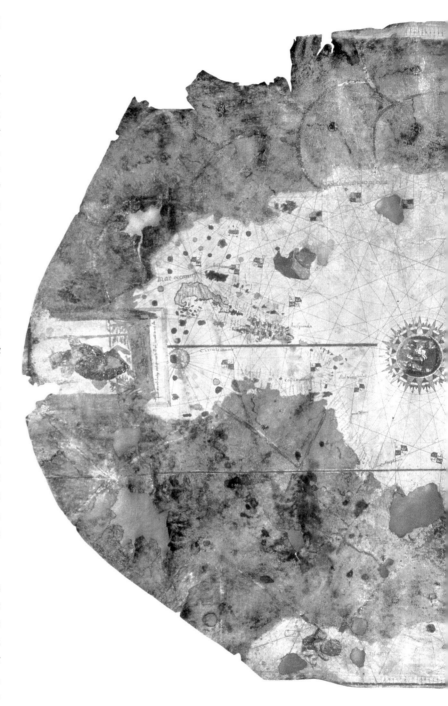

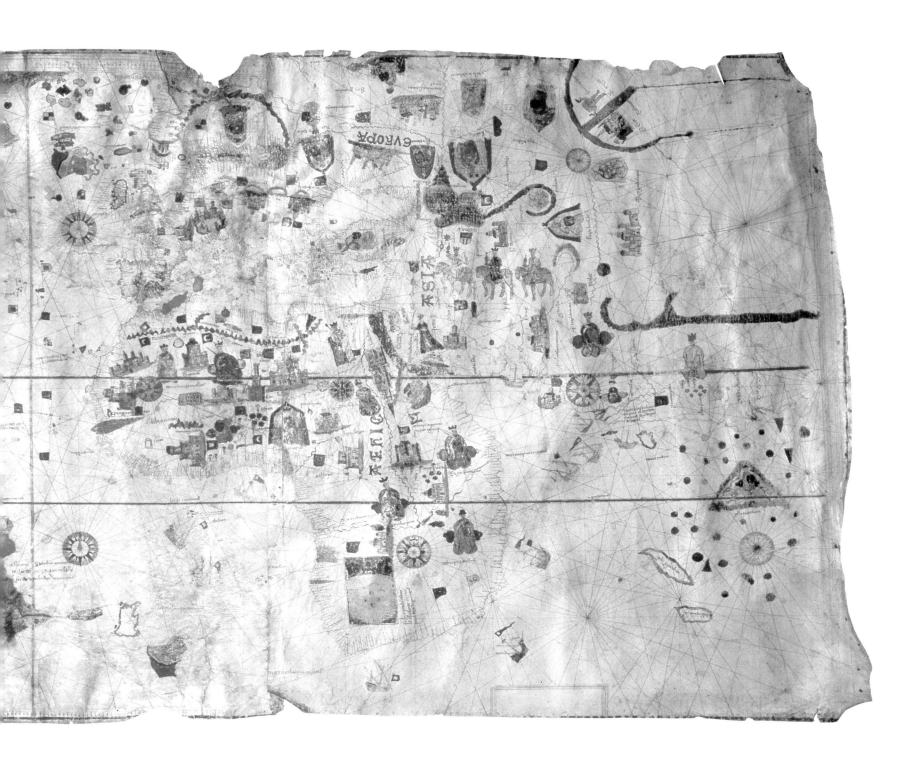

Carta de Juan de la Cosa. 1500. Museo Naval de Madrid.

Cartas manuscritas de la Casa de Contratación

CARTA DE JUAN DE LA COSA *[1500]. Museo Naval. Madrid.* 96 x 183 cm.

Es una carta portulana tradicional en dos trozos de pergamino, pegados por el centro, a la que se le ha añadido las tierras recién descubiertas. Está firmada y datada, como es habitual en las cartas portulanas, en la parte más estrecha de la piel que correspondía al cuello del animal, en el margen izquierdo de la carta y en una sola línea en dirección N.-S., debajo de una imagen religiosa que solía ser la de la Virgen o Cristo crucificado y en esta ocasión es la de San Cristóbal: «*Juan de la Cosa la fizo en el puerto de Santa María en el puerto de Santa María en anno de 1500*».

La organización de las líneas de rumbos gira en torno a dos rosas de los vientos de 32 direcciones, centradas en la línea del Ecuador, una al sur de la península de la India y otra mayor en medio del Atlántico que enmarca una representación de la Virgen y el Niño; estas dos rosas son el centro de dos circunferencias determinadas por 16 rosas de los vientos, como era también habitual. Aunque carece de coordenadas geográficas, está dibujada la línea del Ecuador y la del trópico de Cáncer, así como el meridiano que pasa por las Azores, que fue tomado como referencia geográfica para establecer la línea divisoria de los derechos de los dos países ibéricos en la bula *inter caetera* por el papa Alejandro VI. La carta está decorada a la manera de las cartas portulanas de la escuela mallorquina, con reyes con los símbolos de su poder, banderas y ciudades. El preste Juan de las Indias en África, los reyes magos en Asia, son un ejemplo. La escala de leguas está representada en el margen inferior en la parte del océano Atlántico; en el mismo margen a la derecha aparece una cartela en blanco que debía estar reservada para la dedicatoria o para alguna leyenda que al final no se incluyó.

Se observa en la delineación de la carta la abundante información geográfica de la zona que abarcaban los portulanos, esto es Europa y la cuenca mediterránea; la costa occidental africana alcanza una notable perfección que va disminuyendo en el trazado de la costa oriental que acababa de contornear Vasco de Gama en su viaje a la India de 1497-1499.

El trazado también es claro y detallado en la zona de las Antillas, donde destaca la clara insularidad de Cuba, comunicada ya a Colón por los indígenas en el primer viaje y comprobada por el mismo Juan de la Cosa en 1499, cuando acompañó a Ojeda y Vespucio y pudo constatar en dicha isla la fuerza de la corriente del Golfo, frente a las opiniones de Colón. La zona de costa descubierta al sur y norte de las Antillas está dibujada de manera imprecisa, tanto las zonas continentales representadas por una masa amorfa verde, como la gran cantidad de islas distribuidas al azar y muestran que el cartógrafo no tenía información de primera mano como era el caso de las Antillas donde, como hemos dicho, el autor había realizado viajes de descubrimiento. Así pues, en el continente americano recoge las noticias de los descubrimientos de Juan Caboto en su primer viaje (1498), los tres viajes de Colón (1492, 1493, 1498) y los de Ojeda y Vespucio en 1498.

La carta no es un mapamundi en el sentido tradicional del término, tal como son los de Ptolomeo en esa misma época, sino una carta universal como las que más adelante conformarían el Padrón Real, ya que la parte de China continental y Japón no está representada sino que termina en la península de la India, característica ésta fundamental de la escuela de Sevilla que no concede lugar a la imaginación en la delineación de las cartas sino al empirismo.

El autor, Juan de la Cosa, marino cántabro afincado en el Puerto de Santa María, acompañó a Colón en sus dos primeros viajes y a Ojeda en el suyo y murió en 1511 a manos de los indios en Cartagena de Indias. Aunque se ha especulado mucho con la fecha de realización de la carta, modernos estudios técnicos permiten asegurar que la carta es de la época que se indica[50] y fue citada por primera vez en 1511 por Pedro Mártir de Anglería diciendo que estaba en poder del obispo Fonseca, del Real Consejo de Indias. Fue descubierta por el barón Walkenaer en la tienda de un anticuario en París a mediados del siglo pasado y adquirida por el gobierno español en pública subasta. Carta representativa en varios aspectos que marca la transición de la cartografía mallorquina a la escuela sevillana, participa de aquélla en la ornamentación y representación del mundo conocido hasta entonces, especialmente del Mediterráneo. Es, sin embargo, el primer exponente de la cartografía producida por la Casa de Contratación y la primera que representa América. A partir de ahora los siguientes padrones reales se harán de la misma forma aunque introduciendo paulatinamente todos los avances técnicos del siglo.

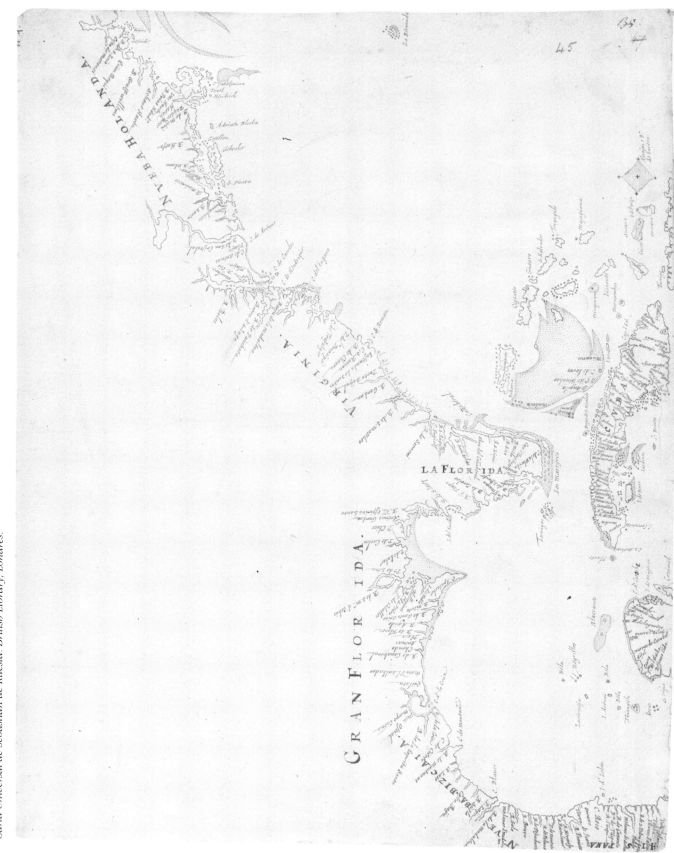

Carta Universal de Sebastián de Ruesta. British Library, Londres.

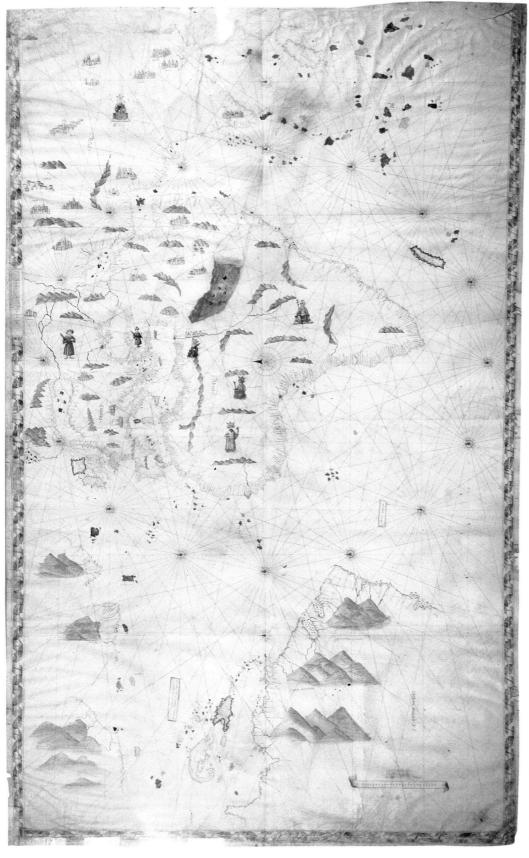

Carta Universal. Anónima. [1506]. Biblioteca Olivariana de Pessaro.

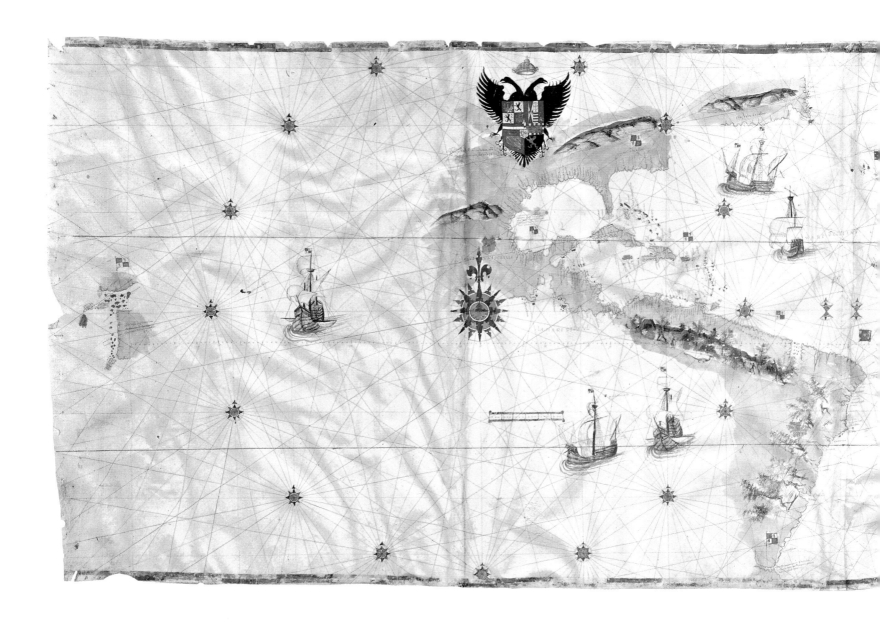

Carta Universal de Juan Vespucio. 1526. The Hispanic Society of America, Nueva York.

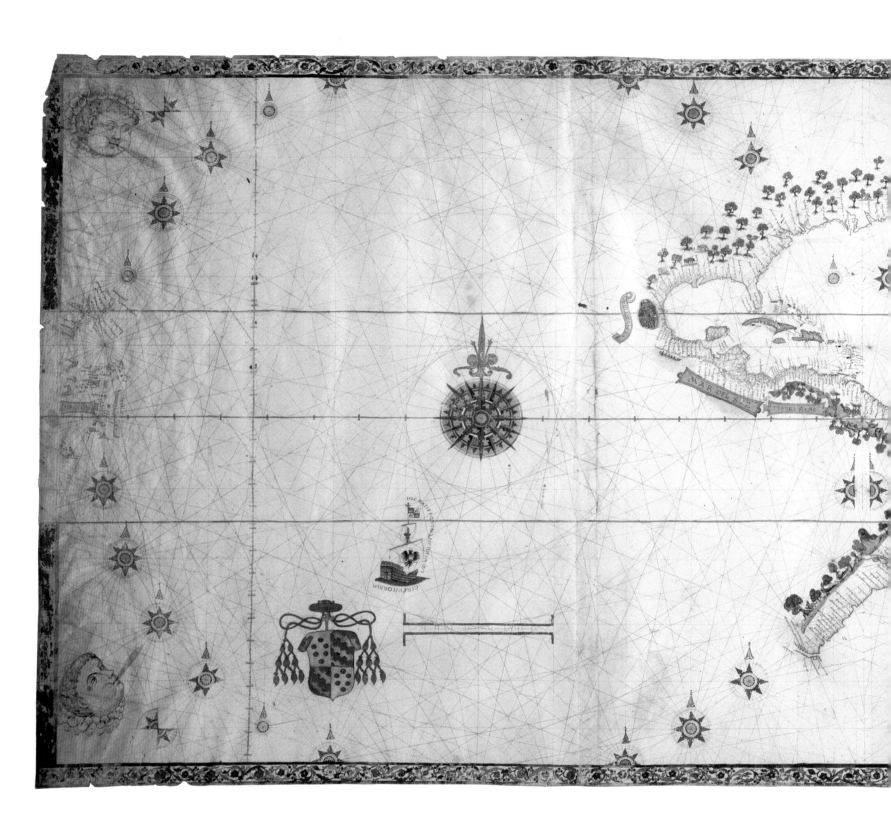

Carta Universal. Nuño García de Toreno, 1525. Biblioteca Laurenciana de Florencia.

CARTA UNIVERSAL ANÓNIMA DE PESARO *[1506]*.
Biblioteca Olivariana. Pesaro. 122 x 207cm.

Es un pergamino, dividido probablemente en dos partes, pegadas entre sí, en el que aparece representado el cuarto viaje de Colón, lo que permite datarla alrededor de 1506, fecha en que llegaron a España las noticias de este descubrimiento. Aparece ya clara la continentalidad de América y se advierte un avance en relación con la carta de Juan de la Cosa. Aparece por primera vez la leyenda *Mundus Novus* para designar América meridional. Está sólo dibujado de una manera muy tenue el Ecuador pero faltan los trópicos. Tampoco aparece ninguna línea de demarcación. Hay una escala de leguas en el margen inferior izquierdo y otra interrumpiendo la orla en el margen superior. Tiene un sólo sistema de rumbos que gira alrededor de una gran rosa centrada en el Ecuador y colocada en África. La parte de África y la zona que abarcaban los portulanos están decoradas con figuras de reyes con sus atributos, que miran hacia occidente, lo mismo que las ciudades, lo que resulta por lo menos curioso. La carta tiene una cenefa con motivos vegetales alrededor. Los topónimos en América son escasos. En las Antillas aparece una banderola con un texto en latín. La tierra descubierta por Esteban Gómez y Caboto está bosquejada pero sin continuidad en la costa, la parte de la Florida y del golfo de México no aparece, el Yucatán adquiere una figura de torre pero tratado como península. El interior del continente sudamericano está decorado con tres grandes cadenas montañosas ordenadas en orden creciente desde la costa al interior; el dibujo de las costas es rígido como el de los portulanos. La fecha atribuida por investigadores italianos de 1506 no parece desacertada pero se puede extender hasta 1510.[51]

CARTA DE FILIPINAS DE NUÑO GARCÍA DE TORENO *[1522]*.
Biblioteca Real. Turín. 108 x 75cm.

Es una pequeña carta en pergamino en forma rectangular, en buen estado de conservación excepto un trozo al que le falta en el ángulo inferior izquierdo. El título aparece en el ángulo superior izquierdo, en sentido norte-sur según la costumbre ya establecida en las cartas portulanas y dice: «*Fue fecha en la noble villa de Valladolid por Nuño Çarçía de Toreno, piloto y maestro de cartas de navegar de Su Magestad. Año 1522*». La carta tiene una orla oscura bordeada de rojo, excepto en la parte izquierda, que a primera vista haría pensar que es una sección de una carta mayor, pero la firma y la

escala de latitud que sólo llega a 44° S. y 31° N. impiden pensar que fuera una parte de una carta universal que se hubiera perdido, pues la escala de latitud no hubiera abarcado ni el estrecho de Magallanes ni Norteamérica. El sistema de rumbos, organizado alrededor de una rosa central colocada en el golfo de Bengala, viene a reafirmar esta opinión.

Está señalado el Ecuador con una línea roja así como la línea de demarcación que lleva el siguiente título con letras capitales «*Linea divisionis castellanorum et portugalliensium*». Representa la costa sur de Asia, la península de Malaca y el archipiélago de las Molucas, claramente colocado en la parte española de la línea de demarcación, establecida en el tratado de Tordesillas.[52]

La carta, bellamente decorada y con gran riqueza de colorido, nos hace pensar en la posibilidad de que fuera un regalo a algún mandatario extranjero. Está dibujada la torre de Babel en Mesopotamia, ciudades y diversos reyes con los atributos de su realeza. Las cinco naves con las banderas de Castilla y León representan probablemente la armada de Magallanes; las grandes islas fantásticas en medio del Índico y el contorno de la península de Malaca nos muestran que la información del cartógrafo estaba todavía teñida por las leyendas medievales y clásicas. Es la única carta firmada por Nuño García de Toreno, cartógrafo reputado como muy hábil por sus contemporáneos[53] que también hizo 32 cartas para la armada de Magallanes en 1519.

Representa la zona geográfica que abarcaba el último padrón de los seis que componían la carta universal y fue regalado por Carlos V a su cuñada Beatriz de Portugal, esposa de Carlos II de Saboya. Fue hecha en Valladolid, donde estaba la corte, inmediatamente después de la llegada, el 8 de septiembre de 1522, de la expedición de Magallanes-Elcano que había dado la vuelta al Mundo. En ella aparece por primera vez dibujado el antimeridiano de las Molucas, atravesando la isla de Sumatra y la península de Indochina, según las informaciones que había traido Elcano de su viaje; al lado de esta línea aparece una escala de latitudes que va de los 41° S. a los 30° N. y también figura el *Sinus Magnus* y otros elementos ptolemaicos.

Esta carta, como la de Salviatti, de factura muy semejante y construida como regalo, nos lleva a pensar, como han indicado Belfanti-Suitner[54] que podía tener una intención de propaganda para reafirmar en las cortes europeas los derechos de Castilla frente a Portugal.

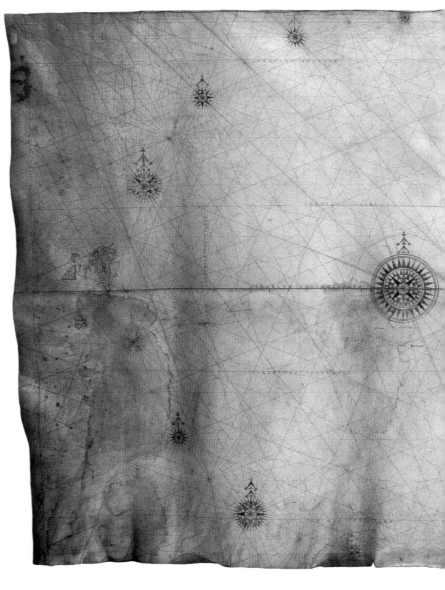

CARTA UNIVERSAL DE TURÍN. ANÓNIMA *[1523].*
Biblioteca Real. Turín. 124 x 274cm.

Es una de las cartas más grandes de las que nos han llegado de la Casa de Contratación, formada por tres trozos de pergamino unidos. Es la primera carta universal hecha después de la vuelta al Mundo de Magallanes y aparece despojada de la típica ornamentación de las cartas portulanas. El interior del continente europeo y asiático aparece en blanco sin ningún tipo de decoración. África presenta dos líneas de cordilleras con decoración escenográfica y el resto sembrado de matas; la parte sur del continente americano también aparece con una intensa vegetación verde y dos pájaros en la zona del Brasil. Está representada la fachada atlántica del continente americano desde el golfo de México hasta el estrecho de Magallanes y falta toda la representación de América del Norte más allá de la Florida, aunque las zonas representadas están llenas de topónimos en excelente ortografía castellana.

Las rosas de los vientos están distribuidas en dos círculos que tienen por centro al Ecuador; uno de ellos va situado debajo del golfo de Santa Clara y el río de Gabón y el otro en el centro del Pacífico señalado por una rosa con 32 rumbos, como es habitual desde que se construyó la carta de Juan de la Cosa. Aparece, creemos que por primera vez, el Ecuador graduado de 5° en 5°. Están también señalados los trópicos. Hay tres escalas de latitud graduadas de 1 en 1; una que va desde los 80° N. a 80° S. y que atraviesa las Azores; las que aparecen en el océano Pacífico y al oeste de la península de la India tienen una graduación de 20° S. hasta 20° N. No se advierte en la carta escala de leguas.

Estamos en presencia de una carta cuadrada en la que los grados de longitud y latitud son iguales. La línea de demarcación no aparece señalada pues esta carta no parece concebida como un documento de reivindicación territorial, ni tampoco el antimeridiano. En Asia la costa termina en la costa oeste de la península de Malaca, pero continúa en la parte izquierda del pergamino para recalcar que esas tierras estaban al oeste de la línea de demarcación; esta característica se repetirá en todas las cartas universales de la Casa de Contratación. Se representa por primera vez toda la distancia existente entre las Molucas y el resto de las tierras por los datos obtenidos de la experiencia del viaje de Magallanes; también aparece el estrecho de Magallanes y las Filipinas. Sin embargo la Florida está representada como una isla, resultando arcaica pues proviene de una confusión de la primera hora del Descubrimiento, cuando Ponce de León no había determinado con sus exploraciones de 1513 la forma de península. El Yucatán aparece como una península mientras en cartas posteriores es representado a menudo como una isla, error que se estableció cuando el piloto Antón de Alaminos confundió el extremo de la península con la parte noroccidental de la isla de Cuba en el viaje de Juan Díaz de Solís. No aparecen los descubrimientos de Caboto, Corte-rreal, ni lo que es más sorprendente, de Esteban Gómez. Sin embargo el autor de la carta que comentamos se muestra informado de la expedición de Álvarez de Pineda en 1519 y señala el río del Espíritu Santo actualmente río Missisipi y el río Panuco en la bahía de Tampa. Las leyendas explicativas están en las nuevas tierras orientales, así en Tidor una explica que «aquí cargaron» refiriéndose a Magallanes y sus compañeros y en Joló se indica «aquí hay muchas perlas» y cerca de Mindanao «aquí hay mucho oro». En la parte de África el cartógrafo ha dibujado un gran saliente en la parte de Somalia y la península de Arabia aparece completamente verde.

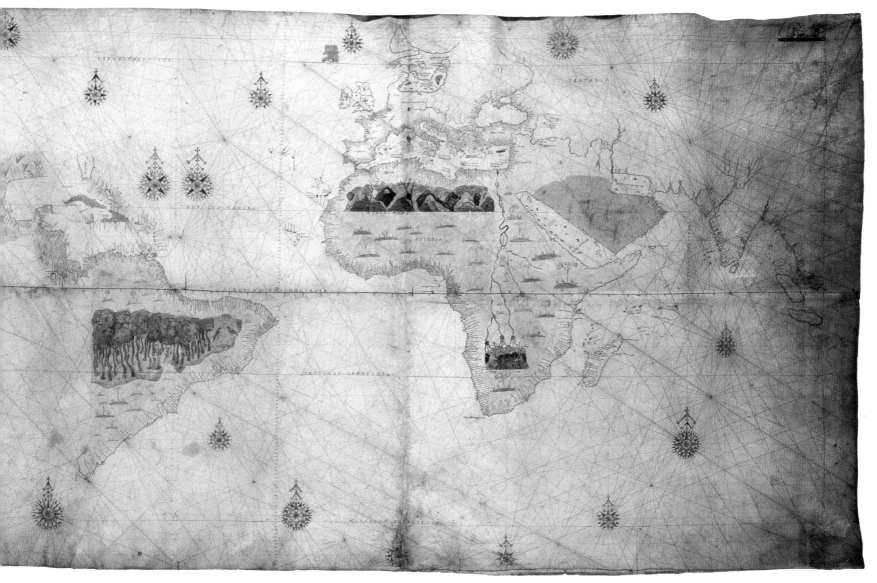

El historiador italiano Magnaghi[55] considera que el anti-meridiano de las Molucas está representado por una línea recta que se puede ver al este de la península de Malaca y que la carta puede ser anterior a 1524 porque el antimeri-diano pasa al este de Java, mientras que después de las Juntas de Badajoz la línea se estableció más al oeste para que Malaca cayera en la esfera española, que la toponimia en italiano en la región de Venezuela avala la hipótesis interesada de ser Juan Vespucio el autor de la carta y que la escasa competencia con que están trazadas las tierras americanas y los errores de bulto que se detectan en la zona mediterránea, como el de llamar Adriático al mar Jónico y a la isla de Sicilia, Candía, se deben a que sólo interesaba señalar con cuidado la zona de las Molucas. Con la primera conclusión discrepamos abiertamente, pues es imposible que esa línea represente el antimeridiano ya que sería la única carta española que no atribuye Malaca a la soberanía de España, como planteó claramente la carta de García de Toreno de 1522 y es imposible que en un año de diferen-cia se haya producido tal variación de criterio; hay que recordar también que las Juntas de Badajoz no supusieron un cambio en la política de portugueses y españoles, pues no se llegó a ningún acuerdo y hay que esperar al tratado de Zaragoza de 1529 para que las Molucas pasaran a Portugal, lo que tampoco se tradujo en un cambio en la colocación del antimeridiano en las cartas de la Casa de Contratación. La afirmación de la autoría de Vespucio no se sostiene con la sola prueba de los italianismos, pues precisamente la costa de Venezuela fue descubierta en el viaje de Américo Vespucio y es lógico que tuviera topónimos italianos, puestos por el descubridor no por el cartógrafo.

Por lo antedicho, la fecha de 1523, atribuida por Mag-naghi, puede ser aproximada pero la autoría de Juan Ves-pucio no tiene ningún fundamento firme en nuestra opinión, basta con examinar la única carta manuscrita fir-mada del autor que está en la Hispanic Society de Nueva York y comprobar las diferencias.

Carta de las Molucas. Nuño García de Toreno. 1522. Biblioteca Nacional de Turín.

CARTA DEL NAVEGARE UNIVERSALISSIMA ET DILIGENTISSIMA. [DIEGO RIBERO] *[1525]. Archivo de los marqueses de Castiglioni. Mantua. 82 x 214 cm.*

La carta no está firmada pero en el reverso del pergamino aparece la leyenda que se cita y el año. Aunque es más conocida con el nombre de planisferio de Castiglioni, pues parece que fue regalada por Carlos V al embajador papal en España o simplemente adquirida por éste durante su estancia en este país.[56] La carta representa el mundo conocido en 1525. Esta fecha de realización está avalada por tres datos expuestos en la carta misma: la fecha que figura en el anillo del astrolabio que aparece coronado por una rosa de los vientos en el margen inferior izquierdo de la carta, la leyenda que puede leerse a la altura del estuario del río San Lorenzo, en la costa norte americana, dice: *«Terra que descubrió Estevam Gómez este año de 1525 por mandado de Su Magestad»* y la fecha que acompaña a la leyenda al reverso de la carta.

En el aspecto propiamente técnico encontramos dibujados en rojo las líneas del círculo polar Ártico y Antártico, las del trópico de Cáncer y Capricornio. El Ecuador está dividido de 5° en 5° para expresar la longitud. Aparecen en la carta tres escalas de latitud, también divididas de 5° en 5°, dibujadas una en un meridiano al este de la representación del Maluco en el borde izquierdo de la carta, otra en el que atraviesa las Canarias y la última pasa sobre la banderola donde está escrito *«Sinus Gangeticus»*, al este de la península de la India.

La carta está construida sobre dos sistemas de rumbos cuyos centros radican sobre el Ecuador, uno en el Pacífico, enmarcado por un círculo astronómico *(Circulus Solaris)* y el otro sobre el África central, cerca del océano Índico. La prolongación de los radios de estas rosas centrales convergen en una serie de rosas de los vientos distribuidas circularmente en torno a estos dos sistemas. La ornamentación de la carta es muy parca en colores, concentrados casi todos en las rosas de los vientos y en los tonos verdes de las costas, además de un rojo muy apagado reservado a las leyendas. El autor, ya que no juega la baza del color, se apoya, y esto es importante, sobre una serie de elementos científicos propios de la navegación que no se habían usado hasta ahora como elementos decorativos, los cuales están colocados en los ángulos inferiores de la carta, como un cuadrante, un círculo solar en

el Ecuador y un astrolabio náutico; esta parece ser la su primera representación de este instrumento desde que los navegantes peninsulares adaptaran el astrolabio terrestre para usos marítimos. Aparecen dibujadas también tres escalas de leguas marinas, dos dispuestas verticalmente entre el Ecuador y el trópico de Capricornio, y otra, también verticalmente en el ángulo inferior izquierdo. Al lado del astrolabio se dibuja una bandera de Castilla, justo en la zona de las Molucas, objeto de disputa con los portugueses, y se vuelve a repetir en al ángulo inferior izquierdo donde el cartógrafo ha vuelto a dibujar las Molucas en la zona castellana. Hay otras dos banderas, una portuguesa y otra castellana plantadas sobre una cartela que simula un navío, justo en el lugar donde estaría el meridiano de demarcación, que en esta ocasión no aparece dibujado pero que correspondería al meridiano 50.

La ornamentación medieval de los portulanos de los que estas cartas proceden; está manifestada en los cuatro vientos o soplones someramente bosquejados, pero con un encanto indudable, y en la representación escenográfica de las ciudades de Jerusalén y El Cairo.

El conocimiento geográfico en lo referente a Europa y África que expresa esta carta es el que se podría esperar de un documento cartográfico del primer tercio del siglo XVI, pero cuando se trata de las nuevas tierras descubiertas en los últimos veinte años comprobamos la formidable información de primera mano que poseía el autor, procedente sin duda alguna de los centros descubridores del momento: Sevilla y Lisboa. Así, están anotados en Asia todos los descubrimientos portugueses, la punta de la península de Malaca, la costa norte de Sumatra y Java, la de Borneo, las islas de Palawan, Filipinas y las Molucas y, con varias interrupciones, el extremo oriente termina en lo que sería la actual península de Kamchatka que está denominada como la China.

En el continente americano aparece delineada enteramente la costa atlántica norte desde la tierra del Labrador hasta la península de Florida con un trazo en un verde fuerte que se hace inseguro y débil en la zona intermedia entre estos lugares. Se señala, como ya hemos dicho más arriba, la tierra descubierta por Esteban Gómez el mismo año de la construcción de la carta, lo que demuestra que tuvo acceso por su cargo a la carta hecha por el propio descubridor, hoy perdida. El estrecho de Magallanes,

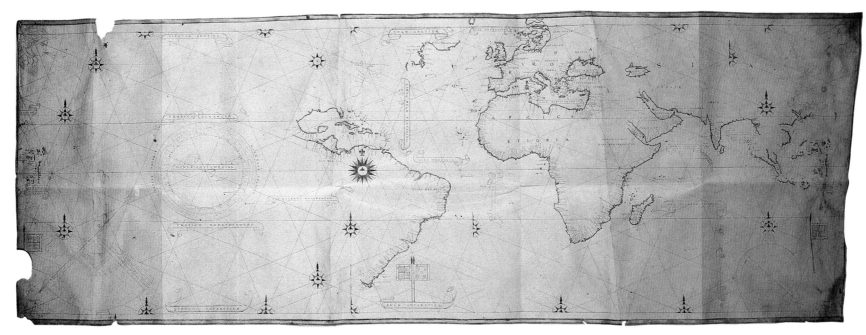

Carta Universal de Diego Ribero. 1525. Archivo de los marqueses de Castiglioni, Mantua.

Centroamérica y las Antillas no ofrecen ninguna duda al cartógrafo. En América del Sur, aparte de algunas imprecisiones en la costa del Brasil ya casi únicamente navegada por portugueses, se nota un gran conocimiento de la cuenca del Amazonas, aunque aún confundiéndola con la del Marañón y del Río de la Plata, llamado aquí río Jordán como en muchas cartas de esta primera época, y del estrecho de Magallanes. Aparecen por primera vez unas islas que se han querido identificar con las Malvinas y de las que resulta difícil leer el nombre.

El mismo dibujo de las Filipinas y Molucas que termina la carta por la parte del oriente, aparece en el margen izquierdo de la carta, flanqueado por una bandera española, en un intento evidente de reafirmar el derecho español a las tierras que se encontrasen más allá del continente recién descubierto.

Una vez establecido sin ninguna duda que la carta procede de la Casa de Contratación y del Padrón Real, nos queda por determinar quién pudo ser el autor. Aunque Magnaghi considera que puede deberse a Juan Vespuccio[57], que entonces era piloto de la Casa, Diego Ribero, aparte de Nuño García de Toreno, que morirá al año siguiente, era oficialmente el cosmógrafo de hacer cartas y fabricar instrumentos. Como la información geográfica no nos podría servir de mucho para determinar cuál de ellos pudo ser el autor,

pues los tres la obtendrían de la Casa de Contratación, debemos recurrir a comparar la carta con las de la misma época que existen firmadas, la de Vespuccio en la Hispanic Society, la de Nuño García de Toreno en Turín y la de Ribero en el Vaticano. Comprobamos que todas debieron ser hechas como regalo a mandatarios extranjeros, sin embargo la decoración tan sobria de la carta que estudiamos, es muy parecida a la de Ribero y, sobre todo, la ornamentación con instrumentos náuticos sólo la encontramos en Ribero, que por otra parte sabemos que se dedicaba a construirlos y ponerlos a punto en la Casa. La costumbre, repetida en la carta del Vaticano, de poner el año de realización en el anillo del astrolabio y la comprobación de que era él quien ostentaba el cargo de cosmógrafo en esa fecha, nos lleva a afirmar sin ninguna duda que el autor es Diego Ribero, portugués, naturalizado español que fue nombrado cosmógrafo oficial de la Casa en 1523 y que murió en 1533.

CARTA UNIVERSAL DE SALVIATTI. [NUÑO GARCÍA DE TORENO] *[1525]. Biblioteca Laurenziana. Florencia.* 125 x 205 cm.

Es un pergamino en tres partes con una decoración francamente suntuosa. Fue llamada así por ser un regalo del emperador Carlos V al cardenal Salviatti. Participa de todos los elementos decorativos inherentes a esta clase de documentos que tenían la finalidad de explicar y apoyar las pretensiones territoriales de España frente a Portugal, sin perder ninguno de los científicos. Así, la red de rumbos está organizada, como todas las que hemos venido examinando hasta ahora, en torno a dos círculos de rosas de los vientos, resultantes de prolongar una central que se encuentra en el Pacífico a la altura del Ecuador y que en esta carta sobresale de las demás por su belleza; la otra, aunque sin materializarse en rosa, aparece en la zona ecuatorial de África hacia el océano Índico. Están también dibujados los trópicos y el Ecuador donde se establece una escala de longitud de 5° en 5°. Las escalas de latitud están expresadas en un meridiano en la zona del Pacífico al este de las Molucas en la parte izquierda de la carta, otra en el centro de la carta en el Atlántico al lado de la línea de demarcación, y otra en un meridiano al oeste de la península de la India. Dos escalas de leguas de 12 leguas y media, están colocadas a ambos lados de los dos escudos de Salviatti en la parte inferior de la carta. La línea de demarcación tiene una leyenda vertical en la que parece estar escrito «*línea de repartimiento entre Castilla y Portugal*», aunque no lo podemos asegurar por la dificultad de su lectura.

Esta carta contiene la mejor y más amplia documentación geográfica de su época. Solamente está representado el contorno de la costa atlántica americana que aparece ya con toda rotundidad desde Terranova al estrecho de Magallanes, aunque la península del Yucatán sigue apareciendo como una isla. El trazado de África y la cuenca del Mediterráneo están también muy perfeccionados y sólo sorprende el excesivo alargamiento este-oeste de la península Ibérica. En Asia el trazo se vuelve inseguro más allá de la India y repite el trazado de la carta de Castiglioni como asimismo se repite la representación de las Molucas y Filipinas al este y al oeste de la carta como afirmación territorial y geográfica. Dos barcos en el océano Atlántico y en el Índico llevan el escudo del emperador y una leyenda en latín «*Hic ratis equinque est totum qui circui orbem*» y que expone la reivindicación geográfica-política de los derechos de Castilla sobre Portugal.

Los soplones, que aparecen también en esta carta, son más recortados y con rasgos femeninos más acusados que en la carta de Castiglioni que acabamos de examinar. Abundan los oros y los colores que le confieren una gran riqueza. La greca que rodea la carta con motivos vegetales y brillantes colores, se interrumpe a derecha e izquierda, justo en la zona de los trópicos y el Ecuador con evidente intención de insistir en la pertenencia española de las Mo-

lucas. Aparecen gran profusión de árboles en el interior de los continentes, la decoración escenográfica de Jerusalén y El Cairo y la típica representación del monte Atlas de los portulanos; los mares interiores de Asia y Europa con grandes carteles dorados recuerdan las representaciones ptolemaicas que circulaban en aquella época por Europa. La línea de demarcación está claramente trazada en el lugar donde solían colocarla las cartas españolas y no aparece la línea del antimeridiano. Esta es una de las pocas cartas de la Casa de Contratación que no ha sido estudiada con detenimiento y, por lo tanto, no ha tenido atribuciones demostrables; investigadores españoles[58] consideran que el autor de la carta puede ser Nuño García de Toreno[59] por varias razones, bien que ninguna concluyente: la ornamentación de esta carta es muy parecida a la única firmada por este cartógrafo, así los barcos, rosas de los vientos y troncos de leguas son iguales en una y otra; como también lo son los mares interiores de Asia en azul fuerte con grandes letreros dorados y los nombres escritos en latín. Las inscripciones que llevan los barcos en esta carta y la de la línea de demarcación en la de 1522 están en latín.

Los avances geográficos expuestos en la costa americana y el dibujo de la zona de las Molucas nos llevan a fechar la carta un poco después de las Juntas de Badajoz, más o menos la misma fecha de la carta de Castiglioni, atribuida con toda seguridad a Diego Ribero y que no tiene ningún parecido estético con esta que comentamos[60]. Nuño García de Toreno era en aquella época, hasta su muerte en 1526, el encargado oficial, junto con Diego Ribero, de hacer las cartas de navegar de la Casa de Contratación, por lo que podemos atribuirle la autoría de ella con escaso margen de error y la fecha entre 1525-1526.

CARTA UNIVERSAL. JUAN VESPUCIO *[1526]. Hispanic Society. Nueva York*. 85 x 262 cm.

Es un pergamino en colores en bastante buen estado de conservación pues ha sido restaurado recientemente, aunque le falta un trozo en el margen superior derecho, en la zona interior de Asia. La carta está firmada en el margen superior izquierdo al lado del escudo con el águila bicéfala del emperador Carlos V, y dice así: «*Jũ Vespuci, piloto de Su Magestad me fecit en Sevilla. Ño 1526*».

Tiene abundante decoración, de la que hay que destacar que los barcos que decoran este tipo de cartas aparecen

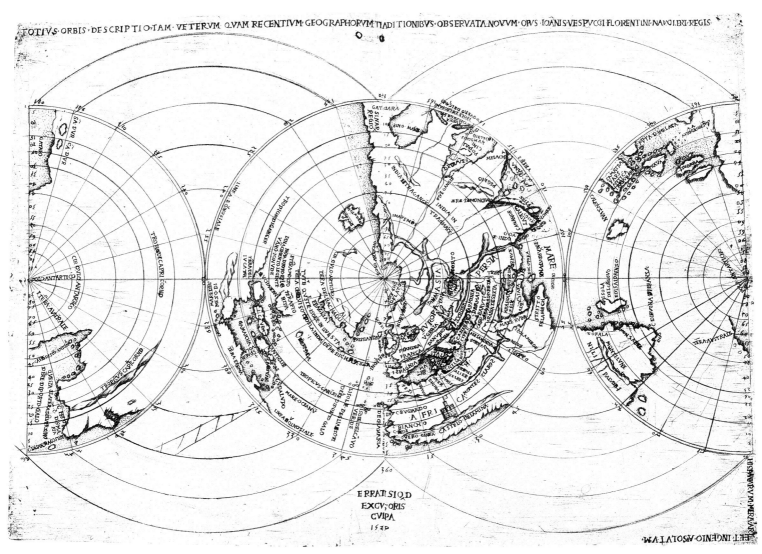

Mapamundi de Juan Vespucio. Impreso en 1524.

dentro del continente americano y no en el mar, además de estar muy bien dibujados. El interior de África aparece lleno de animales, ciudades representativas y montañas. En el continente asiático, aunque no aparecen animales, está lleno de cadenas montañosas y tiendas de reyes, como en la carta de García de Toreno y Juan de la Cosa. La carta está construida alrededor de dos círculos de rumbos que tienen sus centros en dos rosas de los vientos, colocadas ambas encima del Ecuador, no en el centro de la línea como era habitual; una está en la Nueva España y la otra en África central también encima del Ecuador.

Está dibujada la línea de la costa atlántica americana y la parte pacífica de Centroamérica. Mientras que la costa de Sudamérica aparece con pocos topónimos, las de Centroamérica y golfo de México están llenos de ellos. La innovación más importante de la carta es la información de primera mano que expone en la costa norte de la Florida, donde Lucas Vázquez de Ayllón había organizado una expedición en 1521; en junio de ese año Francisco Gordillo y Pedro de Quexos encontraron un gran río que llamaron de San Juan Bautista. Vázquez de Ayllón, que había recibido el título de gobernador del territorio, envió en 1525 a Quexos otra vez hasta la bahía de Chesapeake y la costa de Carolina, donde descubrieron un río que llamaron río Jordán, aunque la colonización resultó un desastre. Vespucio en este mapa refleja los conocimientos ciertos que había en España y deja en blanco una zona entre Nueva

Escocia y Terranova que aún no estaba explorada, marcando con una bandera española la «*Nueva Terra de Ayllón*». Los descubrimientos de Verrazano están colocados entre el río Jordán y Chesapeake. La forma de península del Yucatán también expresa el conocimiento geográfico que poseía el cartógrafo sobre el viaje de Cortés en 1524, como explica una inscripción allí puesta, pero esta inscripción no dice nada de Grijalva que la exploró en 1518 y el año anterior la había descubierto Hernando de Córdova. Otra cosa sorprendente es la explicación geográfica colocada al principio del estrecho de Magallanes «*estracho de santanton que descubrió Hernando Magallanes*». Según Magnaghi[61] este nombre deriva del barco *San Antonio* de la armada de Magallanes que, por instigación del piloto Esteban Gómez, después de separarse de la dicha armada y recorrer la costa de Chile, volvió a España en mayo de 1521. Hacía ya tres años que las cartas de la Casa de Contratación lo denominaban estrecho de Todos los Santos y sólo Ribero en 1527 lo sustituyó por estrecho de Magallanes.

El Ecuador está graduado como en el resto de las cartas que hemos examinado. La línea de demarcación no aparece dibujada. Una escala de latitud está expresada en medio del Atlántico, pegada a la costa de África. La costa de Sudamérica avanza en su trazado hasta el estrecho de Magallanes.

El autor es Juan Vespucio, que trabajó con su tío en la Casa de Contratación y a la muerte de éste, en 1512, permaneció en ella como piloto pero sin ostentar ninguno de los tres cargos oficiales de la Casa, aunque participó en las Juntas de Badajoz-Elvas 1524 para determinar la longitud de las Molucas; a partir de 1524 dejó de aparecer en la relación de sueldos que se pagaban a los pilotos de la Casa de Contratación, quizás por no haber querido participar en la expedición de Loaysa a las Molucas.

Otros mapas que han sobrevivido de este cartógrafo son: «*Totius orbis descripitio iam veterum quam recentium geographorum traditionibus observata novum opus Ioanis Vespucci florentini naugleri regis*». Grabado en Italia en 1524, se encuentra en The Houghton Library, Harvard University, Cambrigde.[62] Es un mapamundi en dos hemisferios que parece haber sido construido para apoyar las tesis españolas en la cuestión de las Molucas suscitadas por el viaje de Magallanes-Elcano. Y una carta portulana en pergamino de la cuenca mediterránea y zonas circundantes, ha sido adquirida en 1991 por el gobierno español y será depositada en el Archivo de Indias después de su restauración.

CARTA UNIVERSAL EN QUE SE CONTIENE TODO LO QUE DEL MUNDO SE A DESCUBIERTO FASTA AORA. ANÓNIMA *[1527]*. *Thuringische Landesbibliotheck. Weimar.* 86 x 216 cm.

Es un pergamino en cuatro trozos pegados y escasamente iluminados. En la parte superior derecha falta un trozo en el que estarían las cinco últimas letras de la palabra «descubierto».

El título de esta carta universal aparece distribuido en el borde superior e inferior de la carta y dice: «*Carta universal en que se contiene todo lo que en el mundo se a descub (ierto) fasta aora. Hizola un cosmógrafo de S.M Anno MDXXVII*». La decoración está compuesta por cuatro cabezas de soplones en los cuatro ángulos, rosas de los vientos y 19 naves; tiene además, como la carta universal de Castiglioni, los mismos elementos astronómicos y artísticos pero a diferencia de aquella, la escala de longitudes, expresada sobre el Ecuador, está dividida de 10° en 10°, lo que se repetirá en el resto de las cartas de Ribero.

La línea de demarcación establecida en el Tratado de Tordesillas se cruza con la del Ecuador en las bocas del Amazonas, como es usual en estas cartas, y los extremos de esta línea estan rematados por sendas banderolas donde se puede leer «*Polus Articus*» y «*Polus Antárticus*». Castilla y Portugal con sus mástiles enfrentados ondean hacia sus territorios. En el ángulo inferior derecho aparece otra bandera de Castilla. Yucatán está representada en su forma verdadera de península. Presenta 4 grandes leyendas, explicando el uso del astrolabio, de la tabla circular de declinaciones, del cuadrante y una amplia reseña sobre la corrección del eje del Mediterráneo.[63] En una leyenda más pequeña al lado de las Molucas dice: «*Estas islas y provincia del Maluco y Gigolo estan situadas en esta longitud según opinión y parecer de Juan Sebastian del Cano, capitán de la primera nao que vino del Maluco y la primera que rodeó el mundo según y por la navegación que hizo el año de 20, 21 y 22 en el qual vino*». Según la opinión de Cortesao[64] al citar a Elcano como origen de la colocación de las Molucas en la parte que correspondía a España, el cartógrafo no quiso comprometerse en una cuestión en la que no estaba muy seguro. Esta aseveración nos parece harto improbable si tenemos en cuenta que Ribero había asistido por parte española a las discusiones de las Juntas de Badajoz-Elvas en 1524 defendiendo la posición española y que esta es una leyenda estándar en todas las cartas de la Casa de Contratación, como podemos comprobar en las de Sancho Gutiérrez y Sebastián Caboto; más bien al citar la opinión de Elcano está reforzando con su autoridad la suya propia.

Podemos comprobar que esta carta, como la anterior y todas las de Ribero, aparecen fechadas en el anillo del astrolabio. Los sistemas de rumbos están distribuidos en torno a dos rosas de los vientos colocadas una en el instrumento equinocial y otra en una gran rosa dentro de África ecuatorial. La carta tiene tres escalas de latitudes y la línea de demarcación atraviesa Brasil. Aparece más acabada en términos generales que la de 1527 y mucho más ornamentada.

Parece que las dos cartas universales de la Casa de Contratación que se encuentran en Weimar proceden de la biblioteca de Fernando Colón, pero esto no quiere decir nada más que él tenía en su poder muchos documentos cartográficos para hacer el padrón y que se mandaron recoger a su muerte; no tiene ningún atisbo de verosimilitud la teoría de que el hijo del almirante pudo ser su autor.

Todas las cartas universales de Ribero tienen información cosmográfica cada vez más desarrollada. En todas ellas el eje del Mediterráneo está ajustado a la realidad, pues el paralelo 36 que pasa por el estrecho de Gibraltar está colocado al norte de Chipre tocando la costa de Asia Menor, no como todas las cartas de su tiempo, y algunas posteriores que lo ponían tocando el norte de Alejandría e inclinado hacia la izquierda 10°, lo que producía un error de 5° en la parte oriental de dicho mar.

Atribuida por Harrisse[65] a Nuño García de Toreño, por Kohl[66] a Fernando Colón; Cortessao lo atribuye a Ribero y también Nordenskiold.[67] Para terminar, creemos que todas estas cartas con características comunes y datadas en el anillo del astrolabio fueron hechas por Diego Ribero, que era el único cosmógrafo de hacer cartas y fabricar instrumentos de la época, ya que Chaves no fue nombrado cosmógrafo de hacer cartas e instrumentos hasta 1528 y García de Toreno murió en 1526.

CARTA UNIVERSAL DE DIEGO RIBERO [1529].
Biblioteca Vaticana. Roma. 85 x 204 cm.

El título es exactamente igual al de la carta del mismo año que se conserva en Weimar y sirve de orla a la carta, pues se extiende por el borde superior e inferior de ella: «*Carta universal en que se contiene todo lo que del mundo se ha descubierto fasta agora, hizola Diego Ribero, cosmógrafo de Su Magestad. Año de 1529 en Sevilla. La qual se divide en dos partes conforme a la capitulación que hicieron los Católicos reyes de España y el rey Don Juan de Portugal en Tordesillas Año de 1494*».

La distribución de la ornamentación es básicamente igual al resto de las cartas de Ribero, aunque esta es la carta, de las cuatro que se le atribuyen, más bellamente decorada. Nos encontramos pues, con los mismos instrumentos náuticos colocados en el mismo lugar; en el centro de la tabla circular de declinaciones aparece una gran rosa de los vientos que es el centro de uno de los haces de rumbos de los dos que tienen su centro en el Ecuador. Los soplones, las banderolas con los lugares geográficos, los polos, trópicos y Ecuador están también representados. Se repiten las dos banderas, una de Portugal y la otra de España, situadas en el polo antártico, mirando cada una su respectivo territorio a ambos lados de la línea de demarcación, como en la carta de Castiglioni pero en esta carta en la zona del antimeridiano, a ambos lados del astrolabio está no sólo la bandera de Castilla sino también otra de Portugal, mirando hacia su zona de influencia. La bandera castellana vuelve a aparecer en la parte izquierda de la carta en la región de la China.

Aunque el *horror vacui* del autor es evidente, no por ello la carta da la impresión de sobrecargada, quizás esto sea debido a la ausencia de color, que no aparece más que en las rosas de los vientos. En este sentido los continentes están llenos de representaciones escenográficas como en las mejores cartas de la escuela mallorquina y los mares llenos de banderolas con los nombres geográficos de mares e islas. Abundan los barcos que llevan debajo de la quilla leyendas tales como «voy a las Indias», «voy al Maluco», «vuelvo del Maluco». Cinco leyendas cosmográficas están colocadas en cartelas y distribuidas, cuatro en la zona del océano Pacífico y otra en la parte continental de Asia. Las tres que están al lado del cuadrante y del círculo solar explican la utilización de estos instrumentos, en concreto en la del círculo se explica como convertir el valor del grado en leguas.

Continuando las semejanzas con el resto de las cartas de Ribero, el sistema de rumbos pivota sobre dos círculos formados por la prolongación de sendas rosas de los vientos

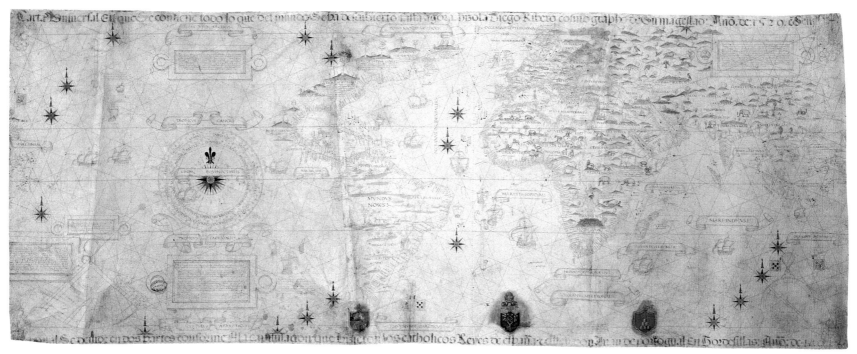

Carta Universal de Diego Ribero. 1529. Biblioteca Vaticana de Roma.

centrales, una en el círculo solar y la otra en el África ecuatorial. Las tres escalas de latitudes de 5° en 5° están colocadas, una en la parte izquierda de la carta, cerca de las Molucas, otra en el meridiano que pasa por las Azores, mientras que la última está colocada al oeste de la península de la India.

En cuanto a los descubrimientos geográficos que refleja la carta, la costa de Norteamérica aparece perfectamente trazada y llena de topónimos, así los descubrimientos de Esteban Gómez están detallados como ya lo hizo en la carta de 1525. En esta costa se explican las navegaciones europeas en busca del paso del Noroeste. En Centroamérica la península de Yucatán aparece casi unida al continente y, en todo caso, con una forma más cercana a la realidad. En América del Sur es importante hacer notar que está ya dibujada la costa de Colombia y Perú como consecuencia de los descubrimientos de Pizarro. El avance geográfico es también notable en la parte oriental, donde el trazo del continente asiático se hace más firme y donde la isla de Sumatra aparece perfectamente dibujada y casi por completo la península de Malaca. La carta tiene tres escudos en el centro del margen inferior que ilustran sobre la personalidad a quien iba dirigida.

CARTA UNIVERSAL DE DIEGO RIBERO *[1529]*.
Thuringische Landesbibliotheck. Weimar. 89 x 270 cm.

Es una carta en cuatro trozos de pergamino, con menos decoración que la del mismo año anteriormente examinada pero con un avance geográfico superior a todas las que se le atribuyen a Ribero.

El título está escrito en el margen superior e inferior de la carta: *«Carta universal en que se contiene todo lo que del mundo se ha descubierto fasta agora. Hizola Diego Ribero, cosmógrapho de Su Magestad. Ano 1529. La qual se divide en dos partes conforme a la capitulación que hicieron los Catholicos Reyes de España y el Rey D. Juan de Portugal en la villa de Tordesilllas año de 1494»*.

La decoración escenográfica del interior de los continentes que tenía la de la Biblioteca Vaticana ha sido sustituida aquí por una serie de leyendas geográficas que llenan el interior de todas las tierras descubiertas, con excepción de Europa. Cortessao[68] asegura que es posterior a la del Vaticano pues la península de Malaca está completamente dibujada así como la isla de Sumatra. La cartela colocada en Asia en la parte superior derecha de las tres cartas, 1527, 1529, 1529, nos informa perfectamente de los avances en el conocimiento geográfico de esta zona tan importante para los intereses españoles y portugueses. Mientras que en la carta de 1527 se explica que si bien Malaca es una península, no se sabe exactamente qué forma tiene, pues los descubridores no fueron tierra a tierra examinándola y lo mismo ocurre con Sumatra y Gilolo, que se sabe que son islas mas no han sido exploradas por la parte del sur la primera y por el este la segunda. En la carta del Vaticano hace la misma advertencia para Malaca y Gilolo, pero Sumatra aparece ya completamente acabada en su trazado. En esta carta que analizamos sólo dice que no conoce la forma de Gilolo y la dibuja sólo esbozada, mientras traza toda la península de Malaca y la isla de Sumatra con toda precisión.

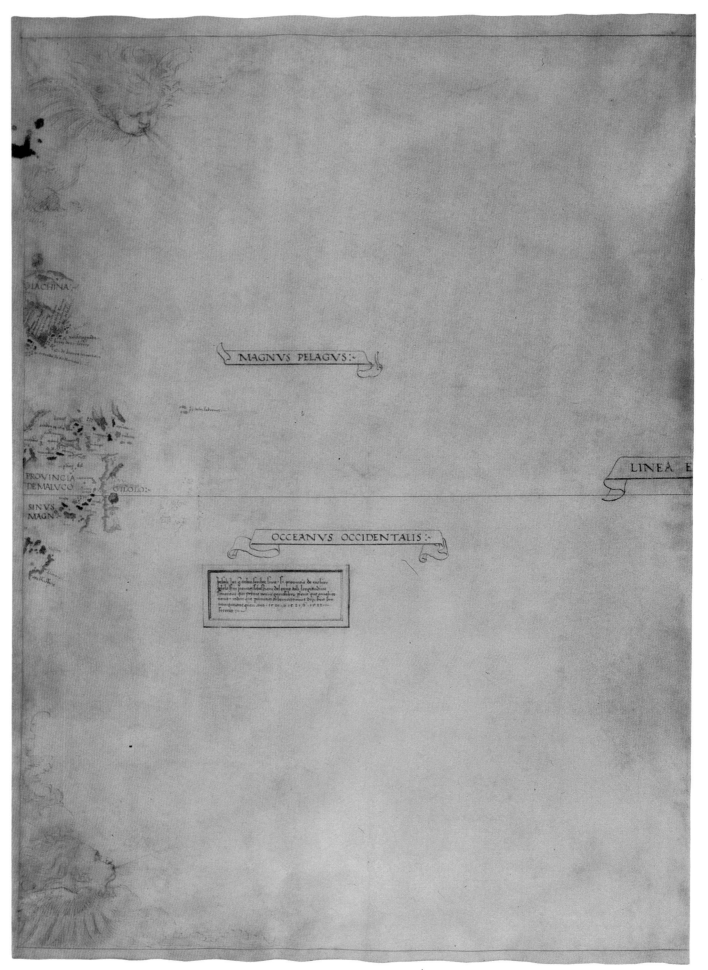

Carta de América y Filipinas en dos partes. Alonso de Chaves, 1533. Herzog August Bibliotheck, Wolfenbüttel.

POLVS MVNDI ARCTICVS:

TIERA DEL LABRADOR

MVNDVS NOWS:

TIERA NVEVA DELOS BACA LLAOS

TIERA DE ESTEVAM COMEZ

ISLAS DELOS ACORES

TIERA DEL LICENCIADO AILLOM

TIERA DE GARAY

TIERA DE PANFILO DE NARBAEZ

GOLFO DE LA NVEVA ESPAÑA:

ISLAS DELOS LVCAYOS:

ISLAS DE LAS CANAREAS

OCCEANVS OCCIDENTALIS:

NVEVA ESPAÑA

ISLAS DE CABO VERDE:

ISLAS DE CARIBES:

QVINOCTIALES:

MAR DEL SVR:

CASTILIA DEL ORO

PERV PROVINCIA:

RIO DE MARAÑOM

EL BRASIL

MVNDVS NOWS:

EL GRAM RIO DE PARANA

TIERA DE PATAGONES

POLVS MVNDI ANTARCTICVS:

CARTA UNIVERSAL DE PEDRO DE MEDINA *[1550]*.
Biblioteca Nacional de Madrid. ms res, 215. 33 x 55 cm.

Pergamino en colores inserto en el manuscrito de Pedro de Medina *Suma de Cosmografía*.[69]

Es una carta universal colocada en doble folio con la línea de demarcación en el doblez. Manuscrito en vivos colores, con el interior de los continentes muy decorados y poblados de árboles y señaladas las cordilleras y montes. La línea de demarcación en el doblez del pergamino, incluye una parte muy pequeña del Brasil en contra de las cartas de los portugueses. Al lado de la línea de demarcación hay una escala de latitudes desde los 90° S. hasta los 90° N. dividida de 5° en 5°. Están dibujados los trópicos, el Ecuador y los círculos polares. En los dos ángulos inferiores dos troncos de leguas. La carta está estructurada sobre una rosa central, colocada en el Ecuador a la altura del río Orinoco y varias rosas de los vientos que forman un círculo alrededor. Diversos galeones decoran los espacios en blanco ocupados por los océanos y en el Ecuador, en la zona de Nueva Guinea, aparece una especie de galera desacostumbrada en esas latitudes, a menos que sea un barco local de indígenas. Los avances geográficos están muy patentes en esta carta, la parte sur de Asia y la península de la India están muy bien representadas. El contorno de Sudamérica está correctamente dibujado, y la zona de Chile, si bien no exactamente, sí bastante aproximada. Los descubrimientos europeos en Norteamérica están exhaustivamente detallados, California aparece como una península sin ningún género de duda, lo que nos demuestra que estaba al tanto de todas las expediciones que se estaban organizando desde el Virreinato de Nueva España. Sin embargo, al ser una carta meramente ilustrativa, los topónimos, abundantes y habituales de otras cartas, se han suprimido. Como todas las cartas de la Casa de Contratación, las Molucas aparecen colocadas al oeste de la carta y de la línea de demarcación para destacar su pertenencia a España. Vestigio de las ideas de Ptolomeo es la pervivencia de una isla al lado de Malaca, dividida por el Ecuador y con el nombre de Trapobana.

CARTA DE AMÉRICA. [ALONSO DE CHAVES]. *[1535]*.
Herzog August Bibliotheck. Wolfenbüttel. 88 x 126 cm.

Es una carta en dos trozos de pergamino separados que representa sólo los descubrimientos orientales de Filipinas y Maluco y la parte de América. La circunstancia de tener dibujadas dos cabezas soplando en los dos ángulos izquierdos y faltar en los dos ángulos de la parte derecha de la carta, hacen pensar que nos encontramos con dos de los seis padrones que componían la carta universal de la Casa de Contratación, que, o bien no se han dibujado por no interesar esa parte o se han perdido.

Es interesante señalar que en ella no aparece ninguna línea de rumbos ni rosa de los vientos, ni tampoco una graduación de longitud sobre el Ecuador. La carta tiene muchas leyendas geográficas sobre la costa occidental de América que es la única que aparece dibujada, desde la tierra del Labrador hasta el estrecho de Magallanes. Al lado de las Molucas hay una cartela en latín que explica el viaje de Juan Sebastián Elcano. El progreso geográfico que muestra es evidente, pues la península de Yucatán ya aparece como tal y bien dibujada, lo mismo que la costa de Gilolo. Cortessao[70] piensa que no puede ser posterior a 1532 pues Diego Ribero, a quien considera autor de la carta, murió en 1533. Sin embargo la atribución no parece tan segura como las anteriores de Ribero pues si bien tiene varias de sus características, le faltan muchas otras como las leyendas cosmográficas, la decoración con elementos astronómicos; el uso del latín es desconocido en sus otras cartas, incluso los dos soplones que aparecen en esta carta tienen una factura diferente. Puede ser debida al cosmógrafo Alonso de Chaves, que en aquella época ejercía como tal en la Casa de Contratación y las características formales las pudo haber imitado de su antecesor. Debajo del rótulo de río Marañón hay una explicación «aqui es aora a poblar el comendador Diego de Ordás». Teniendo en cuenta que Diego de Ordás fue a poblar la zona del río Marañón hasta el cabo de la Vela en 1530 y murió en noviembre de 1532 al volver a España. Este es el único indicio que tenemos para datar la carta. Aunque Ordás murió a finales de 1532, la noticia pudo llegar al cartógrafo ya avanzado el año 1533, que es cuando murió Ribero después de estar muy enfermo durante meses, con lo que resulta difícil atribuírsela a él, aparte de no tener ninguna de las características de sus otros trabajos.

En 1528 Alonso de Chaves fue nombrado cosmógrafo de hacer cartas y desde entonces participó activamente en todos los trabajos geográficos de la Casa de Contratación, entre ellos en las juntas de pilotos para rectificar el Padrón Real. Parece que Chaves hizo una carta universal en 1536,

Proyección cordeiforme de Petrus Apianus. 1530.

procedente del Padrón Real ya corregido, de la que Fernández de Oviedo se hace eco repetidas veces: *«Según la carta moderna fecha por el cosmógrafo Alonso de Chaves el año de 1536»*, para oponerla a los topónimos dados por Alonso de Santa Cruz a la costa desde el cabo de San Agustín hasta el río de la Plata. Chaves escribió un libro[71] que ha permanecido inédito en el que incluye un derrotero, probablemente hecho alrededor de 1535, cuyas descripciones de las costas americanas coinciden con esta carta y la relación de las costas del Perú se interrumpe en la misma zona donde termina la carta que comentamos.

Por todo lo dicho, creemos que esta carta formaba parte de la carta universal que estaba construyendo Alonso de Chaves alrededor de 1535 y que, probablemente, conservó algunas de las características ornamentales de su antecesor en el cargo de cosmógrafo.

MAPAMUNDI DE ALONSO DE SANTA CRUZ *[1542]*.
Biblioteca Real. Estocolmo. 79 x 144 cm.

Es un mapamundi en tres trozos de pergamino unidos, con una orla de 2 cm. El título está colocado en una filacteria a lo largo del mapa: *«Nova verior et integra totius orbis descriptio nunc primum in lucem edita per Alfonsum*

de Santa Cruz. Caesaris Charoli V archicosmographum. A.D. MDXLII». En el ángulo inferior izquierdo figura la dedicatoria en latín al Emperador y entre los dos hemisferios el águila negra con las armas imperiales. Está decorado en colores con figuras de hombres y animales. El mapamundi está dividido en 36 secciones, cada una de 10°. El primer meridiano está situado un poco más al oeste de la Isla del Fayal en las Azores. El mapa está dividido en zonas climáticas realizadas según dos métodos: *«paralelos y climas según los antiguos, los dias maiores que ay en alturas hasta 63°, en el que se siguen la tearías de Ptolomeo dibujando siete zonas climáticas y 21 de paralelos»*; el segundo método: *«climas y paralelos según los más modernos»* representa al menos 24 climas y 68 paralelos aunque se ignora de quién es la teoría que enuncia. No parece que el mapamundi estuviera dispuesto para pegarlo en un globo sino más bien debió ser un experimento erudito de proyecciones como acababan de hacer Pedro Apiano y Oroncio, trabajos que sin duda Santa Cruz conocería, pues era un tema que interesaba mucho a los teóricos de la navegación para poder representar la superficie de la tierra en plano sin que se perdieran sus características esenciales de esfericidad. Ya Venegas del Busto[72] nos habla de los experimentos en las proyecciones que hacía Santa Cruz:

«Aora nuevamente Alonso de Santa Cruz, a petición del Emperador, ha hecho una carta abierta por los meridianos, desde la equinocia a los polos, en la cúal, sacando por el compás la distancia de los blancos que hay de meridiano a meridiano, queda la distancia verdadera para cada grado, reduciendo la distancia que queda a leguas de línea mayor».

En este mapa, estudiado y publicado por Dalhgren,[73] aparece por primera vez el nombre de Río de la Plata, cuyo origen es incierto, y el nombre de Buenos Aires que demuestra un gran conocimiento de la expedición de Pedro de Mendoza en 1535; no hay ningún avance geográfico posterior. La parte mejor dibujada y representada es la correspondiente a América y la más documentada la parte de la costa Atlántica de Sudamérica donde Santa Cruz estuvo como tesorero de la expedición de Sebastián Caboto desde 1526 hasta 1530 en que regresaron a Sevilla. Fue nombrado cosmógrafo en 1536 y asistió ese mismo año a las juntas para determinar la longitud en Sevilla. En 1540 fue nombrado contino de la Casa Real.

CARTA UNIVERSAL EN 7 PARTES DE ALONSO DE SANTA CRUZ
EN EL «ISLARIO DE TODAS LAS ISLAS DEL MUNDO».
Biblioteca Nacional. Sección de ms. Madrid.

Alonso de Santa Cruz es autor también de un manuscrito que no se llegó a publicar[74] titulado *Islario de todas las islas del mundo,* en el principio del cual incluye una carta universal en 7 tablas que procede sin duda del Padrón Real y que a los efectos que nos importan es más interesante que la anterior. El mismo autor nos explica en la primera parte del Islario lo siguiente:

«Y porque al principio del libro ponemos en siete tablas pintado el orbe en plano y como en carta de marear para que el curioso lector queriendo saber las islas (que de cada una por sí después se tratan en el libro) a qué parte del continente están más cercanas y lo que de él distan lo pueda ver en ellas... pues en las primeras siete tablas que constituyen un mapa universal».[75]

Efectivamente nos encontramos con una carta universal dividida en siete padrones en vez de los seis que eran habituales en la Casa de Contratación. El primer padrón representa América desde California a la Florida por el norte y la costa del Perú, las Antillas y la costa norte de Venezuela por el sur; y tiene un ecuador graduado de 5° en 5°, una escala de leguas y una doble escala de latitud con dos grados de diferencia entre una y otra que atraviesa el golfo de California; lo que nos lleva a pensar si también Santa Cruz había adoptado esta solución para contrarrestar la desviación de la aguja, como hacían una parte de los pilotos de la Casa de Contratación. Estaría entonces explicada la frase de Fernández de Oviedo cuando considera la carta que hizo Chaves en 1536 como *moderna* frente a la de Santa Cruz. La carta está organizada sobre un nudo de rumbos central en la zona de Nicaragua, aunque no hay rosas de los vientos dibujadas. California aparece como isla y con una nota *«isla que descubrió el marqués del Valle».* Yucatán está dibujada como una isla pero muy pegada al continente; el interior de América ofrece representaciones escenográficas de montes y ciudades.

El segundo padrón es la continuación del primero por el sur sin llegar al estrecho de Magallanes y está organizado alrededor de una rosa de los vientos en el interior del Brasil. Aparece otra escala de latitudes, esta vez convencional, en medio del Atlántico y una escala de leguas. El trópico de Capricornio está dibujado aunque no está señalada la línea de demarcación en el Brasil. Aparece toda la costa del Pacífico dibujada, el río de la Plata y Buenos Aires que se fundó en 1535.

El tercer padrón representa la costa atlántica de Norteamérica desde más arriba de la Florida hasta tierra del Labrador y la fachada atlántica de Portugal y parte de África occidental. Está organizado sobre una rosa de los vientos colocada en la costa de la tierra de los Bacalaos. La escala de longitudes de 5° en 5° aparece en el polo Ártico y la escala de leguas en medio del Atlántico y una escala de latitudes de 5° en 5° atraviesa toda la carta.

El cuarto padrón representa la parte sur de Europa hasta Inglaterra, Asia Menor y África hasta el golfo de Guinea. El Ecuador no está graduado y hay también una escala de leguas. La escala de latitudes al llegar a los 45° N. se interrumpe para continuar hasta los 55° más pegada a la costa pero sin alterar la secuencia de los grados, lo que no sabemos qué puede significar como no sea para no interrumpir un recuadro o cartela que se halla colocada en el ángulo superior izquierdo. Los rumbos están organizados en torno a un haz central emplazado en el interior de Libia. Sólo se representan escenográficamente las ciudades de El Cairo, Alejandría, Jerusalén, Damasco y siguiendo el curso del Nilo la figura del preste Juan con su báculo y la siguiente curiosa leyenda: *«aquí habita el preste Johan de las Yndias. Estos tienen tres baptismos de fuego, de sangre y de agua, (ilegible) dan la dotrina de S. Matheo».*

El quinto padrón es continuación del anterior y representa el sur de África con las mismas características ya señaladas y con el haz de rumbos centrado en el sur de África.

El sexto padrón representa la parte oriental de África hasta la península de la India, con un ecuador graduado y una escala de leguas; el haz de rumbos está colocado en el océano Índico.

En el séptimo y último padrón, la península de Malaca está separada del continente, la isla de Sumatra, completamente dibujada, aparece también con el nombre de Trapobana. Está también dibujada Gilolo y casi todo el contorno de Nueva Zelanda o Java Mayor y la parte continental de China con la nomenclatura usada por Ptolomeo.

En esta página y en las siguientes, «Islario de todas las islas del mundo» de Alonso de Santa Cruz. Biblioteca Nacional de Madrid.
Costa este de América del Norte.

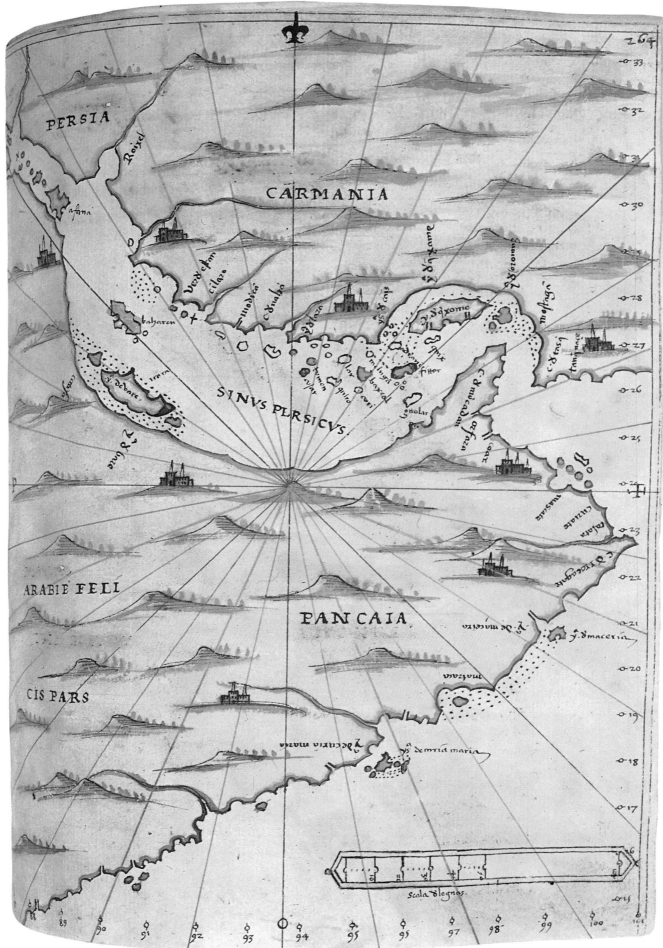

Golfo Pérsico.

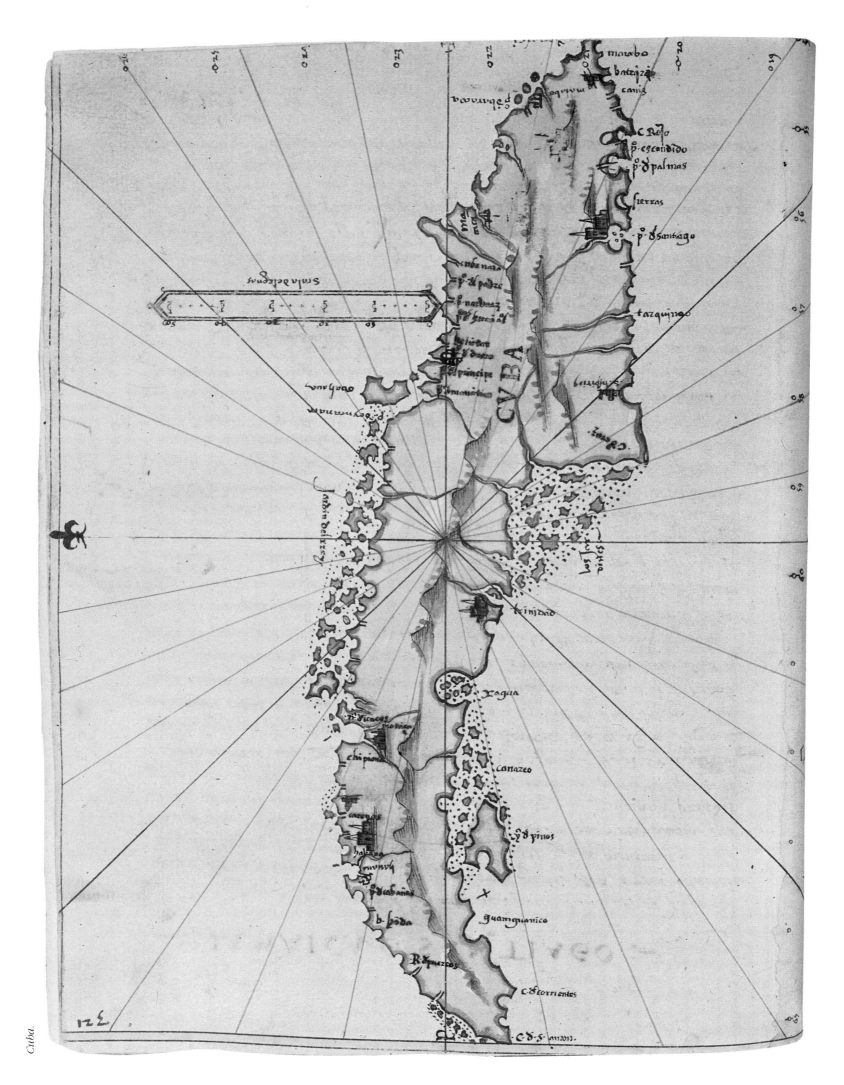

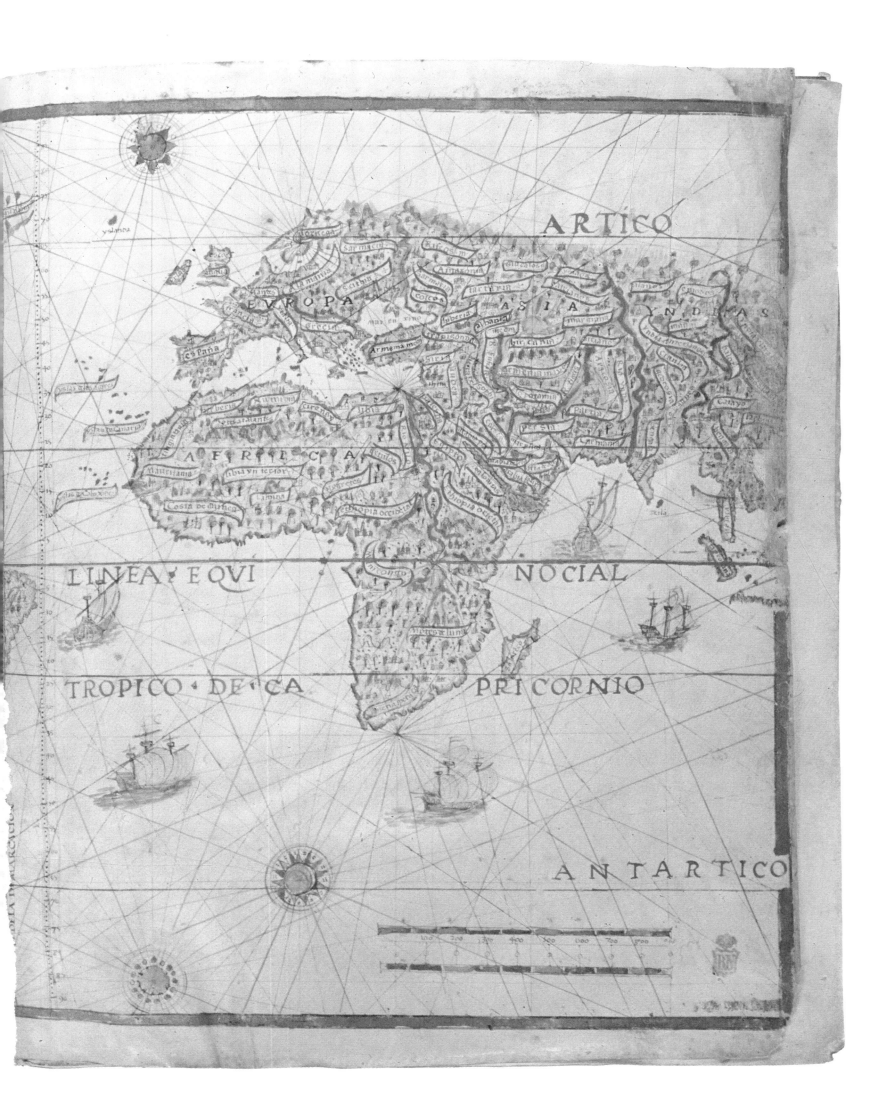

ARTICO

EVROPA   ASIA   YNDIAS

A · F R · I · C · A

LINEA · E QVI   NOCIAL

TROPICO · DE · CA   PRICORNIO

ANTARTICO

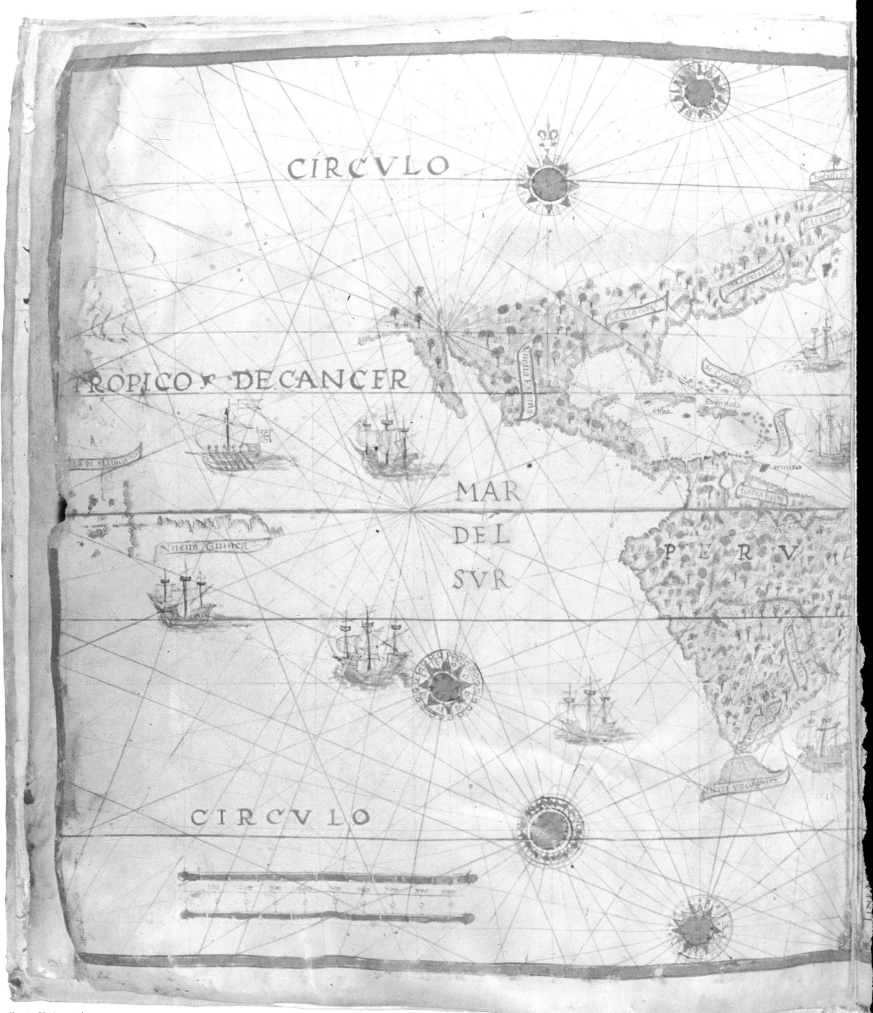

CIRCVLO

TROPICO DE CANCER

MAR
DEL
SVR

Nueua Guinea

PERV

CIRCVLO

Carta Universal.

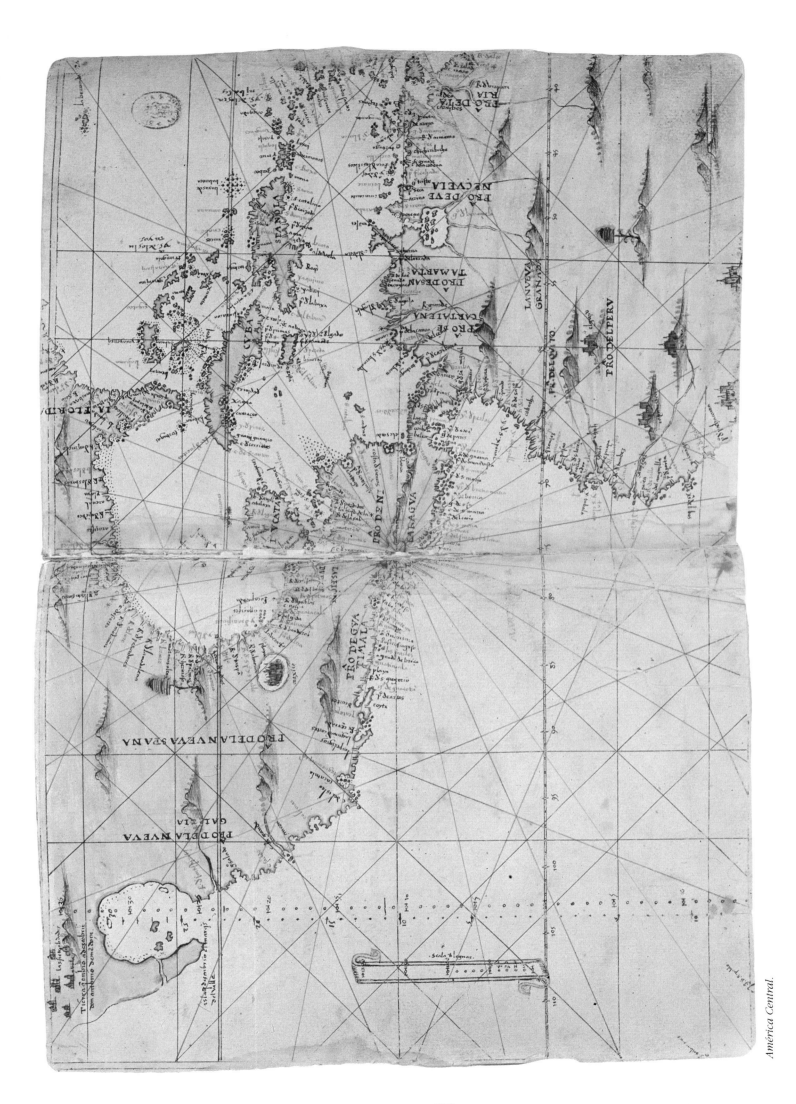

América Central.

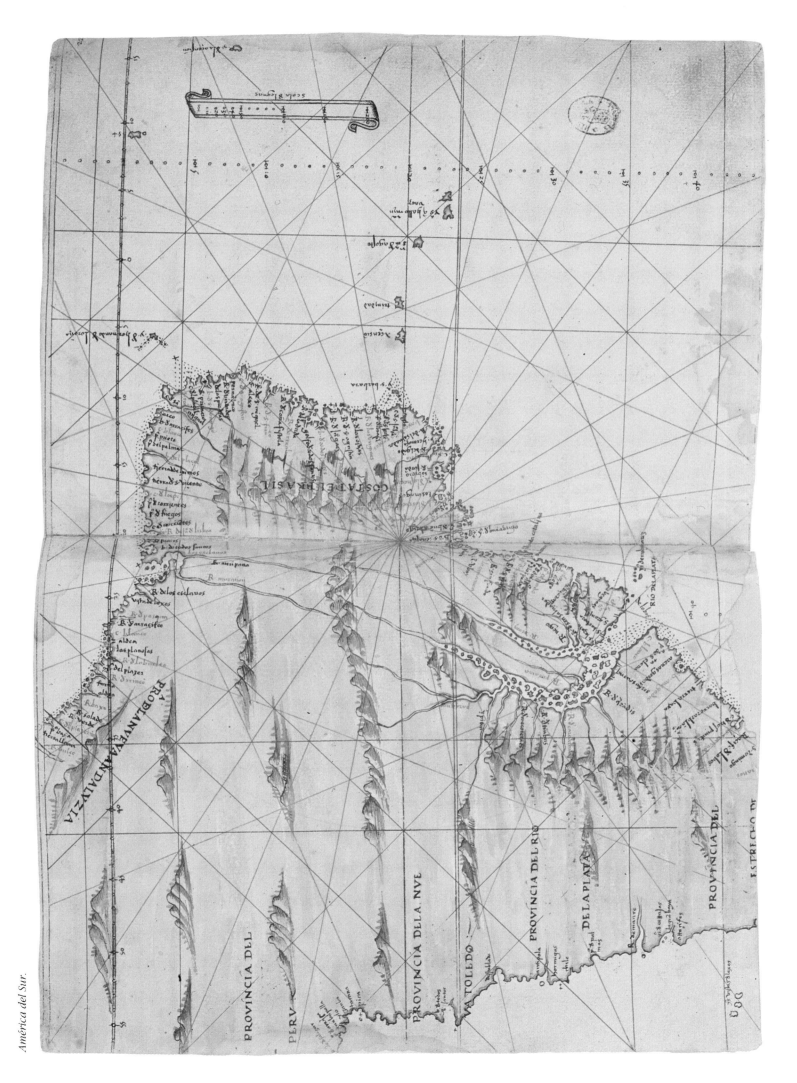

América del Sur.

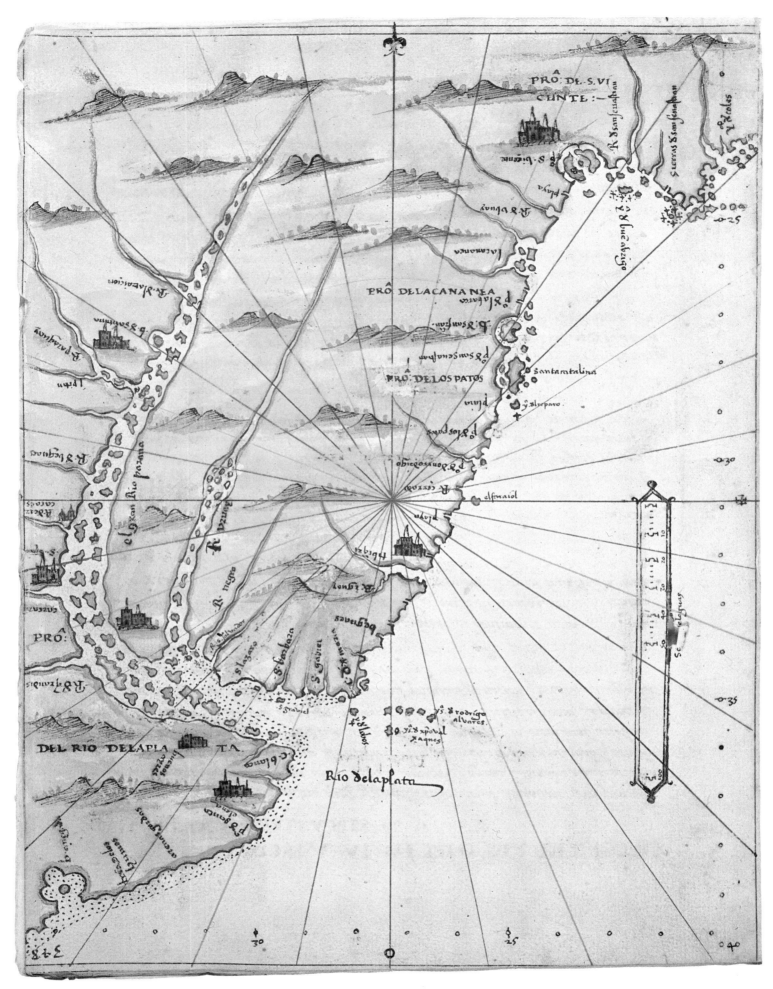

Río de la Plata.

Su autor, Alonso de Santa Cruz, fue una figura señera de los estudios náuticos de la Casa de Contratación a cuya sombra se desarrolló su larga vida profesional. De familia sevillana, participó en 1526 en la fallida expedición de Sebastián Caboto a la búsqueda de la Especiería, regresando a Sevilla en 1530. Fue nombrado en 1536 cosmógrafo de la Casa de Contratación, donde participó en los trabajos de reformar el Padrón Real. En 1539 fue nombrado maestro de Astronomía y Cosmografía de la casa del emperador Carlos, por lo que se trasladó a donde iba la corte y un año más tarde fue nombrado Contino de Palacio. En enero de 1540 pasó a Lisboa para estudiar los derroteros a la India y los problemas de la variación de la aguja. Debió morir en 1572, año en que le sucedió Juan López de Velasco. El 6 de noviembre de 1551 escribía al emperador dándole cuenta de sus trabajos y decía: «*Tengo también hecho, aunque no sacado en limpio, el libro de Astrologia, como el de Pedro Apiano, con sus ruedas y demostraciones*».[76] Cuesta Domingo considera[77] que el Islario fue realizado por etapas y primero abordó, estimulado por Carlos V, las partes recién descubiertas y en conflicto con los portugueses, es decir la zona del Índico y las Molucas y la del Nuevo continente que debió finalizar hacia 1541.

Después de examinar esta carta universal y compararla con otras de su tiempo pensamos que debió terminarse o adicionarse alrededor de 1550.

CARTA DEL ATLÁNTICO DE DIEGO GUTIÉRREZ *[1550].*
Biblioteca Nacional. París. 88'5 x 131 cm.

Son dos hojas de pergamino, pegadas por el centro e iluminadas. El título está colocado en el ángulo superior izquierdo, perpendicular al Ecuador como solían ponerlo en las cartas portulanas y dice así: «*Diego Gutierrez cosmógrafo de su Magd me fizo en Sevilla. Año de 1550*».

Es una carta del Atlántico donde solamente se representan los contornos de los países europeos con litoral atlántico, es decir Irlanda, Inglaterra, Francia, Portugal y el continente africano hasta el golfo de Guinea y la fachada atlántica de América. La costa de América del Norte está bien dibujada hasta Terranova, donde hay una escala de latitudes auxiliares con una inclinación al S. SO. y N. NE., para contrarrestar la declinación magnética, muy acusada en esa zona. Esta innovación es debida a los portugueses

que navegaban esa zona porque el Tratado de Tordesillas se la había adjudicado. El contorno de América del Sur no está dibujado más allá del Brasil, pero sí la costa pacífica del Perú. Está ornamentada con diversas banderas sobre todo en África y muestra un solo sistema de rumbos con una rosa de los vientos central, colocada en la zona ecuatorial atlántica, a la que rodean 16 rosas más pequeñas. Existen también 5 escalas de leguas diseminadas en ella. La importancia de esta carta es que es el exponente más conocido[78] de la Casa de Contratación con una escala de doble latitud y que produjo una de las más importantes disputas científicas entre el personal de esta institución.

Así pues, aparecen dos escalas de latitud en la carta, una graduada desde los 63° N. a 13° S. situada en las Azores para ser utilizada en la navegación desde España hasta dichas islas; desde Terranova hasta la isla Trinidad y las bocas del Amazonas, justamente por donde suele dibujarse la línea de demarcación, se coloca otra escala graduada de 60° N. a 16° S. Cada grado de esta segunda escala está 2° 30' más al norte que los de la anterior, con lo que se pretendía corregir los 3° de latitud que aproximadamente variaba la aguja al pasar el meridiano de las Azores. Esta innovación obligaba a pintar también un doble ecuador y cuatro trópicos lo que debía provocar confusiones en los pilotos y como la longitud no se podía establecer de modo fiable, el resultado no era muy afortunado. La carta que comentamos da la impresión de estar hecha exclusivamente para mostrar la travesía de España a América, utilizando este hallazgo.

Esta carta, aunque firmada, presenta algunos problemas de atribución, pues con este mismo nombre trabajaron en la Casa de Contratación dos cosmógrafos, probablemente padre e hijo, del mismo nombre. El padre, nacido en Sevilla en 1485, murió en 1554. Según Pulido Rubio[79] fue nombrado cosmógrafo de hacer cartas de manera oficial en 1534, aunque llevaba trabajando para la casa de Contratación mucho tiempo antes y había sido piloto mayor interino por ausencia de Sebastián Caboto. El hijo fue nombrado cosmógrafo de hacer cartas en 1554, a la muerte de su padre, por lo que estaría claro que el único que pudo firmar la carta bajo el título oficial de «*cosmógrafo de S.M.*» sería el padre.

Esta forma de construir las cartas fue censurada por la Casa de Contratación en 1545 a causa de las denuncias de

Pedro de Medina contra Diego Gutiérrez, que las fabricaba y el primer piloto Sebastián Caboto que las aprobaba.[80] Las controversias fueron grandes y duraron varios años, hasta que por Real Cédula de 1545 se mandó a Diego Gutiérrez que hiciera sus cartas conforme al padrón, so pena de perder su oficio y todos sus bienes y que los instrumentos y cartas sean sellados y aprobados por el piloto mayor.[81] El encausado recurrió alegando:

«Que son muy útiles porque tienen enmendadas ya las derrotas conforme a la variación que experimenta la aguja de marear, variación que no pueden apreciar los marinos porque no saben cuándo comienza ni lo que varía por leguas andadas, por lo cúal toda persona que conozca de cosmografía y navegación las tendrá por buenas [...]. Esto es gloria para España ya que los pilotos de otros paises no han sabido alcanzar estas ventajas».

Si nos atenemos a estas alegaciones de Diego Gutiérrez, resultaría que fueron los españoles los inventores de estas cartas.

Sus detractores adujeron que estas cartas causaban daño a los intereses españoles, pues situaban el río Marañón y el Plata 190 leguas al este con lo que caían dentro de los dominios portugueses. En la Academia de la Historia de Madrid existe un documento[82] anónimo publicado por primera vez por Fernández Duro[83] titulado *Coloquio de las cartas de dos latitudes* que es un diálogo entre dos hombres de mar donde se desacredita esta peligrosa práctica. Aunque es anónimo no cabe ninguna duda que salió del entorno de los oponentes de Diego Gutiérrez en la Casa de Contratación y la fecha estaría alrededor de 1545 que es cuando se suscitó la cuestión. Sin embargo, la controversia debió continuar pues vemos que, en 1550, Diego Gutiérrez hizo esta carta de dos latitudes y la firmó con su nombre y título oficial. Sancho Gutiérrez en un memorial afirmaba que su padre *«sirvió a Su Magestad durante 45 años enmendando muchas cosas de la navegación».*

CARTA UNIVERSAL DE SANCHO GUTIÉRREZ *[1551].*
Biblioteca Nacional. Viena. 108 x 336 cm.

Es un pergamino en colores y profusamente iluminado que actualmente no está unido sino dividido en 4 partes, debido a su gran tamaño. Originariamente la carta estaba dividida en 16 partes con 8 divisiones verticales y una a lo largo de toda la carta coincidiendo con la línea del trópico de Cáncer; las 16 partes están pegadas a un material que no sabemos si es tela o papel. La carta está muy deteriorada y las tintas corridas, lo que dificulta sobremanera la lectura de las numerosas leyendas geográficas que contiene.[84]

Lleva el título colocado en una cartela que parece superpuesta sobre el pergamino, en el ángulo inferior izquierdo debajo de la línea del trópico de Capricornio que dice:

«Esta carta general en plano hizo Sancho Gutierrez, cosmógrafo de S.C.C Mgt del Emperador D. Carlos y Rey Nuestro Señor quinto de este nombre. En la qual está todo lo hasta oy descubierto. Imitando al Tolomeo en parte y a los modernos cosmógrafos y descubridores. En Sevilla en el año del Señor de 1551».

La carta es la más grande de las que se conservan de la Casa de Contratación y está construida sobre tres sistemas de rumbos organizados alrededor de tres rosas de los vientos que en esta carta no están centradas en el Ecuador sino un poco más arriba, colocadas, una debajo del nombre de *Mare Indicus*, la otra en el océano Atlántico a la altura de las islas de Cabo Verde y la última en el océano Pacífico debajo del rótulo *Tropicus Cancri*. La escala que está en el Atlántico muestra unas divisiones que corresponden a las zonas climáticas de Ptolomeo. Tres escalas de latitud están colocadas, una atravesando el golfo de Bengala, otra en medio del Atlántico y la última en el océano Pacífico. Seis escalas de leguas están diseminadas por las zonas marítimas de la carta.

Es una carta universal o general, como la llama el cosmógrafo, con muchas leyendas geográficas, muy parecida a la que se conserva de Caboto de 1544. Está bien representada la costa atlántica hasta el estrecho de Magallanes, no así la costa pacífica sur que ya entonces era bien conocida. La principal innovación son los resultados de la expedición de Villalobos en 1542 a las Molucas, colocadas en la parte de España, como especificaba el Tratado de Tordesillas.

Aparece una doble costa de Chile al sur de Valdivia que fue añadida sobre 1560 o más tarde, para señalar los descubrimientos de Ladrillero que exploró la costa hasta el estrecho durante un viaje de 1557 a 1559. Hay también una referencia a este viaje en una leyenda en la punta de

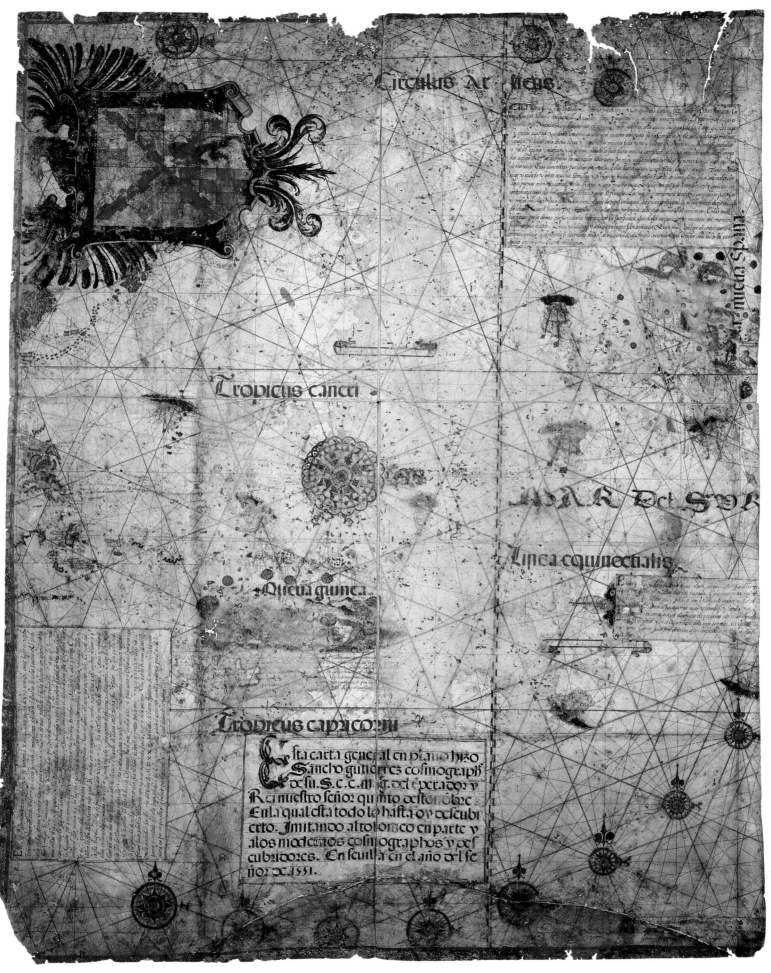

En esta página y en las siguientes, Carta Universal de Sancho Gutiérrez. 1551. Biblioteca Nacional de Viena.

dicho estrecho. Está señalada la derrota de Alonso de Arellano que atravesó el Pacífico y volvió a España en 1565, aunque de una forma equivocada pues este piloto no llegó a las Filipinas, como aquí se indica.

En el ángulo superior izquierdo aparece el águila bicéfala enmarcando el escudo del emperador, totalmente cubierto por una cruz aspada de San Andrés.

En el meridiano que pasa por las Azores se dice: «*Esta línea es do comensó Tholomeo a acortar los grados de longitud por el oriente*». La línea de demarcación pasa al oeste de las bocas del Marañón y tiene dibujadas dos banderas, una española en la parte de Venezuela que mira al interior de América y la otra portuguesa debajo del Brasil que mira hacia el oriente.

Al lado del título en el margen izquierdo hay otra cartela con una extensa explicación que consideramos interesante transcribir ya que no se ha hecho nunca que sepamos:

«*Estas islas del Maluco fueron descubiertas por Fernando de Magallanes, capitán de una armada como dicho es y por Joan Sebastián del Cano es a saber que el dicho Fernando de Magallanes descubrió el estrecho de Todos Santos. El cual esta en LII grados y medio hacia el polo antartico y despues de haber pasado el dicho estrecho con grandisimo trabajo y peligro prosiguio su viaje hacia las dichas islas por espacio de muchos dias y llegó a unas islas de las cuales la meridional de ellas esta en 22 grados y por ser la gente de ellas tan bulliciosa y porque les hurtaron el batel de una nao la dieron nombre la isla de los ladrones y ... prosiguiendo su viaje como dicho es, descubrio una isla y le pusieron nombre la Aguada porque ahi tomaron agua y de ahi descubrieron otra que se dice Burban y Accilania y otra que se dice Cubu en la cual isla murió el dicho capitan Fernando de Magallanes en una escaramuza que hubo con los naturales de ella y la gente que quedo de la dicha armada eligieron por capitan a Joan Sebastian Elcano por capitan de ella. El cual descubrio la isla de Bendanao en la cual hay mucho oro de nascimiento y canela muy fina asi mesmo descubrio a la isla de Apolo... y a la Gilolo y a la isla de Tidori y a la de Ternati y Motil y otras muchas en las cuales hay mucho oro y clavo y nuez moscada y otro genero de speceria y drogueria. Cargó el dicho Sebastian el Cano dos naos que les habia quedado de cinco que llevaron de clavo de la dicha isla Tidori por-*
que en ella y en la isla de Terenati dicen nacer clavo y no en otra alguna y ansi mesmo... mucha canela y nuez moscada y viniendo la vuelta del cabo de Buena Esperanza por el Mar Indico adelante para venir a España por una nao les fue forzado de arribar y tornar a la isla de Tidori de donde se perdio por la mucha agua que hacia y el dicho Juan Sebastian Elcano con su nao nombrada Santa Maria de la Victoria vino a estos reinos de Castilla a la ciudad de Sevilla año del señor de MDXXII por el cabo de Buena Esperanza de manera que claramente parece haber dado el dicho Juan Sebastian Elcano una vuelta a todo el universo aunque fue tanto por el ocidente aunque no por un paralelo que volvio por el oriente a surgir al lugar occidental de donde se partió».

En el margen derecho de la carta hay una amplia leyenda histórico-geográfica con once números que cada uno de ellos explica una característica curiosa de lugares geográficos determinados:

«*Nº I. El Almirante Don Cristobal Colón, de nación genovés suplicó a los católicos [reyes de gloriosa] memoria que descubriria las islas de tierra firme de las Indias por occidente si para ello le...armada y favor y habiendole tres carabelas armado, el año de 1492 pasó a descubrirlas ...en adelante otras muchas personas han proseguido el dicho descubrimiento segun por la presente descricion se manifiesta.*

»*Nº II. En la isla Española hay mucho oro de nascimiento y azul muy fino y mucha azucar y caña... e infinito ganado de toda suerte. Los puercos de esta isla dan a los dolientes como en nuestra España el carnero. Tiene esta dicha isla muchos puertos y muy buenos y el principal de ellos es la ciudad de Sto Domingo que es una ciudad muy buena y de mucho trato y todos los otros son lugares edificados y poblados por los españoles y en la isla de Cuba y de San Juan y en todas las otras islas de tierra firme se halla mucho oro de nascimiento y en la ciudad de Sto Domingo tiene Su Mag su Chancilleria real y en todos los otros pueblos y provincias Gobernadores y Regidores que los gobiernan y rigen con mucha justicia. Y cada dia se van descubriendo nuevas tierras y provincias muy ricas por donde nuestra santa fe católica es y será muy aumentada y estos reinos de Castilla engrandecidos de muy gloriosa fama y riquezas.*

»*Nº III. Llaman los indios a este gran rio Huruai y los castellanos el rio de la Plata; toman este nombre del rio Huruai*

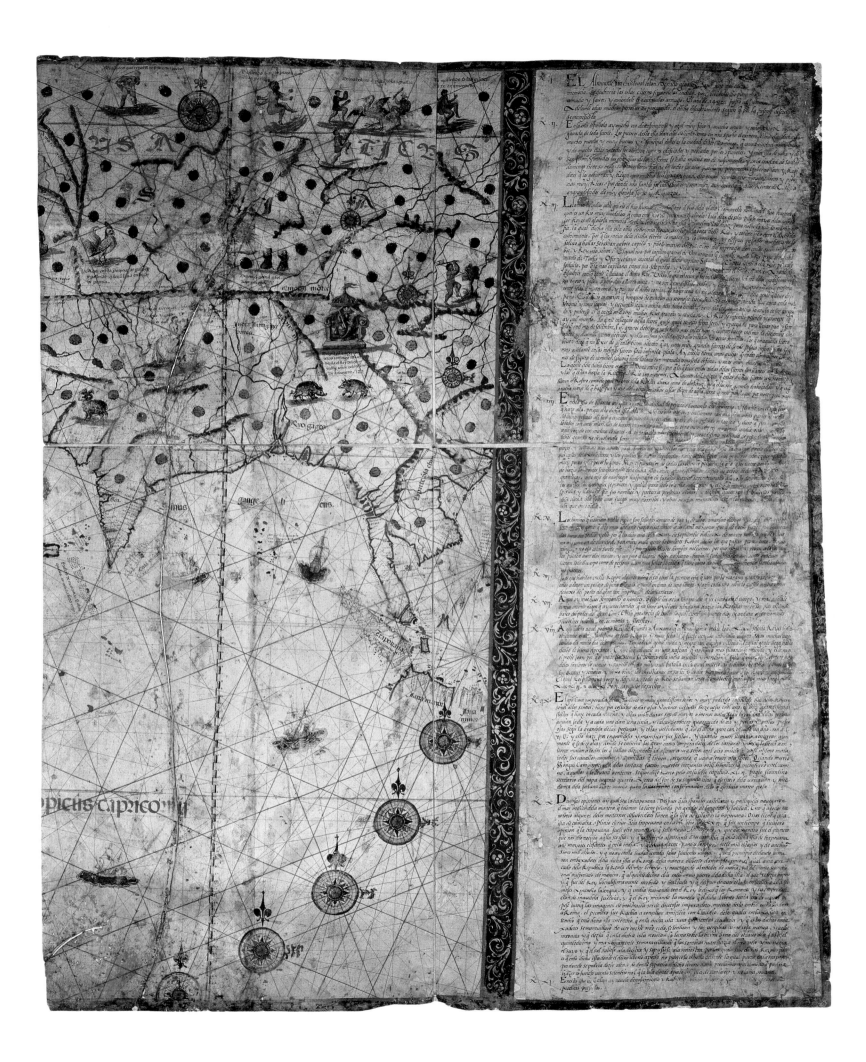

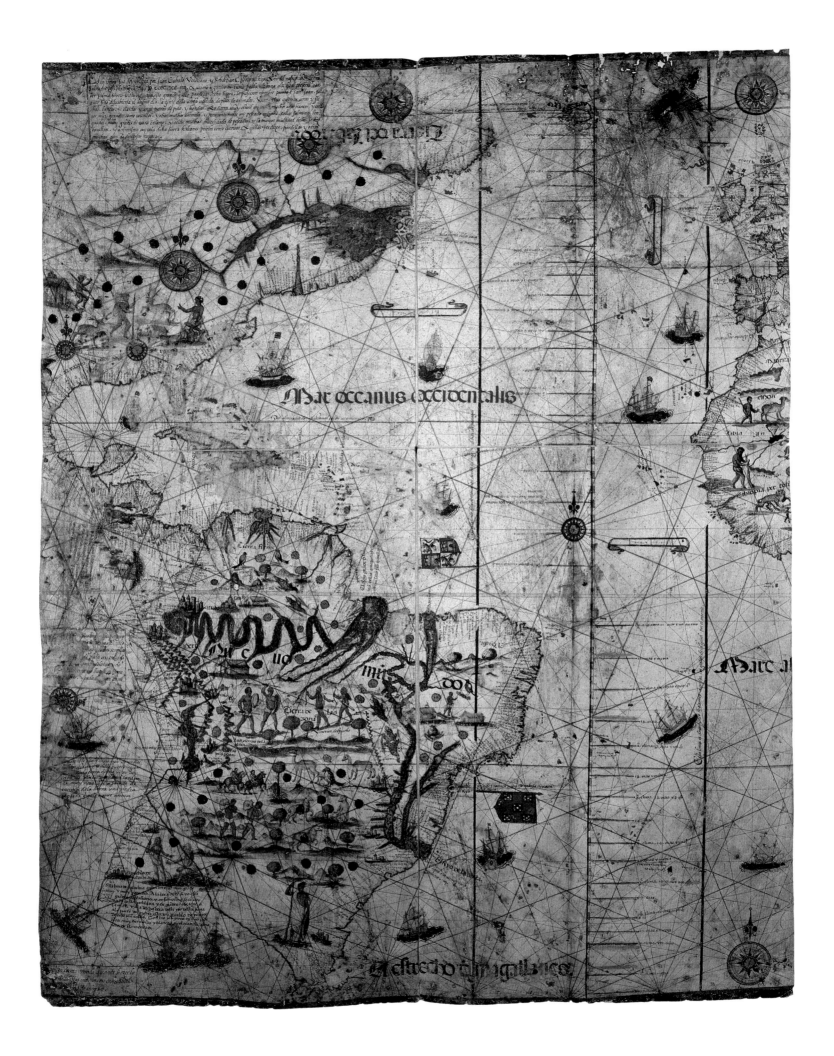

el cual es un rio muy caudaloso que entra en el rio de Paraná a el descubrió Juan Diaz de Solis piloto mayor de los Católicos Reyes de gloriosa memoria y descubrió hasta una isla que el mismo Joan Diaz puso nombre la isla de Martin Garcia la cual dicha isla está unas treinta leguas arriba de la boca de este rio y costole bien caro el dicho descubrimiento porque los indios de la dicha tierra lo mataron y lo comieron. Y después pasados muchos años la volvió a hallar Sebastian Gaboto, piloto mayor de S.C.C.M. el emperador don Carlos, quinto de su nombre y Rey Ntro Señor. El cual iba por capitán general de una armada que Su Magt mandó hacer para el descubrimiento de Tarsis y Ofir y Catayo oriental. El cual dicho capitán Sebastian Gaboto vino a este rio por caso fortuito porque la nao capitana en que iba se le perdió y visto que no podía seguir el dicho viaje acordó de descubrir con la gente que llevaba el dicho rio vista la gran relación que los indios de la tierra le hicieron de la grandisima riqueza de oro y plata que en la dicha tierra había y no sin grandisimo trabajo y hambre y peligro asi de su persona como de los que iban con él y procuró el dicho capitán de hacer cerca del rio algunas... de la gente que llevó de España. Este rio es mayor que ninguno de cuantos acá se conocen, tiene de ancho en la entrada que entra en la mar 25 leguas, y trescientas leguas arriba de la dicha entrada tiene dos leguas de ancho, la causa de ser tan grande y poderoso es que entra en los otros muchos rios grandes y caudalosos. Es rio de infinito pescado y el mejor que hay en el mundo. La gente en llegando a aquella tierra quiso escoger tierra fertil y aparejada para llevar pan y sembraron en el mes de setiembre LII granos de trigo que no había más en las naos y cogieron luego en el mes de diciembre 52.000 granos de trigo y esa misma fertilidad se halló en todas las otras semillas. Los que en aquella tierra viven dicen que no lejos de ahi en la tiera adentro que hay unas muy grandes sierras de donde se saca infinito oro y que más adelante en las mismas sierras se saca infinita plata. Hay en estas tierras una ovejas grandes como asnos comunes de figura de camello salvo que tienen la lana tan menuda como seda de fina y otros muy diversos animales. La gente de la dicha tierra es muy diferente entre si porque los que viven en las aldas de las sierras son blancos ...y los que estan hacia la ribera del rio son morenos. Algunos de ellos dicen que en las dichas sierras hay hombres que tienen el rostro como de perro y otros de la rodilla abajo como de avestruz y que estos son grandes trabajadores y que cogen mucho maiz del que hacen pan y vino de él. Otras muchas cosas dicen de aquella tierra que no se ponen aqui por no ser prolijas».

Sólo estas tres primeras leyendas tratan y remiten a lugares de América, el resto se nutre de las fantasías medievales referentes a Asia y África. Así pues, la nº IV habla de una isla en el círculo polar ártico, las nº V, VI y VII tratan de los habitantes de las regiones interiores de Asia que tienen características monstruosas como los que tienen las orejas tan grandes que se cubren todo el cuerpo con ellas. La leyenda nº VIII hace referencia al preste Juan, localizado en Etiopía, la nº IX al gran Kan, que en el mapa aparece representado en Asia con un gran cetro y una corona, sentado en su trono. La nº X habla de las diversas opiniones que tienen los españoles y portugueses sobre cuál es la isla Trapobana de Ptolomeo. Mientras unos piensan que es Ceilán, otros creen que es Sumatra. Pasa a continuación a citar las fuentes clásicas de Plinio y Alejandro Magno. La nº XI habla de las riquezas que guarda la isla de Ceilán: canela, rubíes y piedras preciosas.

El resto de los rótulos que están diseminados por la parte de Asia y África, se nutren de fuentes clásicas y maravillosas, como uno debajo del trópico de Capricornio en el océano Índico que representa un pescado que detiene las naos según Plinio. El interior de Asia y África está lleno de elementos fantásticos como el unicornio, dragones, serpientes voladoras, etcétera.

Nos detendremos a examinar con más amplitud las leyendas geográficas y fantásticas referidas al Nuevo Mundo. En América del Sur aparecen los patagones con su gran estatura, las tierras de las amazonas, las sierras de la plata, las iguanas, pájaros raros, chozas de indios, llamas, etc. En la parte sur de Chile hay la siguiente leyenda:

«Esta bahía de Baldibia entra un rio muy grande y muy poderoso. A la boca deste rio están grandes poblaciones y ansi mesmo se vio toda la costa poblada y de grandes, la baia cae a la mar y a la dicha boca deste rio desta baia a la parte del norte está un pueblo de yndios de ocho mil casas. Son las mujeres destos pueblos muy hermosas y blancas y coloradas a manera de flamencas».

En la misma costa pacífica hay otra leyenda sobre las riquezas de plata de un puerto que no se puede leer; sigue una extensa leyenda sobre Pizarro y la conquista del Perú. En América del Norte en la parte llamada Nueva España aparecen dos bisontes peleando y una gran cartela explicando las conquistas de Cortés y las costumbres de los indios, además de las riquezas. En la costa este de Norteamérica se ven indios y ciervos y una especie de dios griego sentado en la parte llamada Nueva Arcadia. Finalmente, en el margen superior de la carta, también en Norteamérica, hay una leyenda sobre el descubrimiento de Juan Caboto que dice así:

«Esta tierra fue descubierta por Joan Caboto veneciano y Sebastian Caboto su hijo el año del nascimiento de Ntro Salvador Jesu Christo MCCCCXCIIII, veinticuatro de junio por la mañana a la qual pusieron nombre prima tierra vista y... esta isla grande que esta parte de la dicha tierra le pusieron de nombre San Joan por aver sido descubierta el mismo dia. La gente della anda vestida de pieles de animales. Usan en sus guerras arcos y flechas, lanças y dardos y unas porras de palo y hondas. Es tierra muy estéril, hay en ella muchos osos blancos y cievos muy grandes como caballos y otros muchos animales. Y semejantemente ay pescado infinito, sollas, salmón, lenguados muy grandes de vara en largo y otras muchas diversidades de pescados. Y la mayor multitud dellos se dice bacallaos. Y ansimesmo ay en la dicha tierra halcones prietos como cuervos, aguilas, perdizes, pardillas y otras muchas aves de diversas maneras».

Como tendremos ocasión de comprobar más adelante, el texto de las leyendas de Gutiérrez es el mismo que el de Caboto y ambos adelantan la fecha del primer viaje de Juan Caboto tres años, lo que ha dado lugar a especulaciones sobre si fue esa la intención de Sebastián Caboto o una confusión posterior.

Las leyendas suelen estar dentro del mapa, junto a los lugares que se comentan, pero cuando son muy grandes o no caben se pone un número que envía a la tabla del margen derecho. Los textos están por regla general en buen castellano con pocas erratas.

La decoración del interior de los continentes y mares es muy diferente de la de las cartas portulanas y es más parecida a la usada por los portugueses en su cartografía, resultando abigarrada. El contorno sur de Asia aparece todavía inspirado en Ptolomeo y la península de Malaca no alcanza ni de lejos la perfección de la última carta de Diego Ribero.

El autor perteneció a la familia Gutiérrez, vinculada a los trabajos científicos de la Casa de Contratación. Era hijo de Diego Gutiérrez, famoso por los numerosos pleitos que sostuvo con otros pilotos de la Casa de Contratación; San-

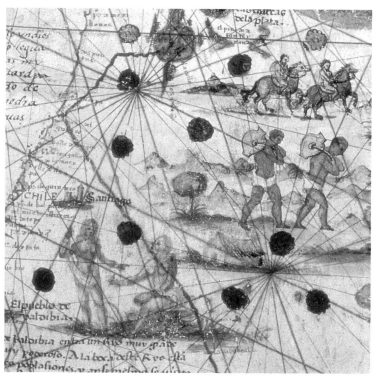

Carta Universal de Sancho Gutiérrez. 1551. Detalle. Biblioteca Nacional de Viena.

cho tampoco se vio libre de ellos, el más conocido es el que mantuvo con otros oficiales de la Casa de Contratación que pretendían que su piedra imán con la que se cebaban las agujas de marear pasara a ser propiedad de la Casa de Contratación.[85] Fue nombrado cosmógrafo de hacer cartas y fabricar instrumentos en 1553 aunque ya en 1549 era cosmógrafo de honor de la Casa de Contratación sin sueldo[86] por lo que el título de «cosmógrafo de S.M.» que invoca en el título de su carta es cierto. Sustituyó temporalmente a Jerónimo Chaves en la cátedra de Cosmografía durante los años de 1553 hasta 1573 y murió en 1580.

CARTA DE LA REGIÓN MAGALLÁNICA. [ANTONIO MORENO]. *[1618]. Museo Naval de Madrid.* 55 x 41 cm.

Carta en colores con grandes rosas de los vientos y un hermoso tronco de leguas de 17 1/2 al grado, graduada desde 47° a los 61° S. Comprende ambas costas patagónicas y por el este hasta las islas de los Estados.

Julio Guillén[87] atribuye la autoría a Antonio Moreno, cosmógrafo de hacer cartas de la Casa de Contratación, que puso en limpio una carta holandesa procedente de la expe-

Carta del estrecho de Magallanes de Pedro de Letre. Siglo XVII. Museo Naval de Madrid.

dición de Schutten y Lemaire para que sirviera a la expedición española de los hermanos Nodal. En esta expedición de los Nodal tomaron parte dos pilotos flamencos llamados Tansen y White, mandados por el archiduque Alberto, gobernador de los Países Bajos; el último pronto fue llamado Juan Blanco y traía el encargo de cambiar impresiones con el piloto mayor Antonio Moreno sobre la navegación del estrecho. Este cartógrafo flamenco fue encargado por la Casa de Contratación de hacer un padrón de esa parte que ya habían navegado Lemaire y Schuten y Antonio Moreno fue encargado de ponerlo en limpio. La carta es igual, con pequeños cambios ornamentales, a una que se encuentra en la Biblioteca Nacional de Madrid en el Diario de la expedición al estrecho de Magallanes de Diego Ramírez de Arellano.

CARTA PORTULANA DE DOMINGO DE VILLARROEL */1589/.*
Servicio Geográfico del Ejército. Madrid. 65 x 95 cm.

Es una carta portulana del Mediterráneo en la que el título y la firma están colocados en el ángulo superior izquierdo en sentido N.-S., como todas estas cartas, y dice así: *«Don Domingo de Villarroel Cosmographo de Su Majesta me ha fecho en la ciudad de Nápoles. 1589».* La carta está construida en torno a un sistema de rumbos, las más de las veces materializados en hermosas rosas de los vientos, en torno a una rosa de los vientos central, colocada en la isla de Cerdeña. Dos troncos de leguas están colocados en el margen inferior, debajo de la línea del trópico y otro en medio en el margen superior, según García Baquero[88] éstos representan millas italianas de un valor aproximado de 1.230 metros cada una, lo que daría una escala también aproximada de 1:6.400.000, mientras que el tronco de leguas que se encuentra en el oeste, a un lado de la Virgen y el Niño tiene 75 milímetros y 10 divisiones, con un valor cada una de 10 leguas pero cada legua resulta de unos 6.200 m que correspondería al valor de la legua portuguesa de 17 1/2 al grado y una escala aproximada de 1:8.300.000, con lo que nos encontramos con dos escalas distintas para el Mediterráneo y para el Atlántico. Los dos márgenes, inferior y superior, lucen una orla de colores. Aunque en esta carta no se refleja América hay unos elementos que proceden de las innovaciones introducidas en las cartas de la Casa de Contratación como son: la línea del trópico de Cáncer, un calendario perpetuo con una larga explicación en una mezcla de italiano y español en parte ilegible, y una escala de latitudes graduada desde los 16° S. a los 63° N. en la parte izquierda de la carta justo donde empiezan las navegaciones atlánticas. Desaparecen, por otra parte, las representaciones orográficas en forma de espolón de ave o de garra de ave de presa, como era la costumbre en las cartas de la escuela mallorquina, la representación de reyes y sultanes en distintos territorios y la de las ciudades en forma escenográfica. La imagen de la Virgen sedente con el Niño en brazos permanece en el lugar habitual de esta clase de cartografía y también permanecen y se multiplican las banderas y estandartes para señalar distintas ciudades.

La representación cartográfica de la Europa del norte y del Mediterráneo está bastante ajustada a la realidad lo mismo que su determinación en latitud, aunque las posiciones de las poblaciones de la orilla norte de la cuenca mediterránea son más erróneas a medida que están más al este y al norte.

Esta carta es importante pues, aunque firmada en Nápoles, fue hecha cuando el autor era cosmógrafo de hacer cartas de navegar en la Casa de Contratación y está en español; la debió terminar Domingo Villarroel en Nápoles adonde se trasladó durante 16 meses alegando una enfermedad, mientras desempeñaba su puesto de cosmógrafo en Sevilla. Aunque es la única carta que conocemos del autor que se encuentre en España, existen otras suyas en Nápoles.[89]

Domingo de Villarroel, nombre españolizado de Doménico de Vigliaroula era un clérigo napolitano que llegó a España para presentar al rey un método de su invención para hallar la longitud en el mar; aunque este proyecto no prosperó, Villarroel permaneció en Sevilla en el entorno científico de la Casa de Contratación haciendo y vendiendo cartas náuticas. Mantuvo largos pleitos con Rodrigo Zamorano y Alonso de Chaves, pues ambos se opusieron a su nombramiento como cosmógrafo de hacer cartas en 1580 a la muerte de Sancho Gutiérrez. Por fin, en 1586 fue nombrado Villarroel para sustituir a Chaves que estaba viejo y enfermo y al que había denunciado Zamorano, apoyado por la Universidad de Mareantes porque ya no podía hacer cartas, por lo que los marinos se iban a comprarlas a Portugal. Los pleitos que sostuvo son anteriores a su nombramiento ya que él y el francés Pedro Grateo, acusaban a Zamorano de poca práctica en la navegación y de no atender a sus numerosos empleos, además de querer ostentar el monopolio de la venta de instrumentos y cartas de navegación. Por su parte, Alonso de Chaves en una ocasión se negó, de acuerdo con Zamorano, catedrático de cosmografía, a aprobar unas cartas de Domingo Villarroel, después de haber emitido un informe favorable, pues decía que carecía de licencia real y además era extranjero y tan sobrado de lengua que podía caer fácilmente en la tentación de vender las cartas a otros países, predicción que resultó ser cierta[90] pues el cosmógrafo marchó en 1596 a Burdeos sin comunicar su marcha a las autoridades de la Casa de Contratación, llevándose documentación secreta. La documentación conservada sobre el tema no es muy explícita, pero el hecho de que Villarroel se instalara en Burdeos en casa del cosmógrafo oficial de Francia y que desde allí solicitara todavía salarios que se le debían y la Casa se negara a pagárselos, son indicios suficientes de su infidelidad. La impresión que subyace de la actividad de este cartógrafo es que durante su estancia en España se dedicó más a la intriga que a sus labores científicas.

Cartas grabadas de la Casa de Contratación

Separamos las cartas grabadas de las manuscritas porque aunque proceden de la Casa de Contratación y muchas veces los autores de unas y otras son los mismos, sin embargo el fin para el que se construían era distinto; mientras las cartas universales manuscritas estaban concebidas primordialmente como una indispensable ayuda para navegar y tenían toda una serie de indicaciones geográficas y náuticas, estas otras servían para ilustrar libros de geografía y navegación y contenían una información muy escueta y esquemática. Es de suponer que por esta razón pasaron satisfactoriamente la censura del Consejo de Indias. Paradójicamente éstas alcanzaron una mayor difusión e influyeron mucho más que las manuscritas en el conocimiento geográfico de sus contemporáneos, ya que se divulgaron por toda Europa y sirvieron de modelo a los cartógrafos de otros países. Nos limitaremos aquí a hacer una somera descripción de estas cartas, deteniéndonos un poco más en la de Francisco de Ruesta y Sebastián Caboto.

1) 1511. Carta del nuevo mundo recientemente descubierto. En: *De orbe novo...decades* de Pedro Mártyr de Anglería. Sevilla, 1511.

2) 1520. La edición de la obra anterior en Venecia, 1534 incluye una carta del nuevo mundo, debida a «*un piloto de Su Magestad Cesárea en Sevilla 1520*».

3) 1544. Mapa del mundo de Sebastián Caboto. Impreso en Amberes en 1544. Departamento de Mapas y Planos. Rés. Ge. AA. 582. Biblioteca Nacional de París. 124 x 216 cm. Es un mapa con forma elíptica, grabado en ocho hojas y coloreado a mano. Los ángulos exteriores están decorados con soplones y cuatro cartelas con diversos textos; en la del ángulo superior izquierdo aparece una figura alegórica a la navegación con un texto que en la copia que manejamos no se alcanza a leer, y en la del ángulo derecho el escudo de Carlos V.

El único ejemplar que conocemos hasta ahora[91] fue encontrado en Bavaria en 1843[92] y actualmente está enmarcado y expuesto en la Biblioteca Nacional de París.

Este mapa aparece ya citado en el catálogo de autores de Ortelio donde dice que vio una copia impresa de un mapa universal pero sin nombre, lugar ni impresor, así se debe referir a la copia de la Biblioteca Nacional de París.

En los rótulos inferiores lleva sobrepuestas dos tiras de papel impresas, en la de la izquierda lleva por título, «*tabula prima del Almirante*» y en la de la derecha, «*tabula secunda*». La primera tabla contiene 10 leyendas y la segunda de la 11 a la 22. Desde la leyenda primera hasta la 18, el texto va en castellano y latín y las cinco últimas sólo

en castellano. La versión latina de los números 19-22 aparece grabada dentro del mapa, con una nota que envía para leerla «en romance» a la cartela. Dentro también del mapa, sin referencia a la tabla de materias, hay tres leyendas en castellano, una de las cuales está traducida al latín.

En la leyenda 17 dice: «*Retulo del autor con çiertas razones de la variación que haze el aguia del marear con la estrella del Norte. N° 17 Sebastian Caboto capitán y piloto mayor de la S.C.C.M. del emperador Carlos Quinto deste nombre, y Rey nuestro sennor hizo esta figura extensa en plano, anno del nascimiento de Nro salvador Iesu Christo de M.D.XL.IIII. annos, tirada por grados de latitud y longitud con sus vientos como carta de marear, imitando en parte al Ptolomeo y en parte a los modernos descubridores, asi Espannoles como Portugueses, y parte por su padre y por él descubierto; por donde podrás navegar como por carta de marear*». Continúa explicando que la aguja no marca el norte en todos los lugares sino sólo en el meridiano de las Azores. La aguja señala el rumbo en una línea recta no curva, como es la superficie terrestre, lo que explica la variación de ella, si la aguja señalara el norte en todos los lugares no habría variación. Termina asegurando que es imposible seguir una línea recta en una superficie curva.

El mapa está construido alrededor de una gran rosa de los vientos, centrada en el Ecuador sobre el Amazonas, dividiendo en dos la línea de demarcación; están dibujados los círculos polares y los trópicos. Esta carta universal tiene el interés suplementario de ser el único ejemplar grabado procedente de la Casa de Contratación que poseemos, ya que el que imprimió Sebastián de Ruesta un siglo más tarde no ha llegado hasta nosotros. Proporciona una información geográfica de primera mano de la zona del Río de la Plata y de los descubrimientos de Ulloa en 1539 y Coronado en 1542 en el sudoeste de los actuales Estados Unidos y, en general, de todo el nuevo continente. En la parte de Norteamérica están reflejados los descubrimientos del padre del cartógrafo hacia los 50° de latitud norte, mientras las cartas de La Cosa y Ribero los señalan 10° más al norte; también se incluyen los descubrimientos de Cartier en 1534. California es mostrada como una península y la costa norte de ella es denominada «*Terrae Incognitae*».

El mapa resulta mucho menos preciso en la descripción de África y Asia que recuerdan aún a los mapas ptolemaicos. En contraposición con la aceptable información geográfica del Nuevo Continente, extraña bastante lo poco acertada que está representada la cuenca del Mediterráneo y en general toda Europa.

Este mapa tiene un gran parecido externo con el de Sancho Gutiérrez de 1551 que se encuentra en la Biblioteca Nacional de Viena, y que ya hemos examinado. Aunque están dibujados en diferentes escalas y diferentes proyecciones y el de Sancho Gutiérrez tiene incorporados los nuevos descubrimientos acaecidos en el período de diez años que media entre uno y otro, ambos mapas participan básicamente de la misma información geográfica y decoración.[93] En ambos aparecen los mismos hombres con cabeza de perro y con orejas tan grandes que les cubren todo el cuerpo en Asia, así como el mismo pez en el océano Índico que se pega a los barcos, con la misma explicación. El recurso de poner números en ciertos lugares del mapa para remitir a una tabla explicativa exterior que contiene los temas ampliados, lo encontramos en ambos mapas. Las explicaciones sobre el almirante Colón, los descubrimientos en la tierra de los Bacalaos y el viaje de Caboto al Río de la Plata son las mismas en los dos mapas. El gran Kan está representado exactamente igual en los dos mapas, aunque en el de Sancho Gutiérrez aparece en Asia y en el de Caboto en la costa noroeste de América, quizás para indicar que era ya una zona asiática. Ambos mapas, aunque proclaman la influencia de Ptolomeo, prescinden de indicar la «Terra Incógnita» al sur del estrecho de Magallanes pues para el nuevo continente utilizan la información de la Casa de Contratación, basándose en Ptolomeo para las regiones insuficientemente exploradas. Pintan a los míticos patagones como gigantes, siguiendo las explicaciones de Pigaffeta, el cronista del viaje de Magallanes.

Las ilustraciones de monstruos y bestias en Asia y en menor medida en África, proceden de los libros clásicos de geografía y viajes y se refieren a hombres con orejas tan grandes que cubren todo el cuerpo, hombres con cuerpo humano y cabeza de perro, monstruos con sólo un pie, pero tan grande que les sirve como sombrilla cuando están sentados, otros que tienen los ojos, nariz y boca en el pecho. Algunos pueblos de Asia central adoraban al sol y otros adoraban la primera cosa que se encontraban al levantarse, había hombres que comían carne humana y hombres en el sur de África que se entienden por silbidos. En el mapa de Gutiérrez aparece un pueblo que habita en las islas de Belli, en el final de la península

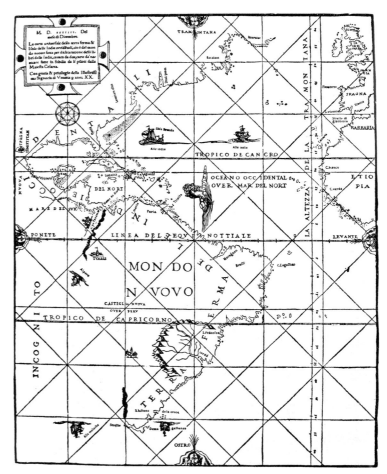

Mapa de América en la edición de las «Décadas de orbe novo» de Pedro Mártyr de Anglería. Venecia 1534.

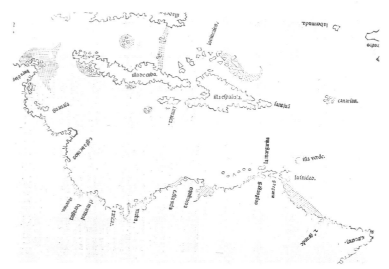

Carta del Nuevo Mundo en «De Orbe novo... Décades». Sevilla. 1511.

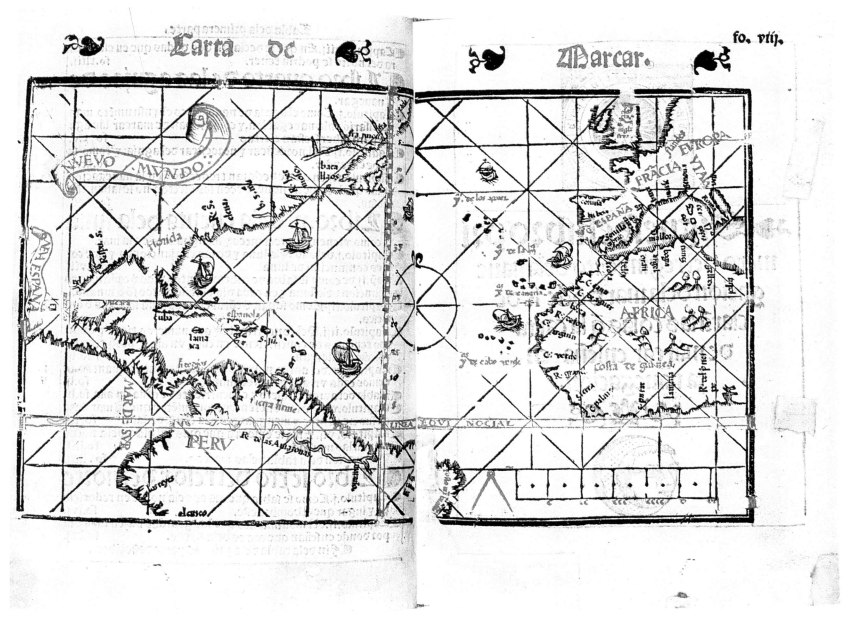

Carta de navegar del Nuevo Mundo en la obra de Martín Cortés «Breve Compendio de la Sphera». Sevilla. 1551.

de la India, las mujeres en unas islas y los hombres en otras, que sólo se unen para procrear; esto mismo explicó Colón sobre unas islas que le habían contado los indígenas en su primer viaje aunque él no las vio.

La mayoría de estas informaciones provienen seguramente del relato de Marco Polo, publicado en España en 1529 por Rodrigo de Santaella; de estas historias también se hace eco Fernández de Enciso en su obra *Suma de Geografía*.[94] Pero las maravillas no sólo se referían a la raza humana, existían también animales espectaculares como los pollos cubiertos de lana como corderos, un pez que podía inmovilizar a un navío en el mar hasta que murieran sus tripulantes. En África el unicornio, dragones y el ave fénix; en América las llamas que tenían una lana finísima. La mayoría de estas leyendas proceden de la Historia Natural de Plinio. No parece verosímil que los hombres

del siglo XVI que describían estas maravillas creyeran en ellas, más bien parece, como considera Harry Kelsey,[95] que era una manera de demostrar su erudición, típica del Renacimiento, pues cada historia llevaba su propia explicación y hasta el capítulo y el libro del que procedía.

En ambos mapas las ilustraciones y los textos que sirven para documentar temas geográficos están colocados en zonas que no estorban. En el océano Índico, debajo del trópico de Capricornio, aparece pintado un pescado y una explicación sobre las nefastas consecuencias que tiene para los barcos a los que se pega. El Pacífico norte está ocupado por la misma representación del Gran Kan que en el de Gutiérrez aparece en Asia, debajo del cual está la explicación de Marco Polo sobre el Japón. Los textos de los dos mapas son tan parecidos que o se han copiado uno a otro o han bebido de una fuente común, que debió ser el

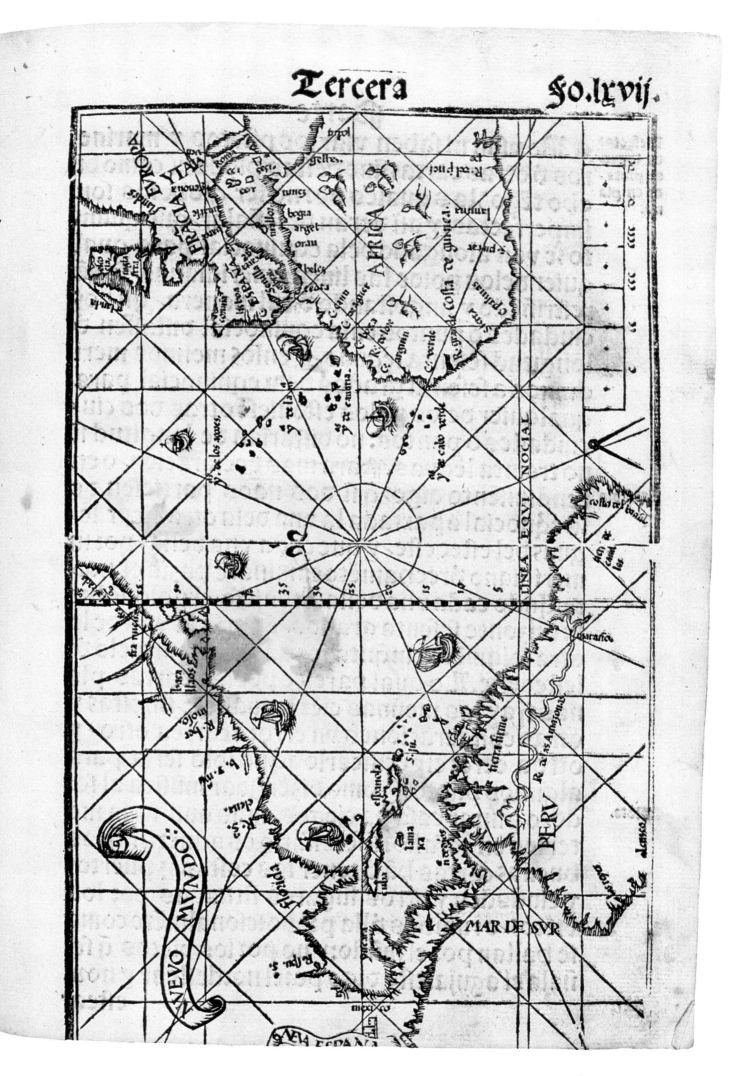

Carta de navegar del Nuevo Mundo en la obra de Pedro de Medina «Regimiento de Navegación». Sevilla. 1552.

Mapa de América Central y del Sur de Jerónimo de Chaves. 1548.

Mapa de África, Europa y Asia de Jerónimo de Chaves. 1548.

mapa manuscrito de Caboto. Mientras los textos del de Gutiérrez están exclusivamente en castellano, los de Caboto están también en latín y del texto latino se envía a menudo a la tabla donde está también en romance. Los textos en ambos mapas están individualizados en unas cartelas que faciliten su lectura ya que, generalmente, el mapa se colgaba. Tanto en un mapa como en otro, hay una nota sobre el primer viaje de Caboto que ha producido muchas controversias: se dice en la nota 8 del mapa de Caboto y en una extensa cartela en la zona norte del continente americano en el de Gutiérrez, que el descubrimiento de Norteamérica se produjo en 1494, en lugar de en 1497.[96]

Citamos a continuación alguna de las notas que aparecen en el mapa de Caboto para demostrar que son los mismos temas que aparecen en el de Gutiérrez, aunque con distinta ubicación, pues Gutiérrez inserta las explicaciones en los lugares correspondientes dentro del mapa y Caboto envía más a menudo a la tabla correspondiente.

«Del Gran Kan emperador de los tártaros que se intitula el rey de los reyes, tabla 2 nº 15. Del preste Juan ve a tabla 2ª, nº 13. De la isla de Islandia ve a la tabla 1, nº 9. De lo que observó Plinio del mar Seitico ve a tabla segunda, nº 18. De los que cabalgan en ciervos ve a la tabla 1, nº 10. De los monstruos de las grandes orejas ve a la tabla 2 número 12. Del Perú ve a tabla 1 nº 6, de la Trapobana ve a

tabla 1 nº 6. Del gran rio [de la Plata], tabla (en blanco); del estrecho de Todos Sanctos ve a tabla 1 nº 4».

La leyenda que explica las cualidades de la isla de Ceylán está en latín y para aclararla dice: *«en romance tabla 2 nº 22».*

Mientras que en el mapa de Gutiérrez no hay ninguna información técnica sobre el trazado de la carta y el uso de ella, en Caboto hay abundantes explicaciones sobre problemas técnicos, si bien muy confusos. En la cartela del ángulo inferior izquierdo hay una *«Tabula climatum Arithmeticali secundum grad. et min. latitud quo ad principie media et fine eorumdem».* En la cartela del ángulo inferior derecho: *«Arithmetica...seu divisio parallelorum gradus de variationis poli seu latitudinis terrae».* En el Índico, debajo del trópico de Capricornio en latín y español se explica: *«En esta figura estense (sic) en plano se contiene todas las tierras, islas, puertos, rios...baxos que hasta oy dia se han descubierto y con sus nombres y quien fueron los descubridores dellas como por las tablas desta dicha figura más claramente conste, contando lo demás que antes fue conocido y todo lo que por Ptholomeo ha zido scripto como son principales regiones, ciudades, montes, rios, climas y paralelos por sus grados de longitud y latitud, assi da Europa como de Assia y Aphrica. Eos (sic) de notar que la tierra está situada conforme a la variación que haze el aguia*

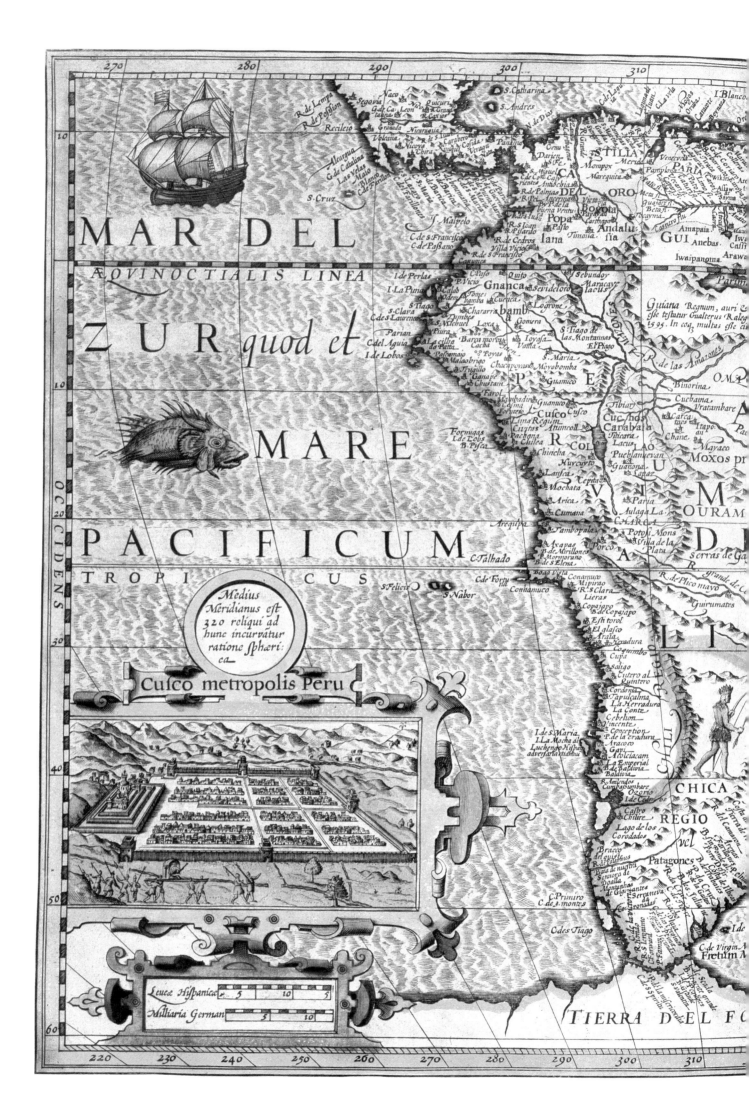

MAR DEL

ÆQVINOCTIALIS LINEA

ZUR *quod et*

MARE

PACIFICUM

TROPI · CUS

Medius
Meridianus est
320 reliqui ad
hunc incurvatur
ratione sphæri:
ca

Cusco metropolis Peru

Guiana Regnum, auri &
esse testatur Gualterus Raleg
1595. In eo₃ multas esse a

OCCIDENS

Leucæ Hispanicæ

Milliaria German

TIERRA DEL FO

Mapa de América de Diego Gutiérrez para el Atlas de Ortelius.

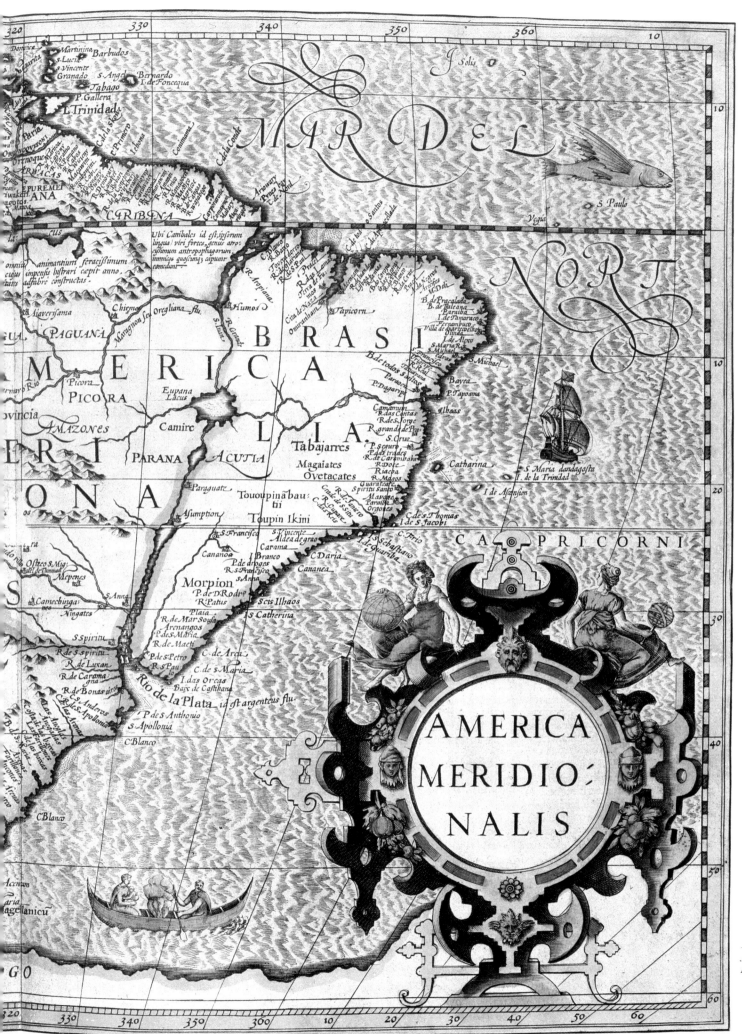

Mar Pacífico de
Jerónimo de Chaves
para el Atlas de Ortelius.

de marear con la estrella del norte, la razón de lo cual podrás ver en la tabla segunda del número diez y siete».

De esta explicación se desprenden dos cosas notables; que en la carta los grados de latitud no son iguales a los de longitud y que toda la carta está hecha teniendo en cuenta la variación de la aguja de marear y los lugares están colocados según esta variación. La primera conclusión se comprueba al hallar dos escalas de leguas en el océano Atlántico en el hemisferio sur; una es para medir la latitud y debajo explica: *«Con estas cien leguas medirás todo lo que quieres saber de septentrión a meridión con todo lo demás quisieres ver».* La otra es para la longitud y dice: *«Estas son cien leguas con las quales medirás de oriente a occidente todo lo que quieras saber».* Estas mismas escalas aparecen en el océano Índico, en el extremo sur de África. En otra leyenda, en la zona este del mapa, al lado de donde aparece dibujada la luna, nos vuelve a mandar a la tabla 17: *«el auctor concierta las razones de la variación que hace el aguia de marear con la estrella del norte y la causa porqué a tabla 2 n 17».* El meridiano de las Azores está explicado así: *«meridiano adonde el aguia de marear muestra derechamente al norte».* La línea de demarcación está indicada con las banderas de España y Portugal, orientadas hacia sus respectivos territorios.

En junio de 1533, al poco de volver de Inglaterra, Caboto escribe al rey diciendo que ya tiene terminada la carta que le había mandado hacer y dos más,[97] y sigue diciendo: *«Creo que Su Magestad y los señoreas del Consejo quedarán satisfechos dellas, porque verán cómo se puede navegar por redondo por sus derrotas como se hace por una carta, y la causa porque nosdestea y noruestea la aguja, y cómo es forzoso que lo haga y qué cuantas cuartas ha de nordestar y noruestar antes que torna a volverse hacia el norte y en qué meridiano, y con esto terná Su Magestad la regla cierta para tomar la longitud».*

Esta explicación técnica coincide admirablemente con el mapa que hoy estudiamos y creemos que Caboto siguió construyendo sus mapas de la misma forma, como demuestra el que ahora comentamos, donde utiliza una proyección curva para los meridianos y recta para los paralelos y una escala Norte-Sur 3 veces más grande que la de Este-Oeste para representar la variación de la aguja en todos los lugares de la Tierra, no sólo en algunos determinados como se hacía en las cartas de doble escala de

latitudes a partir del meridiano de las Azores, único punto donde la aguja marcaba el norte.

El problema de representar una superficie curva sobre un plano y, por consiguiente, el de establecer el rumbo y la posición del navío considera Caboto que se puede solucionar al construir el mapa con los meridianos curvos hacia los polos, pero seguía identificando la línea del rumbo con la línea de los meridianos sin entender, como había explicado Pedro Nunes,[98] que la primera corta todos ellos en un mismo ángulo recto, formando una espiral hacia los polos que nunca se alcanzan.

El mapa procede de un original manuscrito que Sebastián Caboto entregó a los impresores flamencos Cromberger para que fuera impreso en la casa matriz de Amberes.[99] Finalmente, fue grabado en la imprenta de Joannes Petreius pero con abundantes errores en topónimos y descripciones geográficas, y, debido a que los grabadores no entendían español, incluyeron también una traducción al latín.[100]

Hay noticias de que Clement Adams hizo otra impresión de este mapa en 1549 con texto en latín. Hakluyt escribió en 1585 sobre un gran mapa de Sebastián Caboto que estaba en la galería privada del rey y que, probablemente, desapareciera en el incendio del Palacio de Whitehall a finales del siglo XVII. Según Kelsey, fue impreso aparte un folleto con el texto del que existen dos copias conocidas.[101] De todas maneras el mapa salió tan mal proporcionado y tan falto de informaciones geográficas fiables que en España no fue apreciado, a pesar de llevar las armas del emperador y presumiblemente todas las bendiciones de éste. Caboto tampoco estaba contento con el resultado, pues una vez en Inglaterra, en 1550, le dijo al embajador de España que convenía retirar el mapa hasta que se reformaran los textos, lo que no llegó a realizarse y quizás por este motivo es por lo que han sobrevivido tan pocas copias. En 1564 el mapa no se había vendido, según el testamento de Lázaro Nuremberger, aunque algunos ejemplares fueron a parar a manos privadas. El grabado del mapa no tiene una gran calidad, ni la información geográfica es aceptable y mucho menos la proyección cartográfica adoptada, pero nos muestra cómo eran los mapas de dos graduaciones en aquella época y los intentos, infructuosos casi siempre, para adaptar a una superficie plana una realidad esférica.

Sebastián Caboto, controvertido navegante veneciano y discutido tercer piloto mayor de la Casa de Contratación de Sevilla, había salido, bajo bandera inglesa, de Bristol en 1497 con su padre Juan Caboto, llegando a la boca del río San Lorenzo, por lo que se cree que fueron los primeros europeos en descubrir Norteamérica. Aunque algunos de los relatos de descubrimiento de Caboto no se han podido comprobar por atribuirse él mismo grandes hazañas para valorar sus servicios delante de los sucesivos reyes que le contrataron, parece que aún bajo el servicio de Inglaterra hizo otro viaje en 1508 para buscar un paso noroeste para Oriente, más tarde se atribuyó haber descubierto la bahía de Hudson en este mismo viaje. En 1512 fue nombrado cosmógrafo de Enrique VIII de Inglaterra y enseguida pasó a España donde fue nombrado piloto mayor de la Casa de Contratación el 5 de febrero de 1518, sin embargo pronto volvió a Inglaterra de donde no regresó hasta 1522. La intriga cortesana le restó mucho tiempo para ejercer sus labores de piloto mayor; aseguraba que había descubierto un nuevo camino hacia la especiería, por lo que en 1524 fue enviado desde España con una armada a descubrir las tierras de Ofir y Catayo atravesando el estrecho de Magallanes, aventura que interrumpió para dirigirse al Río de la Plata, desde donde intentó descubrir tierras en el interior y donde tuvo problemas con su tripulación. De regreso a España en 1530 tuvo que afrontar las críticas y juicios por su comportamiento durante la expedición y en su cargo de piloto mayor por apoyar las teorías sobre las cartas de doble latitud de su amigo Diego Gutiérrez. Aunque siempre gozó del favor del emperador, fue apartándose cada vez más de su cargo de piloto por sus frecuentes viajes a Inglaterra, adonde finalmente se trasladó en 1548 y donde permaneció hasta su muerte en 1557.

4) 1545. Carta de navegar del Nuevo Mundo. En: *Arte de Navegar de Pedro de Medina. Valladolid, 1545.*

5) 1545. Mapa de América Central y del Sur de Jerónimo de Chaves. En: *Comentarios al Tractado de la Sphera de Joannes de Sacrobosco. Sevilla, 1545.*

6) 1551. Carta de navegar del Nuevo Mundo. En: *Breve Compendio de la Sphera y el Arte de Navegar de Martín Cortés, Sevilla 1551.*

7) 1554. Carta Universal. En: *La Crónica del Perú de Pedro Cieza de León. Amberes, 1554.*

8) 1556. Carta Universal. En: *Dos libros de Cosmografía de Jerónimo Girava. Milán, 1556.*

9) 1561. Mapa de América en un hemisferio. En: *Chronografía o Reportorio de los Tiempos de Jerónimo de Chaves. Sevilla, 1561.*

10) 1562. Mapa de Diego Gutiérrez, Américam: Antuerpiae apud Hieronimun Cock. En: *Teatrum Orbis Terrarum. Abrahan Ortelius. 1584.*

11) Jerónimo de Chaves: Americam descripsit, quae nondum in lucem prodiit. En: *Teatrum Orbis Terrarum. Abrahan Ortelius. 1584.*

12) Jerónimo de Chaves: La Florida. En: *Teatrum Orbis Terrarum. lam. 8. Abrahan Ortelius. 1584.*

13) Jerónimo de Chaves: Mar Pacífico. En: *Teatrum Orbis Terrarum. lam. 6. Abrahan Ortelius. 1595.*

14) Mapa de la región de Quito. En: *Milicia y Descripción de las Indias de Bernardo de Vargas Machuca. Madrid, 1599.*

15) 1594. Carta Universal de Andrés García de Céspedes. En: *Regimiento de Navegación, Madrid, 1606.*

16) 1599. Mapa del Nuevo Mundo de Hernando de Solís. En: *Relaciones Universales del Mundo de Juan Botero Benes. Valladolid, 1603.*

17) Carta Universal de América y trece particulares. En: *Historia General de los Hechos de los Castellanos. Antonio de Herrera, Madrid 1601-1610.*

18) 1654. Carta Universal de Sebastián de Ruesta. British Library add. 5072. nº 5.

Paradójicamente, la única carta grabada de la Casa de Contratación ha llegado hasta nosotros manuscrita ya que lo único que ha sobrevivido de ella son algunas copias manuscritas de parte de la carta universal, hechas por holandeses y el título, que representan la costa este de América y África. Estas copias se han recogido entre los papeles de la familia Blaeu. Sin embargo conservamos una amplia documentación sobre el expediente de impresión de la carta y noticias de cómo era una vez impresa.[102]

Esta carta fue citada por primera vez por Fernández Duro en *Disquisiciones Náuticas*[103] diciendo dónde se encontra-

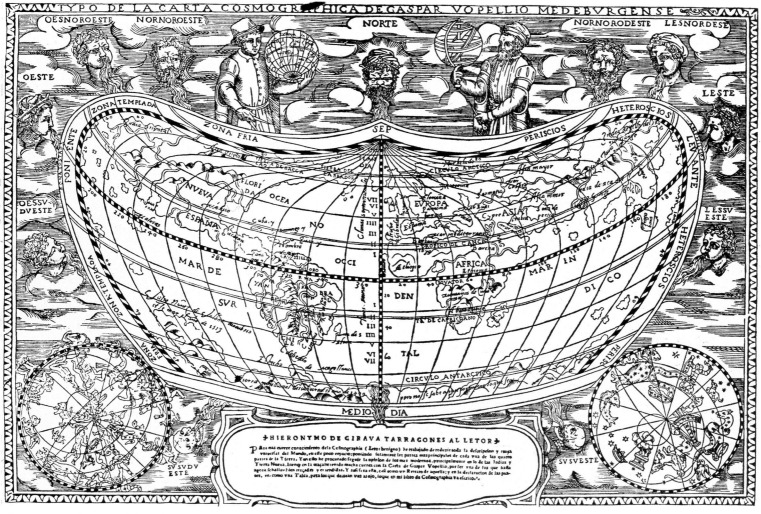

Carta Universal en «Dos libros de Cosmografía» de Jerónimo Girava. 1556.

ba, de la siguiente manera: Carta de Sebastián de Ruesta 1670 con el título de: «*Carta náutica del mar, costas e islas Occidentales, enmendada por Sebastián de Ruesta, natural de Çaragoça, cosmógrapho, fabricador de instrumentos matemáticos por S.M. en la Casa de Contratación de la ciudad de Sevilla, ajustado de diferentes papeles y noticias de pilotos prácticos y versados en aquellas costas. Examinada, corregida y consultada por los Srs Presidentes de la dicha Casa de Contratación, siendo su Presidente el Sr D. Pedro Niño de Guzmán, conde de Villahumbroso y Castronuevo, Marqués de Quintana, del Consejo de Castilla, asistente y maestre de Campo general de la dicha ciudad de Sevilla*».[104]

Vamos a exponer resumidamente las vicisitudes que siguió la primera carta impresa de la Casa de Contratación.[105] Sebastián de Ruesta, cosmógrafo de hacer cartas

de marear y fabricar instrumentos, pidió permiso al presidente de la Casa para grabar una carta que tenía hecha, una vez que fuera examinada por personas prácticas en la navegación, excepción de su hermano, piloto mayor, que le tenía «*inquina manifiesta*». Francisco contestó a esta demanda que le tocaba a él sellar todas las cartas y que no se le había consultado en esta ocasión y sí a gente que no era de la Casa. El 30 de abril de 1555 diversos pilotos informaron que la carta de Sebastián de Ruesta estaba conforme y que, con ligeras modificaciones, se podía imprimir. Contra esta resolución recurrió Francisco el 19 de mayo del mismo año, diciendo que su hermano no estaba capacitado para hacer la carta y que para enmendar el padrón es necesaria una orden del rey, como se hizo en tiempos de Céspedes, que ya la ha grabado y estampado, que en una de «*sus tarjetas*» o leyendas, el

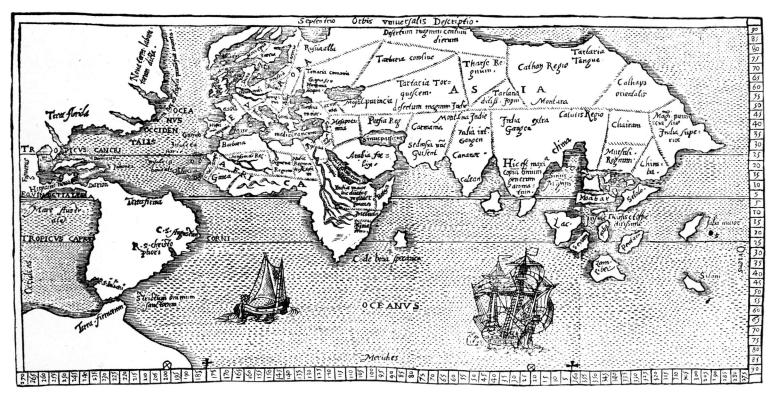

Carta Universal de 1527.

autor ha asegurado que está aprobada por el piloto mayor de la Carrera de Indias y por pilotos prácticos, lo que no es cierto; y que la disposición general de la carta tenía una imperfección intolerable ya que de escala de longitudes *«debiendo estar, según el arte, en la misma equinocial y no en uno de sus paralelos con lo que fácilmente equivocará no solo a los pilotos sino también a los prácticos y los teóricos que tomarán el paralelo donde están las longitudes por la equinocial y la equinocial por el paralelo»*. Terminaba su demanda quejándose de que la primera vez que se iba a grabar una carta oficial en España tuviera que ser tan mala, y mientras las demás naciones eran muy prácticas en la técnica del grabado, los españoles quedarían en ridículo por lo cual no se debía permitir su difusión, aunque ya estaba estampada desde 1554. Los pilotos que habían aprobado la carta contestaron a estas acusaciones que no había que corregir nada pues la carta estaba bien construida y que era inconcebible que uno que nunca había navegado los lugares que se representan en la carta, quisiera enmendar las resoluciones de pilotos de derrota, prácticos en la navegación muchos años. Parece ser que la carta estaba decorada con un cuadrante náutico en la parte de África.

El motivo de la animadversión del piloto mayor hacia su hermano era de carácter profesional ya que Francisco había hecho otra carta y quería que se imprimiera en lugar de la de su hermano. El litigio se extendió a través de los años pero en 1556 se resolvió que se imprimiera la carta y el Consejo de Indias lo ratificó. La carta se iba a grabar en pergamino pero antes de eso, como era un trabajo muy costoso, Sebastián de Ruesta presentó una copia en papel para que se cotejase con el original y obtener la licencia. Los pilotos de la Casa de Contratación pidieron que las dos primeras copias en vitela, fueran firmadas para que sirvieran como padrones y el resto se llevase a sellar en la Casa de Contratación. El 9 de marzo de 1656 se presentaron las dos cartas y una quedó como padrón en la Casa y la otra enmarcada fue depositada en la Universidad de Mareantes de Sevilla; también entregó el cartógrafo las dos primeras cartas que corrigieron los pilotos antes de dar su visto bueno, una en vitela y otra en papel que quedaron en la misma Casa. Fue la primera vez que un cosmógrafo de hacer cartas y fabricar instrumentos de la Casa de Contratación de Sevilla pidió y obtuvo licencia para imprimir una carta oficial, invocando que los pilotos de la Carrera de Indias, al no encontrar suficientes cartas manuscritas, recurrían a las extranjeras que

Concepción del mundo en un libro de navegación español del siglo XVI.

estaban llenas de errores y prohibidas por las ordenanzas, aludiendo a la competencia que generaban los talleres de Amberes y Amsterdam en la producción cartográfica.

Los tres trozos que se han conservado de la parte de América[106] son unos breves esquemas que representan la costa de Norteamérica más arriba de la Florida hasta Terranova con algunas notas en holandés; el segundo hasta la Nueva Holanda por el norte hasta el golfo de México, y el tercero la parte de Sudamérica que va desde Venezuela hasta el norte de Brasil, con una estrella de rumbos. Estos fragmentos no dan idea de cómo sería originariamente la carta universal del cosmógrafo Sebastián de Ruesta, pues por las descripciones que hace su censor debía estar decorada como las mejores cartas de la Casa y representar todo el mundo conocido.

Los Regimientos de Navegación de la Casa de Contratación

Los libros de navegación que salieron del entorno de la Casa de Contratación fueron concebidos como libros de texto para enseñar a los pilotos los rudimentos técnicos del arte de navegar, que, como parece indicar el vocablo

«arte», no era exactamente una ciencia sino una habilidad que sólo alcanzaban a dominar los que surcaban los mares. Esta práctica, con el transcurso del tiempo y con las nuevas singladuras, se había complicado de tal manera que era necesario añadirle sus buenas dosis de «ciencia» y aquí empezaban los problemas, pues los marinos no eran ni mucho menos hombres de ciencia, no alcanzando algunos a saber leer y muchos no sabían utilizar operaciones matemáticas simples. Con estas premisas, los manuales de navegación pretenden ser muy sencillos y asequibles a esta gente, como ponen de manifiesto todas los prólogos de sus autores, y se atienen a las directrices emitidas por las autoridades de la Casa de Contratación. El programa de estudios de los pilotos que se habían de examinar para ir a las Indias, estaba obligado a explicarlo el catedrático de Cosmografía de la Casa de Contratación. Los temas que se debían abordar en las clases trataban, como ya hemos recordado en otro lugar de este capítulo al estudiar el cargo del catedrático de Cosmografía, de una ligera noción de la esfera, de la altura del sol y la manera de saberla, del uso y construcción de la carta de marear, del uso, construcción y cuidado de los instrumentos de navegación: astrolabio, ballestilla, cuadrante y, sobre todo, de la aguja de marear y de sus variaciones, del uso de los relojes nocturnos y diurnos y las mareas.[107]

Todas estas reglas para la navegación de pilotos y navegantes se englobaban bajo el nombre genérico de «regimiento de navegación», aunque también se denominaban más literariamente «arte de navegar, luz de navegantes o espejo de navegantes» y solían tener, generalmente al final, una hidrografía o derrotero, que era donde se explicaban los casos prácticos de la navegación a Indias tales como la derrota a las Antillas, a Tierra Firme y otros lugares. A veces se añadían también instrucciones o «avisos» sobre lo que había que hacer en caso de naufragio, ataque enemigo o fuego.

La parte teórica de la navegación que trataba cuestiones de navegación especulativa no iba en ningún caso dirigida a los pilotos y marineros y se llamaba «tratado de la esfera». Los autores de estos tratados eran Gemma Frisio, Jerónimo Girava, Joannes de Sacrobosco, Rodrigo de Zamorano, Jerónimo Chaves, entre otros. Esta dicotomía entre teoría y práctica no era estricta y, así, Martín Cortés escribió un tratado de la esfera y regimiento de navegación juntos y Santa Cruz un tratado de la esfera y un derrotero al que llama «islario» siguiendo la tradición de los «isolarios italianos».

En 1690 Seixas y Lobera, autor de un derrotero del estrecho de Magallanes[108] en el Título VI que trata *De los autores españoles que han escrito Libros de Esphera y de Navegación* hacía un censo de tratadistas españoles que habían escrito sobre Náutica y Navegación y señalaba lo siguiente:

«Para que más bien se conozca que nuestros españoles han sido los primeros que han enseñado a las Naciones la Geografía y la Navegación, es preciso hacer aquí mención de los autores clásicos que sobre ella han escrito [...]. Entre muchos el rey D. Alonso, San Isidro Hispalense, Pedro Ciruelo, Juan de Espinosa, Juan Martín, el licenciado Antonio de Villalobos, Rodrigo Saenz de Santayana y Espinosa, D. Ginés de Rocamora, Gerónimo de Chaves, Francisco Velázquez, Francisco Falero, Martín Cortés, Bartolomé Valentín, el licenciado Andrés de Poza, Miguel Pérez, Lorenzo Ferrer Maldonado, el doctor Graxales, Pedro Medina, Pedro Nuñez, D. Andrés del Rio Riaño, D. Diego García de Palacios, Santiago de Saa, Juan Bautista Labaña, Manuel de Figueredo, Gaspar Ferreyra, Luis de la Cruz, el doctor Simón de Tobar, D. Andrés de Alcantarilla, Antonio de Náxera, el doctor Juan Arias de Loyola, Luis de Fonseca Coutiño y Tomé Cano».

Con el criterio de examinar sólo los libros que responden al concepto de regimiento de navegación establecido más arriba, pasamos a hacer una relación de ellos y de sus autores por orden cronológico.

–1519. MARTÍN FERNÁNDEZ DE ENCISO. *Suma de geografía que trata de todas las partidas y provincias del mundo: en especial de las Indias, y trata largamente del arte del marear: juntamente con la espera en romance: con el regimiento del sol y del norte: nuevamente hecha. Sevilla, por Jacobo Cromberger, 1519 por el licenciado Martín Fernández de Enciso. 73 fols., 4º.*

Es el primer libro en el que se trata de la navegación a las nuevas tierras descubiertas, escrito por un hombre que había participado en los descubrimientos y exploraciones. El autor había nacido en fecha indeterminada en Sevilla[109] y estudiado leyes en esa Universidad. Se trasladó a América y se instaló en 1508 en La Española, donde adquirió fama de buen abogado y donde se incorporó a los negocios del Descubrimiento, financiando la expedición de Alonso de Ojeda para ir a descubrir la parte de Tierra Firme que hay entre el cabo de la Vela y el golfo de Urabá (1509),

nombrándose a sí mismo alcalde mayor de las tierras que se descubrieran y yendo posteriormente en auxilio de Ojeda hasta Urabá, con hombres y pertrechos. A orillas del Darien fundó la ciudad de Santa María de la Antigua en 1509 y allí fue víctima de la enemistad de Núñez de Balboa que desconoció el nombramiento de Enciso y le tomó prisionero. Nuestro autor volvió a España en 1511 a pedir justicia, obteniéndola del rey. En 1526 celebró en Granada un contrato para descubrir las tierras más allá del cabo de la Vela en Costa Firme, desde entonces se ignoran más detalles de su vida.

La obra comienza con el privilegio real y un prólogo donde el autor dedica la obra al Emperador y expone los fines que se propuso al hacerla y los temas que tratará en ella; entre otras cosas dice:

«Acordé [...] hacer una suma de las provincias y partidas del Universo en nuestra lengua castellana, porque mejor la comprendiesen los que la leyesen y a más personas aprovechase [...] e porque demás de ser agradable de leer fuese provechosa asi a Vuestra Alteza [...] como a sus pilotos y marineros, a quien Vuestra Alteza encomienda los viajes cuando envía a descobrir tierras nuevas, acordé de poner en el principio el cuerpo esférico en romance, con el regimiento del Norte y del sol y con sus declinaciones y con la longitud y latitud del Universo [...] y por dar claridad desto a los anvegantes, porque mejor pudiesen hacer lo que por Vuestra Alteza les fuese mandado y encomendado, puse en esta suma las costas de las tierras por derrotas y alturas, nombrando los cabos de las tierras y el altura y grados en que cada una está [...]. Y porque esto Vuestra Alteza pudiese mejor comprender hice hacer una figura en plano en que puse todas las tierras y provincias del Universo de que hasta oy ha habido noticias por escrituras auténticas y por vista en nuestros tiempos».

El libro no tiene índice ni está dividido en partes, solamente en la parte geográfica están indicadas las materias que se tratan sangrándolas del texto. Después del prólogo sigue un tratado de la esfera bastante breve, las tablas de declinación del sol, el regimiento del norte y del sol, y la descripción geográfica de las partes del mundo empezando por Europa y por Gibraltar y terminando por el Nuevo Mundo recién descubierto.

Esta obra fue la primera que intentó traducir a reglas el arte de navegar. Enciso pretendió corregir los métodos rutinarios que se empleaban en la navegación siendo muy acertado el examen y censura de algunas prácticas usuales en ella; rechaza el método de la estima por ampolleta y propone en su lugar el uso de una tabla, calculada por el meridiano, de las leguas que abraza cada grado según la inclinación del rumbo respecto al meridiano. Aunque en la descripción del Viejo Mundo sigue fielmente todos los relatos medievales con su sarta de lugares prodigiosos, en la parte de América fue el primero que presentó una lista de los lugares con sus latitudes bastante acertadas, además de una detallada explicación de primera mano de las costumbres de sus naturales, zoología y botánica, especialmente del área antillana.

De esta obra se hicieron dos ediciones más en el siglo, una en 1530 en Alcalá de Henares en la portada de la cual anuncia que está «*agora nuevamente enmendada de algunos defectos que tenía en la impresión passada*» y otra en 1546 en Sevilla, además de una traducción al inglés de la parte geográfica americana en 1578 con el título: *A briefe description of the portes. Londres. Henry Bynneman, 1578.*[110]

El mapa o *figura en plano* aludido en el prólogo no se llegó a imprimir;[111] probablemente fue retirado por orden del Consejo de Indias para evitar dar información geográfica a los portugueses en el momento que se preparaba el viaje de Magallanes a la Especiería, pero no hay documentación que lo pruebe.

–1535. FRANCISCO FALERO. *Tratado del Esphera y del arte del marear con el regimiento de las alturas: con algunas reglas nuevamente escritas muy necessarias. Sevilla 1535, por Juan Cromberger. 51 hoj. sin numerar. 4º.*

El autor fue un cosmógrafo portugués que vino a España con su hermano Ruy Falero y con Fernando de Magallanes, del que era pariente. En 1519 entró al servicio de Carlos I, señalándosele un sueldo de 35.000 maravedíes que era muy alto para la época.

La obra está dividida en dos partes y tiene 14 láminas, pero ningún índice de materias ni de capítulos al final. La primera parte se subdivide en 22 capítulos; el mismo autor dice en el prólogo que esa parte es un tratado de la esfera y sus movimientos y cómo la tierra está en el centro de ella. La segunda parte es el propio regimiento, está dividida en 9 capítulos y comienza con el siguiente preámbulo:

Portada de la «Suma de Geografía» de Fernández de Enciso. 1519.

«*Comienza la segunda parte que trata de las alturas y arte de marear con algunas reglas nuevamente escritas, muy necesarias y provechosas, y regla para saber la altura en diversas horas antes y después de medio día: e la misma regla e instrumento para saber que las agujas nordestean y noruestean en cualquier meridiano y paralelo del universo: e assi trata del horizonte e de la variación de las diclinaciones del sol: e assi de la quantidad de leguas que es necesario andar y navegar para alzar o baxar un grado por cada uno de los vientos, en lo qual se ponen dos declaraciones: la una conforme a la opinión de los que tienen que cada 17 leguas y media por meridiano valen un grado, e la otra conforme a la opinion del autor que es 16 leguas y 2/3 de legua. E asimismo se pone regla para saber ordenar y regir las derrotas, con algunos avisos y ejemplos muy provechosos para los pilotos y personas que lo quisieren saber. Y assi las reglas para saber y entender toda clase de guarismos*».

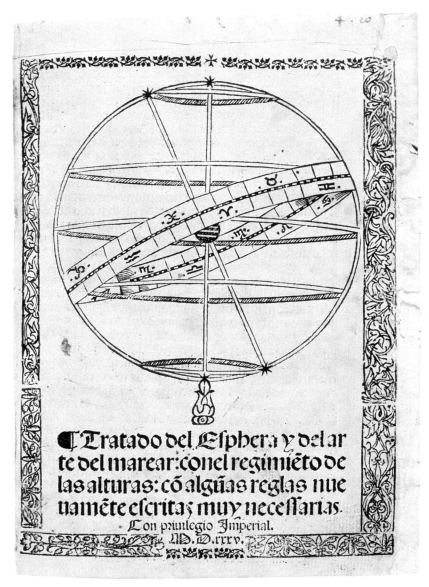

Portada del «Tratado de la Esfera» de Francisco Falero. 1535.

Como el título de su obra indica, está compuesta por una parte teórica, «el tratado de la esfera», en la que sigue las doctrinas tradicionales y se inclina por el sistema helio-céntrico, postulado por Ptolomeo y demás autoridades clásicas y por una segunda parte, «el arte de navegar», que responde a las características de los regimientos de navegación, si bien le faltaría la parte dedicada a uso y construcción de los instrumentos náuticos y el derrotero.

Se inclina el autor en su tratado por establecer la medida del grado del meridiano en 16 leguas 2/3 frente a la más común, aceptada por casi todos los tratadistas de 17 1/2 leguas.

Este libro no debió resultar muy práctico ni para los técnicos ni para los teóricos de la navegación y la circunstancia de que fueran apareciendo otros manuales más asequibles[112] hicieron que el libro no se volviera a reeditar y tampoco tenemos noticia de que se tradujera a ningún otro idioma.

−1537. ALONSO DE CHAVES. *Quatripartitu en Cosmographia pratica i por otro nombre llamado espejo de navegantes, obra mui utilísima i compendiosa en toda la arte de marear i mui necesaria y de gran provecho en todo el curso de la navegación.*[113]

El autor fue Alonso de Chaves, probablemente sevillano pero de ascendencia extremeña, fue nombrado cosmógrafo de hacer cartas y fabricar instrumentos de la Casa de Contratación de Sevilla en 1528, quizás como premio por haber asesorado a Hernando Colón dos años antes en el intento de sistematizar un padrón real. En 1552 Alonso de Chaves fue nombrado piloto mayor sin dejar de ser cosmógrafo, para sustituir al piloto mayor Sebastián Caboto que había pasado al servicio de Inglaterra y, ese mismo año, su hijo Jerónimo es nombrado catedrático de Cosmografía con lo que vemos que los cargos relevantes de la Casa de Contratación están en manos de una misma familia. Desempeñó siempre su trabajo en la Casa de Contratación hasta avanzada edad y murió en 1587.

En la obra, la fecha de 1537, atribuida al libro de Chaves, se deduce por una cita que hace en el libro cuarto sobre un cabo que *«se ha descubierto en esta costa del Perú hasta hoy, primero de noviembre de 1537».*[114]

Esta obra responde plenamente a los criterios que tenían los pilotos y cosmógrafos de la Casa de Contratación sobre lo que debía ser un regimiento de navegación, lo que no nos debe extrañar, pues ya hemos dicho que su autor era piloto mayor y cosmógrafo de hacer cartas y sabía lo que se necesitaba enseñar a los pilotos.

Como es habitual en esta clase de literatura el título *Quatripartitu en cosmografía práctica* ya nos ilustra sobre el contenido de la obra, que está dividida en cuatro libros; además lleva un índice exhaustivo de todos los temas tratados bajo el epígrafe de *«División y orden de todas las materias».* Cada libro está subdividido en tratados y éstos en capítulos. En el primer libro se estudia de una manera clara y concisa pero suficientemente detallada, el círculo lunar o aúreo número y como se puede hallar, el círculo solar y la manera de hallar la letra dominical; en la segunda parte del mismo libro explica el uso y fabricación de todos los instrumentos necesarios para la navegación. En el libro segundo aborda todo lo relativo al movimiento y altura del sol, con las tablas de declinación solar y de las estrellas fijas, de los paralelos y de la manera de conocer la longitud, etc. El libro tercero trata de la aguja de marear, de las fases de la luna y las mareas y las partes en que se divide la nave y sus denominaciones, de los naufragios, guerras marítimas y de los bastimentos y armamentos de ellas. Por último, el libro cuarto es un derrotero de las «Indias de la Mar Océana», desde la Tierra de Bacalaos hasta la navegación del estrecho de Magallanes y la costa de Perú, en 25 capítulos, con explicación de la distancia en leguas de unos lugares a otros y colocación en latitud de los más importantes.

El *Quatripartitu* de Alonso de Chaves, que hubiera sido el regimiento por excelencia para los marinos por su claridad de exposición y abundancia de datos, ha dormido en anaqueles polvorientos durante cuatro siglos y no ha servido para el fin para el que fue escrito. La opinión común es que no recibió el permiso de impresión del Consejo de Indias por el derrotero de las costas americanas que contenía, como le ocurrió a Fernández de Enciso con su carta universal y como veremos en otros casos. Sin embargo no se han encontrado documentos que prueben esta aseveración.

−1545. PEDRO DE MEDINA. *Arte de navegar en que se contienen todas las reglas, declaraciones, secretos y avisos que a la buena navegacion son necesarios y se deben saber, hecha por el maestro Pedro de Medina. Dirigida al serenisimo y muy esclarecido Sr. D. Felipe, Principe de España y de las Dos Sicilias*. Valladolid, F. Fernández de Córdoba, 1545. 7 hojs., 100 fols., 4º.

El autor debió nacer en Sevilla hacia finales del siglo XV, pues en el colofón del Regimiento de 1563 dice que tiene 70 años; no fue marino práctico pero sí hombre docto en letras y matemáticas y su vida transcurrió en el entorno de la Casa de Contratación sin llegar a desempeñar cargo ofical alguno.[115] Sus pleitos con los pilotos y demás cargos científicos fueron famosos. En 1539 presentó un tratado de navegación y una carta[116] que no fueron aprobados por el piloto mayor y los cosmógrafos con la consiguiente prohibición de venderlos. Medina presentó demanda ante el Consejo de Indias, tachando los padrones e instrumentos náuticos que vendía el cosmógrafo oficial de erróneos y ofreciéndose a demostrarlo. El Consejo accedió a ello y se inició así una larga controversia

científica y de intereses que no llevó a ninguna parte. Medina acusaba a Diego Gutiérrez de hacer cartas de doble graduación sin seguir el Padrón Real y modelo oficial, Gutiérrez aseguraba que el padrón estaba errado y que él se limitaba a corregir sus cartas de acuerdo a los datos que le proporcionaban los pilotos que venían de Indias, contraponiendo la experiencia a la ciencia especulativa de Alonso de Chaves, Pedro Mexia y Pedro Medina, que nunca habían navegado. Estos defendían la fiabilidad del padrón real que se había corregido hacía pocos años en junta de pilotos, presidida por el obispo de Lugo, licenciado Carvajal, a la que asistieron los cosmógrafos Alonso de Santa Cruz, Alonso de Chaves, y Francisco Falero y los pilotos de la Casa, Sebastián Caboto y Diego Gutiérrez y que todos habían aprobado. Medina, en su alegato contra Gutiérrez, le acusaba de defender el monopolio para él y su familia de la venta de cartas, apoyándose en la complicidad del piloto mayor Sebastián Caboto; continuaba acusándole de no haber expuesto sus discrepancias con el padrón en la junta para corregirlo porque no le interesaba. De Sebastian Caboto decía que *«él es hombre que nunca fue maestre ni piloto ni aún marinero, ni sabe ciencia ni estudio, ni sabe esfera ni entiende latín, ni lo sabe leer ni aún apenas romance»*[117] y que los pilotos que navegaban a Indias con las cartas de Gutiérrez lo hacían más por la experiencia que por la ayuda de las cartas. El pleito sobre este tema se prolongó varios años y no sabemos que se llegara a alguna conclusión, pues lo cierto es que en 1551 la única carta que conservamos de Diego Gutiérrez tiene dos graduaciones.

A pesar de estos contenciosos, Medina sacó a la luz su *Arte de Navegar* y pidió que le admitieran de cosmógrafo en la Casa. Poco después, por Real Cédula de 16 de diciembre de 1545, recibió el permiso de impresión por 10 años pero no fue admitido en la nómina de cosmógrafos de la Casa de Contratación. Hacia 1549 el visitador del Consejo de Indias, Hernán Pérez, informaba de la necesidad de nombrar un piloto mayor para la Casa de Contratación ya que Caboto estaba en Inglaterra y Diego Gutiérrez, que le sustituía por poder otorgado de aquél, no tenía las condiciones que se requerían. El visitador pasaba revista al resto de los que trabajaban en la Casa de Contratación y consideraba que de los que eran buenos cosmógrafos como Pedro Mexia, Alonso de Chaves, Jerónimo Chaves y Pedro de Medina ninguno era práctico en la navegación.

Poco a poco, Medina, aunque sin cargo oficial, fue cada vez introduciéndose más en las esferas oficiales y en 1554 fue llamado a Valladolid para celebrar junta de pilotos y cosmógrafos. Según Navarrete, murió en Sevilla en 1567 a los setenta y cuatro años de edad.

A continuación tratamos de las obras de Pedro de Medina.

Su *Arte de Navegar* tiene una dedicatoria a Felipe II, príncipe de España, y a los navegantes para que hagan sus navegaciones sin peligro. Le sigue un Prohemio al lector sobre el arte de navegar y una tabla de materias y capítulos. En el colofón dice que su libro ha sido aprobado por los pilotos de la Casa de Contratación. La obra está estructurada en ocho libros. El primero trata, en 14 capítulos, del orden y composición del Universo, siguiendo el sistema de Ptolomeo y astrónomos árabes. El segundo del mar y sus movimientos, mareas y señales para conocer las tormentas. El tercero sobre los vientos, sus cualidades, nombres y manera de navegar con ellos y la construcción de la carta de marear, con explicación de los rumbos. El cuarto de la altura del sol y tablas. El quinto de la manera de hallar la altura del polo por medio de la estrella polar en el hemisferio norte y por la cruz del sur en el hemisferio sur. El sexto sobre la aguja de marear, sus defectos y propiedades. El séptimo de la luna y sus fases y cómo afectan a la navegación. El octavo es una explicación de los climas y estaciones.

De este libro debemos recalcar la poca atención que le merece el problema de la variación de la aguja y su criterio de que ese fenómeno no existía en realidad, sino que era una invención de los marinos, lo que nos ilustra suficientemente de la poca práctica náutica que tenía Pedro de Medina.

De esta obra no se hizo ninguna reedición en España, quizás por los problemas que tuvo por el veto de los técnicos de la Casa de Contratación, ya que sólo obtuvo licencia para imprimirla por 10 años y sobre todo porque en 1552 sacó un *Regimiento de Navegación* que es una simplificación y puesta al día de su *Arte de Navegar*. Esta tuvo sin embargo una amplia difusión europea, alcanzando doce ediciones sólo en Francia y veinte en total en Europa.[118]

En 1552 publicó un *Regimiento de Navegación. En que se contienen las reglas, declaraciones y avisos del libro del arte de navegar. Fecho por el maestro Pedro de Medina, vezino de Sevilla.* Sevilla, Juan Canalla, 1552. 46 hojs., 4ª.

Empieza el *Regimiento* con un prólogo del autor dirigido a los señores pilotos y maestres *«que usan el arte de la navegación de la mar»* en el que habla de las ventajas de la navegación y termina diciendo que ha comprobado, en el ejercicio de su cargo de examinador de pilotos, lo poco que saben sobre la navegación y por este motivo ha compilado las reglas, declaraciones y avisos sobre el tema. Le sigue un *«Prohemio y argumento del primor y subtileza de la navegación»* y luego una *«Explicación de la carta de marear, altura del sol, altura del Norte, aguja de navegar»* etc. A continuación inserta unos *«Principios fundamentales del regimiento de navegación que son altura, grado, orizonte, línea equinocial, parte del Norte, declinación del sol, trópicos, paralelo, meridiano y zenic».* Sigue una tabla de las seis cosas notables que se tratan con avisos y reglas sobre cada una. Las cosas notables son: la carta de marear, la altura del sol, altura del polo, aguja de marear, la cuenta de la luna, el reloj de las horas. Al final del libro el autor inserta una carta a Alonso de Chaves en la que pide su aprobación a la obra y una carta de contestación de este piloto mayor concediéndosela.

En 1563 apareció otro *Regimiento de Navegación. Contiene las cosas que los pilotos han de saber para bien navegar y los remedios y avisos que han de tener para los peligros que navegando les pueden suceder. Por el maestro Pedro de Medina.* Sevilla, Simón Carpintero. 1563. 78 fols., 4ª.

En el prólogo dedica el libro, como sus obras anteriores, a Felipe II y en él se extiende sobre las ventajas y peligros de la navegación y sobre los motivos que le impulsaron a escribir la obra: *«para que los pilotos y navegantes pudiesen hacer sus navegaciones sin tener en ellas peligro de ignorancia».* Asegura también ser el primero que ha escrito sobre la navegación y que después de haber escrito un «arte de navegar» donde se dan reglas para bien navegar y un «regimiento de pilotos» donde se contienen muchas cosas convenientes a sus navegaciones, escribe ahora este libro para *«que se entiendan las cosas de la navegación, en especial los casos de peligro que navegando les puede suceder».* A ese prólogo o dedicatoria le sigue un *«Prohemio y Argumento del Primor y Sutileza de la Navegación y Principios fundamentales que en la navegación de la mar se deben saber»,* que son: altura, grado, horizonte, línea

Portada del «Regimiento de Navegación» de Pedro de Medina. 1563.

Representación de un cartógrafo español del siglo XVII, midiendo el mapa de América. En «Milicia y Descripción de las Indias». 1599.

Este regimiento es una refundición del de 1553, al que sigue en la parte primera al pie de la letra; la segunda parte, la de los avisos a consejos para casos prácticos de la navegación está ampliada y separada en este libro y es lo único original de él. Como apunta Pardo de Figueroa[119] la novedad más sobresaliente del regimiento es que en el libro cuarto acepta como algo sabido el problema de la variación de la aguja, cuando en su primera obra lo negaba, pero considera que este problema proviene de un error de construcción de las agujas, las cuales se han venido haciendo con una desviación de una cuarta al nordeste desde que se hacían las navegaciones a Flandes y propone como solución construir agujas más perfectas. Con este argumento vemos lo alejado que seguía estando Medina, no de solucionar el problema de la variación de las agujas de marear, que era imposible en esa época, sino simplemente de plantearlo correctamente, como hicieron otros navegantes en su época.

Medina escribió otros dos tratados sobre navegación llamados ambos *Suma de Cosmografía*. Los dos están manuscritos y fueron inéditos en su época.[120]

–1551. MARTÍN CORTÉS. *Breve compendio de la sphera y de la arte de navegar, con nuevos instrumentos y reglas, exemplificado con muy subtiles demonstraciones. Compuesto por Martín Cortés, natural de Bujaraloz, en el Reino de Aragón, y de presente vezino de la ciudad de Cadiz. Sevilla, Anton Alvarez, 1551.* 95 fols., 3 hojs. 4ª.

Martín Cortés nació en Bujaraloz, en el reino de Aragón. En 1530 abandonó su patria y se trasladó a Cádiz donde residió toda su vida. Debió de tener una profesión no relacionada con asuntos marítimos y dedicar sólo sus ratos libres al estudio de la Náutica. En este sentido dice en la carta al cosmógrafo valenciano Juan Parent, que se incluye en la edición de 1551 al final de la obra: *«Hallándome unos días de negocios desocupado...ordené este breve compendio de navegación en estilo llano; no mirando tanto como escribía, cuanto el provecho que de lo escribir resultaba, mayormente en estos tiempos, en los cuales tan fácilmente nuestros españoles así se destierran por mar, que no se contentan pasar la zona tórrida o línea equinocial, sino dan la vuelta a todo lo navegable».*

En 1545 escribió el *Arte de Navegar* en Cádiz, al mismo tiempo que Medina imprimía el suyo en Valladolid. Sin embargo, Cortés no lo acabó de escribir o de imprimir,

equinocial, parte del Norte, parte del Sur, declinación, trópicos, paralelo, meridiano y cenit que son una repetición de los que se insertan en su anterior regimiento.

La obra propiamente dicha consta de dos partes; la primera la forman seis libros y es un típico regimiento o tratado de pilotaje; en el libro primero que trata de la carta de navegar se incluye una carta universal. El segundo libro trata de la altura del sol. El tercero de la altura del Norte. El cuarto sobre las agujas de marear. El quinto sobre la luna y las mareas. El sexto sobre el reloj del Norte. La segunda parte consta de un solo libro dividido en 20 capítulos o «avisos» como los llama el autor y, efectivamente, son consejos muy breves sobre temas prácticos de la navegación; por ejemplo, cómo debe manejar el piloto los instrumentos y cuidarlos, precauciones que se han de tomar en los naufragios, cuando se rompe el timón, cuando hay una tormenta, etcétera.

hasta 1551 y quizás por eso al dedicárselo al Emperador dijo que había sido «*el primero que redujo a breve compendio la navegación, introduciendo en su libro novedades*».

Su obra está precedida por una carta-dedicatoria a Carlos I, una tabla de las materias tratadas y un prólogo al marqués de Santa Cruz. La obra en sí, se divide en tres partes. La primera tiene 20 capítulos y «*trata de la composición del mundo y de los principios universales que para el arte de la navegación se requieren*», que es un tratado de la esfera clásico. La segunda parte «*trata de los movimientos del Sol y de la Luna y de los efectos que sus movimientos causan*» en 20 capítulos.

La tercera parte se divide en 14 capítulos y trata «*de la composición y uso de instrumentos y reglas del Arte de la Navegación*» es decir, de la carta de marear, de la variación de la aguja, del uso del astrolabio y de la ballestilla, de la altura del sol y de un instrumento para contar las horas. Entre los capítulos se insertan diversas figuras astronómicas; en el folio 67, en el capítulo que trata de la carta de marear, se incluye una universal que es igual que la que inserta Medina en su *Arte de Navegar* y en su *Regimiento* de 1563, por lo que no cabe duda que, aunque son muy esquemáticas, proceden ambas del Padrón Real.

El *Breve compendio de la esfera y arte de navegar* no es un regimiento de navegación en sentido estricto, si exceptuamos el libro tercero y es sorprendente que el autor aspirara a ser entendido por los ignorantes pilotos y a que estos lo llevaran en sus naves, pues su obra es un cúmulo de citas librescas y eruditas que sólo desaparecen en el tercer libro para hacerse claro y conciso. Hay que anotar también la suficiencia del autor al hacer las siguientes afirmaciones: «*digo haber sido yo el primero que redujo la navegación a breve compendio, poniendo principios infalibles y demostraciones evidentes, escribiendo práctica y teórica de ella, dando regla verdadera a los marineros, mostrando camino a los pilotos, haciendoles instrumentos para saber tomar la altura del sol, para conocer el flujo y reflujo del mar, ordenandoles cartas y brújulas para la navegación, avisandoles del curso del sol, movimiento de la luna, reloj para el día y tan cierto que en todas las tierras señala las horas sin defecto alguno, otrosí reloj infalible para las noches, descubriendo la propiedad secreta de la piedra imán, aclarando el nordestear y noruestear de las agujas*»; pues es imposible que no conociera el libro de*

Fernández de Enciso y el tratado de Chaves, entre otros. Hay que reconocer sin embargo la superioridad de conocimientos náuticos de Cortés en relación a Medina y la claridad de exposición de éstos. Fue el primero al que se le ocurrió que los meridianos magnéticos se cortaban en un punto distinto del polo terrestre, colocando esta intersección hacia Groenlandia y explicando de este modo las variaciones magnéticas; pero siguió atribuyendo, como sus contemporáneos, a un punto «*fuera de todos los cielos móviles*» esta particularidad.

Otro de los aciertos de Cortés consiste en haberse dado cuenta de la necesidad de ir aumentando los paralelos a medida que se acercaban a los polos, para la construcción de las cartas y exponer claramente el problema aunque no supo resolverlo. Estas teorías no son originales del autor pero supo exponerlas con claridad y sencillez.

La obra tuvo otra edición en la misma ciudad e imprenta en 1556. El interés que despertó en Inglaterra se puede medir por las traducciones que tuvo. La tradujo primero Richard Eden en 1561 y luego la volvió a reeditar en 1572. En 1577 lo hizo William Bourne. Otras ediciones son de 1579, 1584, 1589 y 1596 sólo en ese siglo. En 1596, el traductor dice lo siguiente: «*Presento a la vista de mis lectores el Arte de Navegar, fruto y practica de Martín Cortés, español, de cuya ciencia y habilidad en asuntos náuticos es suficiente prueba la misma obra porque no existe en la lengua inglesa libro alguno, que con un método tan breve y sencillo, explique tantos y tan raros secretos de Filosofía, Astronomía y Cosmografía y en general todo cuanto pertenece a una buena y segura navegación*».

No debemos extrañarnos del interés por los libros de náutica españoles por parte de los europeos, pues en ningún otro país culto existía una cátedra de estudios náuticos como existió en España, no sólo en la Casa de Contratación sino también en Madrid en la Academia de Matemáticas, fundada por Felipe II. En 1582, Richard Hackluyt recomendaba crear una escuela para pilotos en Inglaterra a manera de la Casa de Contratación. Los primeros textos náuticos extranjeros se basaron en los de Medina y Cortés; mientras los franceses e italianos se decantaban por traducir a Medina, los ingleses encontraban más alicientes en el libro de Cortés.

–1575. JUAN ESCALANTE DE MENDOZA. *Itinerario de navegacion de los mares y tierras occidentales de Juan Escalante de Mendoza.*[121]

El autor era un hombre práctico en la navegación a Indias que se trasladó muy joven desde su Cantabria natal a Sevilla, donde desarrolló la carrera de marina al lado de su tío Alvaro de Colombres, en cuyas naves pronto comenzó a navegar, llegando a ser maestre de una nave de la flota de Honduras. Se casó con la hija de un juez de la Casa de Contratación y llegó a ser General de la Flota de Tierra Firme, donde murió en 1596.

Su obra, *El Itinerario de navegación* está dedicado a Felipe II y planteado en forma de diálogo entre un experimentado piloto y un joven, Tristán, interesado en asuntos marítimos para escribir un libro. En la dedicatoria, el marino dice que el fin que persigue con su libro es remediar la impericia de los capitanes, pilotos, maestres y demás gentes de mar que por ignorancia en el gobierno de las naves y desconocimiento de las derrotas pierden a menudo aquéllas y sus valiosas cargas. Para remediar estos accidentes se propone escribir desde la experiencia de una dilatada práctica de la navegación.

El *Itinerario* consta de tres libros o capítulos en los que se compendia todo el saber de la época sobre las navegaciones a las Indias. El estilo es sobrio y conciso con un claro sentido didáctico. El libro primero trata de la navegación desde el río de Sevilla hasta la barra de Sanlúcar; se incluye en él una amplia explicación sobre la construcción naval de la época, calidades y cualidades de las naves, su porte y tonelaje, arboladuras, artillería y un examen de las dotaciones de las naos y de las misiones específicas de los componentes de ellas. El libro segundo trata de la navegación a las tierras occidentales y es un derrotero clásico desde Sevilla a Nueva España, Honduras y Tierra Firme con las distancias en leguas de toda la costa sudamericana hasta el estrecho de Magallanes, como también las de las costas de África hasta llegar al puerto de Bengala, pasando por el cabo de Buena Esperanza.

El libro tercero trata de la unión de las flotas de Nueva España, Honduras y Tierra Firme en la Habana para hacer conjuntamente la derrota de vuelta a España que también se explica.

Esta narración está salpicada de diálogos donde se trata de las corrientes marinas, de los fletes de los barcos, de las tormentas, de la aguja de marear y sus variaciones, de los vientos y sus tiempos, de los relojes marinos y de la forma de tomar la altura del sol, de las fases de la luna y de las mareas y las tablas para hallar el aureo número, casos fortuitos que pueden ocurrir en las naves como fuego, hundimientos, etc., así como lo que hay que hacer en encuentros con corsarios. Termina el libro con la llegada a Sevilla de los dos interlocutores y su despedida.

Para Escalante de Mendoza los conocimientos básicos para llevar adelante una feliz navegación se compendian en: *1)* Entender la aguja de marear y sus variaciones. *2)* Saber usar la carta de marear, la ballestilla y el astrolabio. *3)* Tener conocimento de los vientos y las mareas. *4)* Saber manejar el velamen según sople el viento. *5)* Tener noticias ciertas de las tierras adonde se dirige el barco y del puerto que se quiere alcanzar.

El libro es un verdadero regimiento de navegación eminentemente práctico, donde prevalece el derrotero en detrimento de la otra parte de la que se componía éste, es decir el examen de los instrumentos náuticos, el estudio de la esfera y de los cálculos de longitud y latitud a través de los astros. El libro primero es un interesante y exhaustivo tratado de construcción naval, el primero que se escribió[122] sobre un tema que el autor conocía muy bien por su vinculación familiar y profesional al mundo de la construcción naval.

El *Itinerario de Navegación* fue presentado al Consejo de Indias, donde a pesar de su reconocido mérito, no logró la licencia de impresión debido a los abundantes detalles que daba en el segundo y tercer libro sobre las navegaciones de las flotas a Indias, que podrían, según el parecer de los jueces dar mucha información secreta a las naciones enemigas.

El manuscrito estuvo en poder del Consejo de Indias durante muchos años, pues su hijo Alonso de Escalante en un memorial que dirigió al Rey[123] pedía que se le indemnizara por los 48 años que permaneció retenido el libro de su padre, durante los cuales estuvo a disposición de quien quiso sacar copias de él, como sucedió en 1594 cuando su padre se querelló contra el doctor Vellerino por plagio y obtuvo del dicho Consejo una Cédula Real para retirar dicho libro y todos los demás «*que tuviesen casos y cosas tocantes y descendientes a él*».[124] Por este documento podemos comprobar que el manuscrito logró en su tiempo suficiente notoriedad y aprecio como para ser plagiado por otros, y no nos cabe duda, que desde entonces los libros que trataron estos temas tuvieron de modelo más o menos lejano el manuscrito redactado por el ilustre general de la Flota de Tierra Firme don Juan Escalante de Mendoza.

–1581. RODRIGO ZAMORANO. *Compendio de la Arte de Navegar de Rodrigo Çamorano, Astrólogo y Matemático y Cosmógrafo de la Magestad Católica de D. Felipe segundo, Rey de España y su Catedrático de Cosmografía en la Casa de Contratación de las Indias de la Ciudad de Sevilla, al muy ilustre señor el licenciado Diego Gasca de Salazar, Presidente en el Consejo Real de las Indias. En Sevilla, por Alfonso de la Barrera, Año de 1581.* 4 hojs., 60 págs., 1 lám., 8º.

Rodrigo Zamorano nació en Medina de Rioseco, fue astrólogo, matemático y cosmógrafo. Sus conocimientos le valieron ser nombrado catedrático de Cosmografía en la Casa de Contratación de Sevilla por una Real Cédula de 20 de noviembre de 1575. Fue nombrado en 1579 cartógrafo fabricador de instrumentos y cartas de marear, sin sueldo. En 1586 obtuvo el empleo de piloto mayor, aunque sus conocimientos eran sólo teóricos, y fue ratificado en este cargo en 1605, a pesar de las muchas denuncias que acumuló por ostentar en su persona tres cargos que eran incompatibles por ley. Mantuvo pleitos con el napolitano Domingo Villarroel, luego nombrado cosmógrafo de hacer cartas, y con el francés Pedro Grateo, quienes acusaban a Zamorano de poca práctica en la navegación y de no atender a sus numerosos empleos, además de querer el monopolio de la venta de instrumentos y cartas de navegación. Zamorano murió en Sevilla en fecha no determinada. Un retrato suyo de 39 años de edad, se encuentra en la contraportada de la obra que comentamos.

Su obra, el *Compendio del Arte de Navegar*, tiene en primer lugar una dedicatoria al presidente del Consejo de Indias y otra al lector; en esta última atribuye la importancia de su obra a haber corregido las tablas de la declinación solar que hasta ahora estaban erradas pues como el año es de 365 días 5 horas y 49' y para hacer la cuenta se redondeaban los minutos en 6 horas, esos 11' acumulados

Demostración de la redondez de la Tierra en un libro de navegación español del siglo XVI.

hacen que los equinocios hayan variado 1/2° en 80 años por lo que las tablas de declinación solar hay que revisarlas cada 16 años en los que varía la declinación 3'. A continuación dice que su «arte» se divide en dos partes, una teórica en 20 capítulos que trata de la esfera del mundo y los movimientos de los cielos y la distribución de los elementos en la Tierra. La parte práctica trata de la fabricación y uso de los instrumentos náuticos en 40 capítulos. Lo más interesante de su libro, además de la corrección de las tablas, es la definición de la manera de determinar la posición de la nave a lo que llaman los marineros echar punto de fantasía o punto de escuadría en la carta. Esta posición se calcula:

«*Tomando del tronco de leguas entre las puntas del compás las leguas que conforme a buen juicio puede haber andado la nao: y puesta la una punta de este compás en el lugar de donde partistes, asentareis la otra punta de suerte que ambas disten del rumbo o viento por donde navegasteis; y donde esta segunda punta del compás cayere, allí está vuestra nao, conforme a vuestra fantasía*».

Pero esta forma no es muy segura, pues es imposible saber cuánto ha andado el navío, así que aconseja utilizar otro método llamado punto de escuadría o geométrico, para lo cual hay que usar dos compases, la punta de uno se ha de poner en el lugar de donde partimos y la otra punta en el rumbo por el que vamos navegando; ha de colocarse una de las puntas del otro compás en la línea de la graduación, en los grados de altura donde nos hallamos y la otra, en el rumbo este-oeste más cercano; seguidamente hay que deslizar ambos compases uno hacia otro hasta que se junten la punta que estaba en el punto de partida y la que estaba en la línea de graduación y ése será el punto de escuadría.

Su obra es un verdadero regimiento pues no en balde conocía el problema de la enseñanza de los pilotos que le estaba a él encomendada.

La segunda edición de esta obra se realizó al año siguiente en Sevilla en los talleres de Andrea Pescioni, lo que nos lleva a pensar que quizás la utilizara Zamorano en su cátedra como libro de texto. Otras ediciones en el mismo siglo son las de 1588 y 1591, impresas también en Sevilla por Juan de León. En 1616 fue traducida al inglés por Wright.

Otras obras de Zamorano son:[125] *Los seis primeros libros de la Geometría de Euclides, traducidos al castellano*, Sevilla 1576 y *Cronología o repertorio de los tiempos* de 1585.

Del *Compendio del Arte de Navegar* hace una referencia Baltasar de Vellerino en el prólogo de su obra[126] cuando dice: «*En esta obra se hallará lo necesario de la práctica, que para lo que es la especulación, el regimiento del licenciado Rodrigo Zamorano es muy completo y acertado*».

−1585. ANDRÉS DE POZA. *Hidrografía la más curiosa que hasta aquí ha salido a la luz, en que más que un derrotero general se enseña la navegación por altura y derrota y la del Este Oeste: con la graduación de los puertos y la navegación al Catayo por cinco vías diferentes. Compuesto por el licenciado Andrés de Poza, natural de la ciudad de Orduña, abogado en el muy noble y muy leal señorío de Vizcaya*. Impreso en Bilbao por Matias Mares en 1585. 8 hojs., 140 fols., 4ª.

Las noticias biográficas de Andrés de Poza las suministra él mismo en el prólogo de su libro según era costumbre en la época. Nació en Orduña, viajó de joven a Flandes, estudiando nueve años en la Universidad de Lovaina, continuó sus estudios en la Universidad de Salamanca durante otros diez años, llegando a ser licenciado en leyes en 1570. Alcanzó fama como abogado pero su profesión no le impidió dedicarse a las Matemáticas, Astronomía y Navegación. Fue abogado del Señorío de Vizcaya, catedrático de la escuela de Náutica de San Sebastián y murió en Madrid en 1595. En el ejemplar que hemos tenido a la vista[127] debajo de la aprobación, firmada por Juan Bautista Antonelli hay la siguiente anotación a mano: «*También escribió este autor de la antigua lengua, poblaciones y comarcas de las Españas en que de paso se tocan algunas cosas de la Cantabria, impreso en Logroño o Bilbao, año de 1587 en 4ª como este*».

La obra consta de una licencia para ser impresa y de un prólogo al lector en el que, como ya hemos dicho, habla de su vida y dice que aunque su profesión no es la navegación, le ha movido, «*el celo de la caridad con los naturales de estos reinos para darles noticias de lo más necesario y útil que hasta aquí se había publicado, conviene saber, el secreto de las entradas y salidas de los puertos más señalados de la Europa*».

Está dividida en dos partes; la primera es un regimiento de navegación con 42 capítulos, repartidos en cinco partes. La primera consta de 16 capítulos y trata de la esfera, círculos, movimientos de los cielos, figura de la tierra, de los grados y su medida, de las longitudes y latitudes y de los vientos. La segunda parte tiene 4 capítulos y trata de la aguja, sus variaciones, de las cartas de marear, el uso del astrolabio y la ballestilla. La tercera parte se ocupa en 6 capítulos de las conjunciones del sol y de la luna, con tablas para calcularlas, del áureo número, de las mareas y modo de conocer la hora por las estrellas. La cuarta parte tiene 10 capítulos y trata de la altura del polo, de los grados y los rumbos. La quinta tiene 7 capítulos y trata de los problemas de la longitud y de la manera de hallar la posición de la nave.

El segundo libro es un derrotero y lleva por título *Libro segundo de la Hidrografía, en que se contienen los puertos, costas, cabos, conocencias(sic), surgideros, travesías, posos, entradas, senadas(sic) y mareas del mar Océano occidental desde el estrecho de Gibraltar hasta Ostelanda y desde el estrecho a Levante*. Tiene 59 capítulos. Empieza por un aviso al lector, en que define los términos más usados en la Hidrografía, sigue el derrotero de las costas españolas y europeas; después del cual se incluye un *Discurso hydrográfico sobre la navegación al Catayo* por Guillermo Bourne, impreso en Londres año de 1580, en el que se expresan las rutas para llegar al Catayo según los portugueses y según el autor. Termina el libro con una tabla de latitudes y longitudes de los lugares más importantes del derrotero.

El autor reconoce la imposibilidad de explicar el fenómeno de la variación de la aguja; rechaza el uso de las cartas planas, indicando el error que se cometía en ellas e intuyendo la existencia de una proporción que expresase la magnitud del error. En su libro explicó el método de calcular la longitud por las distancias lunares y rechazó los métodos inexactos que usaban los marinos para calcularla.

Esta obra se reimprimió y adicionó en 1675 por el cosmógrafo portugués Antonio Máriz Carneiro y se editó en San Sebastián por Juan Huarte.

–1587. DIEGO GARCÍA DE PALACIO. *Instrucción náutica para el buen uso y regimiento de las naos, su traça y govierno conforme a la altura de México por el doctor Diego García de Palacio, del Consejo de Su Magestad, y su Oydor en la Real Audiencia de la dicha Ciudad. Con licencia, En México, En casa de Pedro Ocharte. Año de 1587.*

El autor, según datos que nos proporcionan Fernández de Navarrete y Picatoste,[128] procedía de la familia cántabra Palacio y Arce, estudió leyes en Salamanca, fue nombrado Oidor de la Audiencia de Guatemala y posteriormente de la de México, donde fue comisionado para redactar con Diego López la capitulación para el descubrimiento y población de Costa Rica. El 30 de abril de 1579 comunicó al rey noticias de Drake, en cuya persecución había salido, y el 20 de abril de 1587 le da cuenta de haber redactado la *Instrucción Náutica*. Después de esto parece que no hay más datos de su vida en los archivos.

La obra se inicia con un Prohemio o Introducción donde un montañés y un vizcaíno están dialogando sobre el interés del primero en volver a España de lo que el vizcaíno intenta disuadirle por los muchos peligros que acarrea una larga navegación, citando para reafirmar su tesis,

Portada de la «Hydrografía» de Andrés de Poza. 1585.

la opinión de varios sabios antiguos. El montañés responde hablándole sobre los provechos y ventajas de la navegación y de las reglas necesarias para hacer una buena navegación.

La *Instrucción Náutica* está dividida en cuatro libros; los dos primeros tratan de la materia propia de los regimientos, es decir forma de tomar la altura del sol y la luna, el uso del astrolabio, ballestilla y cuadrante, reglas para hallar

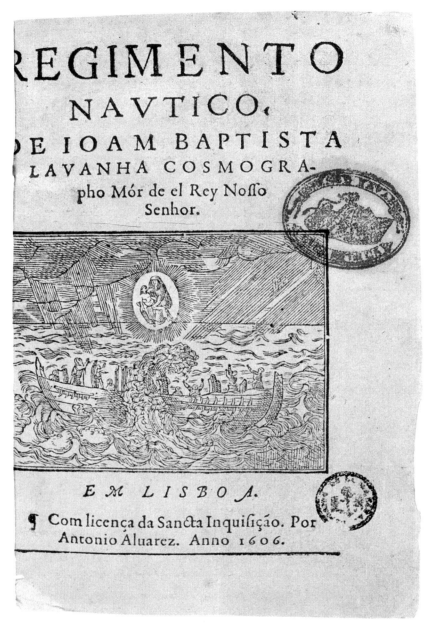

Portada del «Regimiento Náutico» de Joan Baptista Lavanha. 1606.

el áureo número, la diferencia entre el año lunar y el solar, las conjunciones de la luna con los demás astros que dan lugar a las mareas, todo ello ilustrado con abundantes ejemplos prácticos, sencillos dibujos y aclaraciones a las preguntas del vizcaíno. El tercer libro trata de la «*astrología rústica*» que es la que se infiere por las estrellas segundas o señales naturales, frente a la astrología científica de la que nos informan las estrellas primeras y que trataría de las conjunciones de los planetas, cometas y círculos polares. Así pues, la astrología rústica es la que conoce por la experiencia el labrador y el marinero para pronosticar cuando lloverá y cómo será el tiempo según el agua del mar esté revuelta o en calma, duelan las articulaciones o estén las palmas de las manos resecas. También en este tercer libro se trata de las normas para construir la carta de marear por padrones o por graduaciones.

El cuarto libro es un verdadero tratado de construcción naval donde se pasa revista a todas las reglas de la construcción naval de su tiempo, especificando cómo debe ser el casco de la nave, el tamaño y características de los palos, velas y aparejos, el número y condiciones de los bateles y chalupas que deben llevar las naves, así como la artillería y bastimentos. A continuación se ocupa de las personas que han de gobernar la nave: el capitán, el maestre y el piloto, haciendo especial hincapié en la general impericia de estos últimos cuándo deben dirigir la nave por derrotas desconocidas hasta entonces. Ya en la introducción había asegurado «*por ser los pilotos y marineros que las rigen (las naos) a lo común, gente ignorante y sin letras, no debiendo serlo para negocio de tanto peligro*»[129] y en capítulo XII de este libro vuelve a recalcar:

«*Materia es la del piloto para reprehender tanta ignorancia que comúnmente se ve entre los que toman semejante oficio, sin tener las partes, uso ni abilidad que avia menester para llevar en salvo tantas ánimas, hazienda y cosas como se les encarga*».

El tema de la ineptitud de los pilotos está presente en todos los tratadistas de náutica del siglo XVI y aunque a primera vista se podría pensar en un recurso literario para justificar la necesidad de su obra, la verdad es que respondía a una situación real.

Termina el libro con un *Vocabulario de los nombres que usa la gente de la mar, en todo lo que pertenece a su*

la latitud por la estrella del norte o polar y en el hemisferio sur por el crucero; los problemas planteados por la variación de la brújula, que como es lógico no sabe resolver y que duda en atribuir al imán de las agujas, a algún movimiento del polo o a problemas de la derrota. Hasta varios siglos después no se supo que esa alteración de la aguja magnética era debida al fenómeno del magnetismo terrestre asociado a la gravedad y, sobre todo, que el centro de gravedad iba desplazándose paulatinamente con el paso del tiempo. También explica el autor la forma de calcular arte, *por orden alfabético con unas quinientas voces y locuciones marineras.* Según Julio Guillén,[130] en este vocabulario predominan los términos propios de la navegación atlántica en detrimento de las del Mediterráneo. Nos encontramos aquí con otro regimiento de navegación, con una composición mixta pues el derrotero está sustituido por un tratado, el primero europeo, de construcción naval junto con un vocabulario marítmo. Pervive sin embargo el corpus principal de lo que genuinamente eran estas obras.

–1595. JUAN BAUTISTA LABAÑA. *Regimiento Nautico de Joao Baptista Lavanha, Cosmographo mor. de el Rey Nosso Senhor. Lisboa, con licença do Sancto Oficio. Em casa de Simao Lopez,* 1595. 2 hojs., 37 fols., 8ª.

El autor fue un ilustre matemático, nacido en Lisboa, donde estudió matemáticas que luego amplió en Roma. En 1582 fue encargado por Felipe II de la Cátedra de Matemáticas en la Academia de Ciencias que proyectaba crear.[131] Fue autor del mapa del reino de Aragón, el primero que se realizó en España a base de triangulaciones. Murió en Madrid en 1624.

Su obra, el *Regimiento*, tiene un prólogo-dedicatoria a Felipe II en portugués en el que dice que hizo el regimiento por orden del rey, sacándolo de otro que era más especulativo, para adecuarlo a las necesidades de los pilotos. Le siguen dos prólogos también en portugués: uno dedicado al matemático especulativo, explicándole el propósito del libro y otro al navegante práctico justificando la necesidad en el que se le dan reglas o «avisos» para la navegación. No incluye índice ni tabla de materias.

El autor trata, como es habitual, primero de la esfera celeste y terrestre, sus círculos y partes; del áureo número, fiestas movibles y plenilunios y del calendario perpetuo. Trata luego de las mareas y declinaciones con sus respectivas tablas, de la altura del polo, de los rumbos y de la medida de los grados con una tabla. De esta obra conocemos otra edición de 1606 en Lisboa por A. Alvarez. Picatoste cita además de su *Regimiento* un *Compendio de la geografía ordenada por el erudito varon Juan Bautista Labaña, caballero portugués...,* y *Descripción del Universo* que se encuentran manuscritos en la Biblioteca Nacional de Madrid. De este *Regimiento* se hizo otra edición en 1606 en Lisboa.

Portada del «Arte de la Verdadera Navegación» de Pedro de Siria. 1602.

–1602. PEDRO DE SYRIA. *Arte de la Verdadera Navegación. En que se trata de la machina del mundo, es a saber, Cielos y elementos: de las mareas y señales de tempestades: del Aguja de marear: del modo de hazer cartas de navegar: del uso dellas: de la declinación y rodeo, que comunmente hazen los pilotos: del modo verdadero de navegar por círculo menor: por línea recta sin declinación y rodeo: el modo cómo se sabrá el camino, y leguas que ha navegado el piloto por cualquier rumbo: y ultimamente el saber tomar el altura del Polo. Dirigida a la S.C.R.M. del rey Don Phelippe el Tercero, Señor nuestro. Compuesto por Pedro de Syria, natural de la ciudad de Valencia y Letrado en la dicha ciudad. Impresa en Valencia, en casa de Juan Chry-sostomo Garriz, junto al molino de Rovelle. Año 1602.*

Su autor, Pedro de Siria, era natural de Valencia y cate-drático de Jurisprudencia en aquella Universidad y en el prólogo explica que escribió la obra antes de dedicarse a las leyes.

Su obra consta en primer lugar de la licencia de impre-sión en valenciano, una dedicatoria el rey y otra al lector en la que dice que saca el libro que ya tenía olvidado des-de que se dedicó a la jurisprudencia. Al final del libro in-serta una tablas de los capítulos y una tabla alfabética de las cosas notables que hay en este libro.

El cuerpo de la obra está compuesto por 38 capítulos, de los cuales los 7 primeros tratan de la esfera y el resto de las tempestades, mareas, manera de hallar el número áureo y vientos. Dedica 7 capítulos a la carta de navegar, su uso, manera de hacerla y copiarla y cómo echar el punto en ella. Se detiene a examinar los dos problemas más importantes de la navegación como son el declinar las agujas y el de saber el lugar del navío cuándo se nave-ga de este a oeste o lo que es lo mismo el problema de la longitud en el mar.

Se ocupa en el capítulo XVI sobre la declinación de la aguja magnética y considera que es un problema real, no como algunos que lo atribuyen a defecto de la piedra imán o de la flor de lis sobre la que se apoya y acota lo siguiente: *«se debe tener por cierto el nordestear y noroes-tear de las Agujas, lo qual confirmo de este modo: Cuan-do una dificultad no consiste en sciencia, sino en experiencia, se debe creer a la experiencia, antes que a una razón de qualquier hombre grave».* Esta acertada opinión se opone radicalmente a la de Pedro de Medina, que teoriza sobre el tema sin basarse en la experiencia. Sigue considerando al autor que el polo donde reside la atracción de la aguja es diferente del «polo del mundo» y que sólo coinciden ambos en el meridiano de las Azores para luego separarse. El polo al que mira la aguja de na-vegar no se sabe exactamente donde reside, unos dicen que está en la tierra y que mira a una gran mina de pie-dra imán que está en Dinamarca, pero esto lo duda mu-cho el autor pues entonces tendría que coincidir el meridiano de las Azores con el de Dinamarca, cosa que no sucede. Otras opiniones indican que está situado en

una isla a 73° N. en el mar de Tartaria, en el mismo meri-diano de las Azores; esta opinión le parece a Pedro de Si-ria más acorde con la razón pero concluye que no se ha podido comprobar. Estas consideraciones resultan origi-nales pues se apartan de la creencia general de que el punto de atracción se encuentra en algún lugar del cielo, pero tampoco se avanza mucho pues era imposible con-firmar esto. De todas formas la opinión del autor es que el punto de atracción de la aguja se encuentra a 4° o 5° más alto que el polo del mundo.

Sobre las cartas de navegar asegura que las descripcio-nes universales se deben hacer en dos círculos pues es la mejor manera de representar la verdadera forma del globo terráqueo y que las cartas cuadradas no hacen una repre-sentación conforme por los ángulos rectos que forman que distorsionan la verdadera forma de la tierra, por este mismo motivo desestima las proyecciones ovales que ha-bían proliferado hasta entonces.

-1606. ANDRÉS GARCÍA DE CÉSPEDES. *Regimiento de Nave-gación.* Madrid, Juan de la Cuesta, 1606. 184 fols., tablas y dibujos, 4ª.

El autor era Cosmógrafo Mayor del Consejo de Indias, el cual le mandó hacer este regimiento a la vez que un Pa-drón Real, por lo que estamos en presencia del genuino regimiento que contiene las enseñanzas que se exigían a los pilotos en la Casa de Contratación. El mismo dice que hace el *Regimiento* en cumplimiento de la orden que reci-bió y la *Hidrografía* para explicar el padrón que acababa de hacer. Por lo tanto, se atiene en su temática a lo que era un regimiento y así en el capítulo I habla de la intro-ducción a la esfera, sigue con la manera de tomar la altura del Polo y cómo se hacen las tablas de declinación del sol; en la página 7 dice «en este año de 1594». Continúa dando instrucciones para fabricar los instrumentos de ayu-da a la navegación, el reloj nocturno, la ballestilla, astrola-bio, cuadrante, manera de fabricar la aguja de marear y un instrumento para registrar la variación de la aguja.

En el siguiente capítulo trata de la carta de marear, de la manera de echar el punto en ella y cómo se hacen los troncos de leguas y los problemas de la longitud. La se-gunda parte de la obra la llama *Hidrografía* y en ella tra-ta de explicar detalladamente el nuevo Padrón Real, así que es prácticamente un derrotero para explicar el Padrón

Real o carta universal que incluye en una doble página; dice que Juan Ambrosio de Onderiz no pudo a ir a Sevilla a hacer el padrón porque murió, por lo que el encargo recayó sobre él y que tuvo poca ayuda de los cosmógrafos de la Casa, excepto de Zamorano, ya que Simón Tovar había muerto y Domingo de Villarroel estaba ausente. Sobre el problema de la proyección del globo en una superficie plana como era la carta de marear dice lo siguiente:[132]

«Es práctica común entre algunos, que las partes del mapa que están apartadas de la Equinocial, que en la superficie plana de la carta de marear vienen a ser más distantes unas de otras que no en la superficie redonda del globo, pero cómo se ha de entender esto y de qué manera se ha de acomodar en la superficie plana de la carta de navegar, nadie lo ha tratado».

Sobre los problemas derivados de la aplicación del Tratatado de Tordesillas dice lo siguiente:[133]

«Los pórtugueses han querido escurecer, con intención de que incluían dentro de la demarcación que a ellos les pertenece las islas Molucas y rio de la Plata, acortando en las descripciones de los mapas todo el viaje que ay de la costa del Brasil hasta las islas de Gilolo, caminando por la parte oriental, y aviendose derramado estos mapas por toda la Europa, los extranjeros...han seguido aquellas descripciones en sus mapas y globos».

Ya hemos hablado en otro lugar que cuando Magallanes descubrió las Molucas y se hizo necesario prolongar la línea de demarcación a las tierras orientales, los portugueses, en su intento de demostrar que las Molucas entraban en su zona más de 10°, acortaban el viaje desde Brasil a Gilolo. Céspedes consideraba que *«las dichas islas estaban a más de 24° dentro de las tierras de Castilla»* pero que el problema está actualmente aminorado porque *«se han juntado los reinos este año y según la isla de San Antón, la más ocidental de cabo Verde, vienen a ser 22° 1/3 dentro de la línea de demarcación».*

En otro lugar de la *Hidrografía* continúa con sus alegatos contra los portugueses y dice:[134] *«Todas las cartas que se hacen en Portugal traen erradas estas dos costas del Perú y Brasil, la razón es que por meter el Rio de la Plata dentro de su demarcación, acortan lo que hay de Cabo Frio a la bahía de S. Vicente, por lo cual de necesi-*

dad han de traer el estrecho de Magallanes más al oriente de lo que conviene y que pongan la costa del Perú mal puesta y también la del Brasil, porque la una y la otra se juntan en el Estrecho de Magallanes que no tiene de la una a la otra boca más de 80 leguas, como avemos dicho, y por juntarla con la costa del Brasil, sacan la costa del Perú de su sitio, que es Norte Sur [...] y de aquí viene que pongan la costa de Brasil Nornordeste-Sudueste habiendo de estar Nordeste-Sudueste». Sigue diciendo que las cartas que están en *«el almacén de Lisboa»* están equivocadas.

En el capítulo XIII explica las enmiendas que se han introducido al *«padrón ordinario de la carrera de las Indias»* es decir que sólo han corregido el que interesaba para la navegación. Así pues se enmendó el canal de Bahama, la isla de Jamaica, la ensenada de Samaná en la isla de Santo Domingo, la costa de Honduras, el golfo de Mozambique, la costa de Yucatán, la costa de Caracas, la costa del Perú desde Pto. Viejo hasta el estrecho de Magallanes y la costa de los Bacalaos.

Con el examen del Regimiento de Navegación de García de Céspedes terminamos el de los manuales prácticos para la navegación que se gestaron en el entorno científico de la Casa de Contratación.

Conclusiones

De la vertiente científica de la Casa de Contratación, sobre todo de su faceta como centro productor de cartografía de los descubrimientos españoles, podemos ahora extraer algunas conclusiones muy esquemáticas.

La Casa de Contratación fue una empresa oficial, patrocinada por la corona que no creó escuela, y como la mallorquina y en su faceta cartográfica estuvo orientada a representar las nuevas tierras descubiertas, manteniéndose apartada de la cartografía peninsular. Esta escuela languideció y se extinguió lentamente a lo largo del siglo XVII con la proliferación de las cartas grabadas procedentes de los Países Bajos.

La organización científica de la Casa de Contratación fue posterior a su organización comercial y se fue elaborando y complicando a lo largo del tiempo en virtud de las exigencias y retos científicos que fueron planteando las navegaciones atlánticas.

El órgano político del que dependía la Casa de Contratación era el Consejo de Indias que residía en la Corte y era un elemento de consulta y asesoramiento del monarca.

El objeto de la cartografía de la Casa de Contratación fue fundamentalmente americano y sus pilotos y cosmógrafos proporcionaron información de primera mano sobre América, de la que se sirvió el resto de Europa. Son cartas universales donde está reseñado todo el mundo conocido, siguiendo el modelo artístico, que no científico, de los portulanos. El contorno de América y Filipinas se dibuja con rigurosa exactitud y abundante toponimia; se interrumpe el trazado de la costa en el mismo lugar donde no han llegado las naves descubridoras y no tienen noticias de primera mano. Las cartas europeas, que suelen ser productos de gabinete, siguen un trazado caprichoso e imaginativo del continente americano.

Casi todas las cartas posteriores al regreso de Magallanes tienen dibujada la línea de demarcación del Tratado de Tordesillas, incluyendo en el dominio de España las Molucas en contra de lo que opinaban los portugueses; el contorno y localización de Brasil está más ajustado en las cartas españolas que en las portuguesas, que al hacer que la línea de demarcación se internara en el territorio pretendían alcanzar más cantidad de terreno en América, apoyando geográficamente sus reivindicaciones territoriales. Otra característica de esta cartografía es que no aparece la *«terra incógnita»* de Ptolomeo debajo del estrecho de Magallanes, los sistemas de rumbos están organizados, colocando el centro de ellos en el Ecuador, éste aparece con una escala de longitudes graduada y dibujan siempre los círculos mayores y leyendas geográficas para explicar los descubrimientos más importantes. Representan las Molucas, no sólo en el este sino también en el oeste de la carta para recalcar su pertenencia a España.

En lo referente al Padrón Real creemos que ha quedado claro que era una carta universal donde se representaba todo el mundo conocido y dividido en seis partes; la parte que más se corregía era la que representaba a América y la costa sur de Asia. La información geográfica del continente europeo procedía de las cartas portulanas, la de África de las navegaciones portuguesas, la de América, de los viajes de españoles y portugueses fundamentalmente, y la de Asia, de las noticias de Ptolomeo que se fueron contrastando con las que aportaban los portugueses en Malaca y los españoles en Filipinas y Molucas. La puesta a punto del Padrón Real fue siempre un trabajo colectivo que el Consejo de Indias encargaba a los técnicos de la Casa de Contratación y estaba dirigido por el piloto mayor; era un trabajo siempre muy laborioso y lleno de complicaciones e intereses corporativos.

Las cartas universales que se sacaban de él y que han llegado hasta nosotros, están firmadas o atribuidas con bastante fundamento a los cosmógrafos de hacer cartas, que siempre firmaban con su título oficial.

Los regimientos y libros de navegación trataban de los problemas científicos que planteaba la navegación atlántica a unos marineros poco ilustrados y aferrados a sus tradiciones náuticas, útiles sólo en navegaciones mediterráneas. Los problemas fueron surgiendo pero las soluciones tardaron en llegar. El primero y principal fue la desviación de la aguja magnética, una vez pasado el meridiano de las Azores, que no sabían a qué era debida y lo que es peor, variaba de forma diferente en los distintos lugares del globo. Descubrieron también que los grados de latitud y longitud no eran iguales en la realidad como aparecían en la carta cuadrada o de grados iguales y que no era lo mismo navegar por los meridianos próximos al Ecuador que por los próximos a los trópicos; y por lo que se esforzaron en hallar una proyección que plasmara estas diferencias en una superficie plana. Comprobaron que la posición de la nave la proporcionaban las coordenadas geográficas de latitud que se podía conocer por los astros y por la longitud, que estaba directamente relacionada con el conocimiento de la hora del punto de salida y de la del momento de hacer la medición; pero durante largo tiempo no encontraron un instrumento preciso para medir esta última. Para establecer el rumbo cuando no navegaban por paralelo, es decir recto, necesitaban conocer la velocidad de la nave y esto era imposible en unos mares llenos de corrientes desconocidas y de mareas igualmente extrañas. A todos estos problemas se unía que el rumbo de la nave no coincidía con los paralelos y meridianos y que no era una línea recta sino «globosa». Esto les proporcionó materia para disertar y buscar soluciones que fueran comprensibles para los marinos. De esos temas y muchos más tratan los libros de navegación de la época.

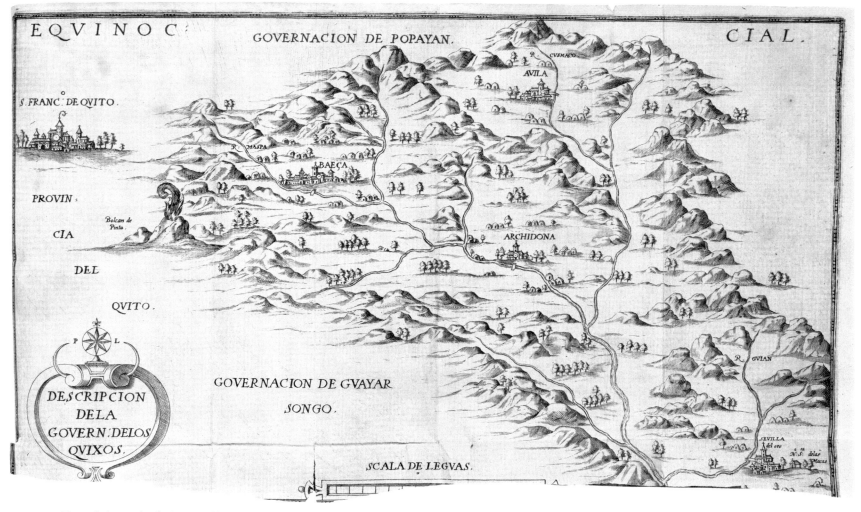

Mapa de la región de Quito. 1599.

El tan comentado secreto oficial de esta cartografía no fue ni mucho menos estricto, a pesar de que hubo varias ordenanzas que lo reglamentaron. La Real Ordenanza del 15 de junio de 1515, dada en Monzón, estipulaba que no se consintiera dar a persona alguna aviso ni carta de marear tocante a las Indias si no fuera por mandato de los oficiales de la dicha Casa de Contratación[135] y por Real Cédula del 17 de febrero de 1540 se ordenaba que sólo pudiesen vender cartas los pilotos y cosmógrafos que estuviesen examinados, residiesen en Sevilla, y que tuvieran licencia para ello; además, las cartas debían estar aprobadas por la Casa de Contratación y sólo podían venderse a las flotas que iban a Indias.

Estas leyes no pudieron impedir que Portugal, por sus reivindicaciones territoriales, opuestas a las españolas, y por estar durante parte del siglo XVII unido a la Corona de España, tuviera acceso ampliamente a esta cartografía. Otro tanto ocurrió con italianos y flamencos que, a través de sus empresas comerciales en Sevilla, obtuvieron gran cantidad de información geográfica, que pasó a los centros científicos de Europa y que han servido

de base a numerosas cartas impresas inspiradas en las españolas.

Tampoco las leyes fueron muy restrictivas con los extranjeros al servicio de España, pues aparte de los Reinel, que trabajaron en Sevilla y luego volvieron a Portugal, el caso más sobresaliente fue el de Sebastián Caboto que después de 40 años al servicio de España se trasladó a Inglaterra a ofrecerse al rey inglés, parece que con la conformidad de Carlos I. Otro tanto pasó con Villarroel, al que se le permitieron frecuentes ausencias de su puesto en Sevilla y que al final se marchó a Francia a vender sus servicios y los conocimientos adquiridos en Sevilla.

En tiempos de Carlos V, el propio emperador regalaba cartas universales a reyes y personas influyentes para apoyar su política frente a Portugal, y el piloto mayor Caboto hacía frecuentes viajes a otras cortes europeas, intrigando para encontrar un nuevo patrocinador para sus empresas, sin que en España se tomara ninguna medida como no fuese guardarle el puesto y pagarle su salario cuando volvía. Caboto consiguió también permiso para grabar en

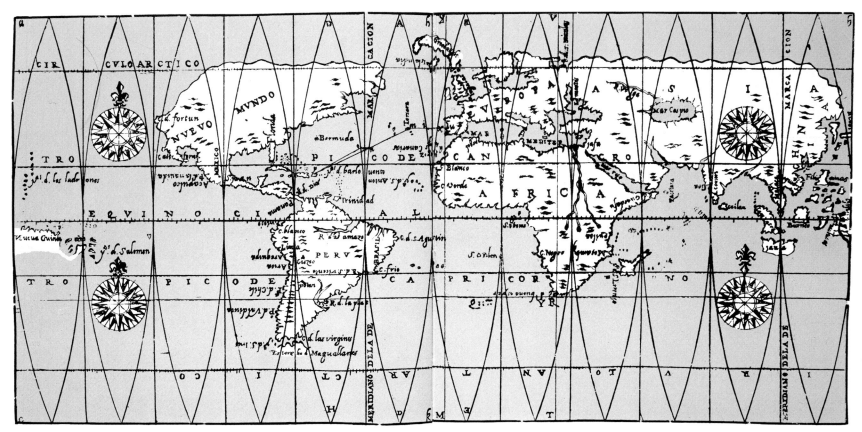

Carta Universal de Andrés García de Céspedes.

Amberes una carta universal, hecha por él, como lo prueba el escudo del emperador que flanquea el ejemplar que se guarda en la Biblioteca Nacional de París.

A partir de la segunda mitad del siglo, coincidiendo con el reinado de Felipe II y con las incursiones de los ingleses en el Pacífico, asistimos a un mayor control sobre la información geográfica de la Casa de Contratación y a la casi total ausencia de extranjeros desempeñando cargos en ella.

Como ya hemos apuntado, los hipotéticos casos de censura del mapa de Fernández de Enciso y del derrotero de Chaves, que ocurrieron en la primera etapa que hemos establecido, no sabemos si estaban claramente motivados por la prohibición oficial o por problemas de competencia científica, pues no se ha encontrado documentación sobre ello en una administración donde todo quedaba anotado. Sin embargo, la prohibición a Escalante de Mendoza de publicar su obra sí está documentada. En 1594

hay un encargo expreso a un piloto mayor para que haga un regimiento de navegación, un derrotero y un padrón general para ser publicados. ¿Qué ha ocurrido para este cambio de política tan radical? Podemos contestar que muchas cosas, entre ellas que era ya imposible controlar la venta de las cartas y que la producción oficial resultaba insuficiente, lo que daba lugar a que se compraran cartas manuscritas hechas en Portugal e impresas en Flandes, que no hay que olvidar que por entonces era otra provincia del imperio.

NOTAS

34. El cargo recayó en Vespucio por ser considerado, de entre sus compañeros, el más práctico en hacer cartas de navegar; así mientras Juan Díaz de Solís, Juan de la Cosa y Vicente Yáñez Pinzón, fueron enviados a descubrir hacia el sur por la costa de Brasil, el navegante italiano se quedó en Sevilla, no sabemos si muy gustoso, realizando tareas burocráticas. Joseph de Veitia y Linaje *Norte de Contratación de las Indias Occidentales*, Sevilla 1671.

35. Para este capítulo y en especial para todo lo relacionado con el piloto mayor y la documentación sobre el tema existente en el Archivo de Indias de Sevilla, hemos seguido el magnífico trabajo de J. Pulido Rubio *El piloto mayor de la Casa de la Contratación de Sevilla*, (Sevilla: Escuela de Estudios Hispanoamericanos de Sevilla, 1950).

36. Ob. cit. Libro II, Cap. IX, pág. 145.

37. AGI. Patronato 2-5-1/6.

38. Clarence H. Harwing *Comercio y Navegación entre España y las Indias en la época de los Habsburgo* (México: 1939), p. 45 y 49.

39. Documento reproducido por Pulido en ob. cit. p. 259. El original en Archivo de Simancas, registro del sello de Castilla, agosto 1508.

40. Consultar sobre este tema. AGI, Indiferente General, 1957, libro 6, folios 12-14 vto.

41. AGI. Legajo, Indiferente General, 421, libro 11, fol. 21-22 vto.

42. El Consejo de Indias se organizó y adquirió autonomía en 1517, aunque anteriormente una sección especial del Consejo Real sirvió de intermediario entre el poder real y la Casa. Sus componentes residían en la Corte y eran mayoritariamente juristas.

43. Por ausencia de Sebastián Caboto, embarcado en su empresa de la búsqueda de la especiería.

44. *Todo esto según la carta moderna fecha por el cosmógrafo Alonso de Chaves el año de 1536, después que por el Emperador Nuestro Señor fueron mandados ver y corregir y examinar los padrones y cartas de marear, por personas doctas y experimentadas, que para ello fueron elegidas. Historia General y Natural de las Indias.* (Madrid: B.A.E, 1959). Vl. 118. T. II, p. 339.

45. Según Pulido a quien estamos siguiendo en este capítulo. Ob. cit. p. 269.

46. AGI. Indiferente General. Libro VI fol. 12 a 14. Citado por Pulido Rubio.

47. *Regimiento de navegación que mandó haser el Rei Nuestro Señor por orden de Su Consejo real de Indias a Andrés García de Céspedes, su cosmógrafo mior siendo presidente en el dicho Consejo el conde de Lemos.* En Madrid. En casa de Juan Cuesta. Año 1606.

48. Distintos documentos del Archivo de Indias refuerzan estas noticias, entre ellos: *1597, mayo 30. Madrid Carta acordada del Consejo de Indias a Andrés García de Céspedes en respuesta a la suya sobre avances de su comisión, encargándole la confección de tres cartas generales y seis padrones particulares, para la Cámara, el Consejo y la Casa, y dándole consignas para cubrir la plaza de piloto mayor y cosmógrafo.* Legajo, Indiferente General, 1957, libro 5, fol. 9 vto.

49. Los documentos de Magallanes y las noticias de los descubrimientos cayeron en poder de los portugueses que capturaron la nave *Trinidad* que volvía a España con todos los diarios de navegación a dar cuenta del hallazgo de las islas del Maluco.

50. Ver el trabajo de Ricardo Cerezo «Aportación al estudio de la carta de Juan de la Cosa» en *Géographie du monde au moyen âge et à la Renaissance.* (París: Editions du C.T.H.S., 1989).

51. Ver el trabajo de A. Magnaghi, *Il planisfero del 1523 dell Biblioteca del Re in Torino.* (Firenze: Otto Lange Editore, 1939).

52. Esta carta ha sido estudiada con detalle por A. Magnaghi en «*La prima rappresentazione delle Filippine e delle Moluche dopo il ritorno della spedizione di Magallano nella carta construita da Nuno García de Toreno*», en «*Atti del X Congreso Geográfico italiano*» Milán, 1927.

53. Pedro Medina lo cita como paradigma de cartógrafo, frente a Diego Gutiérrez en su pleito con éste. García de Céspedes dice de él en la segunda parte del su «*Regimiento de Navegación*» *Nuño García que fue muy grande oficial de hacerlas (las cartas) y trabajó de haber los mejores padrones que pudo.*

54. Carlo Marco Belfanti-Gianna Suitner Nicolini *Carta del navegare universalisima et diligentissima, Il Planifesto Castiglioni.* (Mantua: Stampa publi-Paolini; 1989).

55. *Il planisfero del 1523 della Biblioteca del Re in Torino.* (Firenze: Otto Lange, 1939). Ya citado en nota 51.

56. Véase el estudio y edición facsímil de este documento cartográfico en Carlo Marco Belfanti-Gianna Suitner Nicolini *Carta del navegare universalisima et diligentissima, Il Planisfero Castiglioni.* (Mantua: Stampa publi-Paolini; 1989).

57. *Il planisfero del 1523 della Biblioteca del Re in Torino.* (Firenze: Otto Lange, 1939).

58. Principalmente Roberto Barreiro Meiro que ha sido tan amable de contrastar conmigo sus opiniones.

59. En la «*Relación detallada de los gastos hechos por la armada de Magallanes*» Sevilla 19 de agosto de 1518-20 de septiembre de 1519, en el capítulo de «cartas de marear y quadrantes y estrolabios y agujas y que se dió a la armada» se enumeran 32 cartas todas hechas por Nuño García de Toreno y parece que fue nombrado maestre de hacer cartas de navegar de la Casa un mes después de la partida de la armada como premio por estas cartas.

60. La información geográfica de ambas es la misma al proceder del Padrón Real.

61. Consultar el trabajo de Alberto Magnagphi *Il planisfero del 1523...* Ya citado en notas anteriores.

62. Reproducido en *Atlas of Columbus and the Great Discoveries.* (New York: Rand Mcnally & Company, 1990).

63. La primera parte de la leyenda cosmográfica que aparece en el margen superior derecho de las cartas de 1527, 1529 y 1529 de Ribero dice así: «*Nota que el levante que comunmente llamamos lo que se contiene dende el estrecho de Gibraltar adentro, va asentado y puesto por altura dello por dicho de personas que en algunas partes dél an estado y tomado el sol; en lo demás sigo a los cosmographos que particularmente ablaron de la latitud de algunos lugares, y los grados de longitud en el no pueden corresponder a las partes con que median en la equinocial por la minoridad de los parelelos porque en la Vdad (sic) dende el Cayro al mar Roxo o dende Damasco o Jerusalem al mar pérsico hay muy poco camino y aqui se hace mucho por razón de la minoridad de los paralelos como tengo dicho, por manera que tuve por menor inconveniente esto que no desproporcionar el mar y tierra de levante de como ya está usado y concebido en la mente.*» La segunda parte de la leyenda difiere bastante en los tres.

64. *Portugaliae Monumenta Cartographica.* Reproduçao Facsimilao da Ediçao de 1960. (Lisboa: Impresa Nacional Casa da Monea, 1987). p. 100.

65. H. Harrise, *The Discovery of North America. A Critical, documentary and historic investigation with and Essay on the Early Cartography of the New World, including descriptions of two Hundred and Fifty Maps or Globes existing or lost contructed betore the year 1536.* (Amsterdam: N. Israel, 1961).

66. J.G. Kolh *die beiden ältesten general karten von América...* (Weimar: Geogr. Instity, 1860).

67. A. E. Nordenskiold, *Peripulus an Essay on the Early History of Charts and Sailing-Directions.* (New York: Burt Franklin, sf.)

68. Armando Cortessao. Ob. cit. T. I, p. 105. Según este mismo autor son 53 las leyendas geográficas que se distribuyen en esta carta universal. Ob. cit. T. I. p. 104.

69. Este manuscrito está descrito en el apartado dedicado a los libros de navegación de este mismo capítulo.

70. Ob. cit p. 109.

71. Ver descripción del libro y del derrotero en el capítulo dedicado a los libros de náutica en este mismo trabajo.

72. *Las diferencias de libros que ay en el Universo.* Toledo, 1540. Cap. XVI.

73. E. W. Dahlgren, *Map of the World by Alonso de Santa Cruz, 1542.* (Stockholm: Royal Printing Office, 1892).

74. Obra inédita en su época y publicada por primera vez por A. Blázquez en Madrid 1920; otra edición a cargo de M. Cuesta Domingo, en Consejo Superior de Investigaciones Científicas, Madrid, 1983.

75. M. Cuesta Domingo, edición de 1983, citada en la nota anterior. p. 311.

76. Este libro, bellamante ilustrado, se encuentra en la Biblioteca de la Universidad de Salamanca y ha sido expuesto en la exposición *El siglo de fray Luis de León. Salamanca y el Renacimiento.* Salamanca. Noviembre, 1991-Enero, 1992.

77. Ob. cit. p. 115.

78. El mapa de Sebastián Caboto está construido también siguiendo dos escalas de latitud y la carta de Santa Cruz del *Islario* en la zona de California también tiene una doble escala.

79. José Pulido Rubio. Ob. cit. p. 982.

80. Estas cartas debieron ser muy conocidas pues en 1542 el piloto francés Jean Rotz las denunció también como perniciosas para la navegación y en la misma Biblioteca Nacional de París existe otra carta anónima con doble latitud y mostrando la misma zona geográfica con la signatura Res.Ge. B. 1148.

81. Sobre este tema véase Ursula Lamb. *Science by litigation: a cosmographic feud. Terrae Incognitae, 1,* (1967). p. 40-57.

82. R. A. H. Colección Muñoz. T. XLIV, fol. 7.

83. *Disquisiciones Náuticas.* (Madrid: Imprenta de Aribau, 1879) T. VI. pág. 507.

84. El mapa ha sido estudiado por Henry R. Wagner, «A map of Sancho Gutiérrez of 1551» *Imago mundi* 8 (1951) p. 47-49.

85. Ursula Lamb, «The Sevillian lodestone: Science and circumstance» *Terrae Incognitae,* 19 (1987) p. 29-39.

86. Carta del doctor Hernán Pérez a Su Alteza en 22 de septiembre de 1549. AGI. 143-3-12.

87. «Una carta inédita del Estrecho de Le Maire». *Revista de Indias,* I. 1940. p. 53.

88. Un portulano de Domingo Villarroel de 1589. En *Boletín de Información del Servicio Geográfico del Ejército.* n.º 29.

89. Para una información puesta al día sobre sus obras italianas se debe consultar a Vladimiro Valerio, *La cartografía nell'Italia Meridionale.* Nápoles, Instituto Geográfico Militare, 1992.

90. Pulido Rubio. Ob. cit. p. 638-639.

91. Mi colega Peter Barber, del Departamento de Mapas de la Biblioteca Británica, me ha comunicado gentilmente que el profesor holandés de Historia de la Cartografía, Gunther Schilder ha encontrado otra copia en una biblioteca privada de Alemania del Este.

92. Rodney W. Shirley, *The mapping of the world: Early printed world maps, 1472-1700.* (London: Holland Press, 1983). p. 90-93.

93. Hemos comparado frase por frase la leyenda n.º 7 de ambos mapas, referidas al viaje del Río de la Plata y son indénticas, excepto por pequeñas diferencias gramaticales.

94. Martín Fernández de Enciso, *Suma de geografía que trata de todas las partidas y provincias del mundo: en especial de las Indias, y trata largamente del arte del marear: juntamente con la espera en romance: con el regimiento del sol y del norte: nuevamente hecha. Sevilla, por Jacobo Cromberger, 1519 por el licenciado Martín Fernández de Enciso.* Fol. XXX, LX y LXVIII.

95. Para este punto concreto, como para el estudio en general del mapa, consultar Harry Kelsey «The Planispheres of Sebastian Cabot and Sancho Gutierrez» *Terrae Incognitae,* 19 (1987).

96. Kelsey, Ob. cit. p. 41-58.

97. Reproducida por J. T. Medina en *El veneciano* 98. *Sebastián Caboto al servicio de España y especialmente de su proyectado viaje a las Molucas por el Estrecho de Magallanes y al reconocimiento de la costa del continente hasta la gobernación del Pedrarias Dávila.* 2 vol. (Santiago de Chile: Imprenta y Encuadernación Universitaria, 1903). Doc. XXV. p. 506-507.

98. «Tratado que ha doutor Pedro Nunez fez sobre certas duvidas da navegao: dirigido al rey nosso Senhor» en *Tratado da sphera como theorica do sol y do lua. E o primeiro oliuro da Claudio Ptolomeo Alexaandrino.* (Lisboa: Manuel da Costa, 1537).

99. Los Cromberger tenían también una importante imprenta en Sevilla de donde salieron las obras de Fernández de Enciso y Falero, entre otras muchas. Juan Croberger fue el introductor de la imprenta en el Nuevo Mundo.

100. Kelsey, ob. cit. p. 53-54. Si nos atenemos a la opinión, sin duda parcial de Pedro de Medina, los errores serían imputables solamente a Caboto pues lo califica así: *él es hombre que nunca fue maestre ni piloto ni aún marinero, ni sabe ciencia ni estudio, ni sabe esfera ni entiende latín, ni lo sabe leer ni aún apenas romance.* Prólogo de Angel González Palencia al *Libro de las grandeza y cosas memorables de España y Libro de la Verdad.* Madrid, 1944. p. XV.

101. *Declaratio chartae novae navigatoriae domini almirantis* (Nuremberg: Joannes Petreius, ca. 1548) en Hutington Library 8953. San Marino California. Otro ejemplar en Universitats Bibliothek München, sig. 4H aux. 1270:6.

102. Huerta dice que se encontraba el original en la biblioteca del conde de Villaumbrosa que era presidente del Consejo de Indias en esa época pero no hay más noticias sobre ello. *Biblioteca Militar española.* p. 118.

103. «Noticia de algunas cartas de marear manuscritas de pilotos españoles que están en bibliotecas extranjeras» Apéndice a la Disquisición décimoxexta de las *Disquisiciones Náuticas.* (Madrid: Imprenta de Aribau, 1879). Vol. IV. p. 275-286.

104. Sin embargo la fecha que le atribuye de 1670 no es correcta pues como Pulido ha puntualizado el presidente Pedro Niño de Guzmán ejerció su cargo en 1654 que es cuando verdaderamente se imprimió la carta de Ruesta.

105. Ver Pulido. Ob. cit. p. 839 y sig.

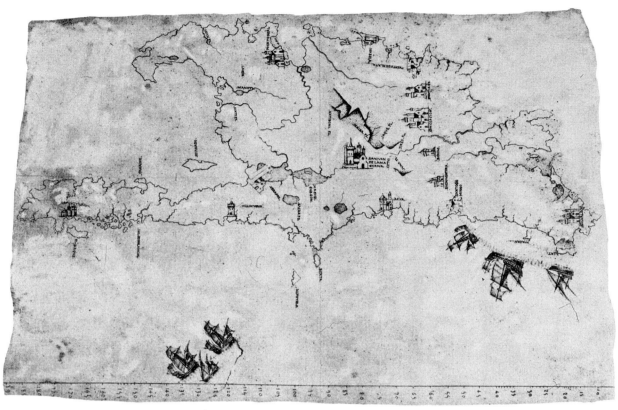

Carta de la Española de Andrés de Morales.

106. Está reproducida por primera vez en España en Duque de Alba, *Mapas Españoles de América. Siglos XVI-XVII.* Madrid: 1951.

107. Sobre el uso de instrumentos náuticos y demás cuestiones técnicas consultar, J. M. López Piñero *El arte de navegar en la España del Renacimiento.* (Barcelona: Ed. Labor, 1979).

108. *Descripción geográfica y derrotero de la Región Austral Magallánica... Compuesto por el capitán D. Francisco de Seixas y Loveras. En Madrid: Por Antonio de Zafra, criado de Su Magestad. Año de 1690.* p. 6.

109. Consultar el estudio de M. Cuesta Domingo en *Suma de Geografía* de Martín Fernández de Enciso. (Madrid: Museo Naval, 1987).

110. Para las distintas ediciones de libros de náutica consultar, *Libros de náutica, cosmografía y viajes de la sección de raros del Museo Naval* (Madrid: Museo Naval, 1972).

111. Ver Julio Guillén, «Un mapamundi grabado en 1519 desaparecido» En *Boletín de la Real Academia de la Historia, 1970.* Cuaderno II. p. 9-13.

112. Fernández de Navarrete en su *Biblioteca Marítima* dice que es una obra sumamente rara y que en España sólo hay dos ejemplares, uno en la Biblioteca Nacional y otro en la Academia de la Historia. El que hemos consultado nosotros se encuentra en la Biblioteca del Museo Naval.

113. Esta obra no llegó a publicarse en su tiempo, el manuscrito permaneció inédito en la Academia de la Historia de Madrid hasta 1984 en que fue publicado por el Instituto de Historia y Cultura Naval, vinculado al Museo Naval de Madrid, con un interesante estudio de Paulino Castañeda, Mariano Cuesta Domingo y Pilar Hernández Aparicio.

114. Estudio preliminar de Paulino Castañeda, Mariano Cuesta y Pilar Hernández del *Quatripartitu en cosmografía práctica, y por otro nombre espejo de navegantes,* (Madrid: Instituto de Historia y Cultura Naval, 1983), p. 36.

115. Era cosmógrafo de honor de la Casa de la Contratación. Véase su vida y relaciones científicas en el prólogo de Ángel González Palencia al *Libro de las grandezas y cosas memorables de España y Libro de la Verdad* Madrid, 1944.

116. Cuando ya estaba en prensa este libro, ha salido a subasta en París, procedente de una biblioteca particular un manuscrito desconocido de Pedro de Medina titulado «*Nuevo regimiento de la altura del sol y del norte. Ordenado por reglas, declaraciones e figuras. Con un lunario perpetuo e otras addiciones a la buena navegación necessarias. Dirigido al muy noble y sapientisimo Señor D. Fernando Colon por Pedro de Medina vezino de Sevilla. Veinte días de mayo año de la salud del mundo de MDXXXVIII*», que no dudamos debió ser el que fue vetado por oficiales de la Casa de Contratación.

117. González Palencia. Ob. cit. p. XV.

118. Ver la introducción de J. Guillén a *Libros de Náutica, Cosmografía y Viajes,* citado más arriba.

119. *Crítica al regimiento de Navegación de 1563 de Pedro de Medina.* (Cádiz: Imprenta de la Revista Médica. 1987).

120. Uno se titula: *Suma de Cosmografía que contiene muchas demostraciones, reglas, avisos de Astrología, Filosofía y Navegación. Facela el maestro Pedro de Medina, vezino de Sevilla: el que compuso el Arte de Navegar, 1561.* Es un manuscrito en folio menor con dibujos a pluma e iluminado en oro y colores, tiene 27 capítulos y muchas figuras de astronomía y náutica. Del original, que se encuentra en la

Biblioteca Colombina de Sevilla, existe una edición facsímile con un prólogo de Rafael Estrada, en Sevilla 1947, editado por la Diputación de Sevilla.

En la Biblioteca Nacional en la sección de manuscritos, sig. res. 215, existe una *Suma de Cosmografía fecho por el maestro Pedro de Medina.* Es un bello manuscrito en folio mayor, sin fecha. Antes del título aparece la carta general de la que hemos hablado en otro lugar de este mismo capítulo. Después de la portada siguen once folios con las letras mayúsculas iluminadas en oro, con los siguientes temas que están expuestos en el folio izquierdo mientras el dibujo que los ilustran aparecen a la izquierda y son los siguientes: Compusición del mundo, sphera del mundo, altura del polo, entrada del sol en los signos, diferencias del altura del sol, declinación del sol, reglas del altura del sol, cuenta de la luna, de las mareas como vienen, de la aguia del marear, relox del Norte. En las guardas del manuscrito aparecen pegados varios grabados de figuras alegóricas sobre el paso del tiempo.

121. Esta obra no se publicó en su tiempo y permaneció manuscrita en la Biblioteca Nacional de Madrid hasta 1985 que fue publicada por el Museo Naval de Madrid con una introducción de Roberto Barreiro Meiro. Sin embargo es citada a menudo por sus contemporáneos, como paradigma de conocimientos náuticos.

122. Este tratado es pues anterior al de García de Palacio de 1587 y a la de Tomé Cano de 1611, pero como ya hemos hecho notar, permaneció inédito como el resto de la obra de Escalante de Mendoza.

123. Museo Naval, ms 523, p. 452-454. Cuando ya estaba en prensa este libro, el Ministerio de Cultura español ha adquirido, procedente de una colección particular, un manuscrito que parece ser la versión definitiva del Itinerario de Navegación, ya que incluye los dibujos originales que faltan en el manuscrito de la Biblioteca Nacional de Madrid.

124. Baltasar Vellerino de Villalobos *Luz de navegantes donde se hallarán las derrotas y señas de las partes marítimas de las Indias, Oslas y Tierra Firme del Mar Océano.* (Madrid: Museo Naval, 1984). Edición Facsimil del manuscrito original de la Biblioteca Universitaria de Salamanca. Edición y estudio a cargo de Luisa Martín-Merás.

125. Según Vicente Sánchez Muñoz en la introducción a la edición facsimil del *Arte de navegar* de Zamorano. (Madrid: Instituto Bibliográfico Hispánico, 1973).

126. Baltasar Vellerino de Villalobos. Ob. cit.

127. Se encuentra en el Museo Naval, n.º 87 de la obra *Libros de náutica, Cosmografía y Viajes,* ya citada.

128. Martín Fernández de Navarrete. *Biblioteca Marítima Española, obra póstuma de Martín Fernández de Navarrete.* (Madrid: Imprenta Vda. de Calero, 1851). 2 vl. Felipe Picatoste, *Apuntes para una biblioteca científica española del siglo XVI.* (Madrid: Imp. M. Tello, 1891).

129. Instrucción Náutica. f. 6.

130. Prólogo a la «Instrucción Náutica», (Madrid: Colección de Incunables americanos. Ediciones de Cultura Hispánica, 1944).

131. Ver el artículo sobre Juan de Herrera en Picatoste y Rodríguez. Ob. cit. p. 144-152.

132. Regimiento. p. 117. vto.

133. Regimiento. p. 128.

134. Regimiento. p. 155.

135. AGI. Indiferente general. Registro 1500-1513. fol. 110.

Dibujo de un barco, en la carta de Sicilia de Juan Martínez. 1587.

VI

LA CARTOGRAFÍA NÁUTICA ESPAÑOLA
EN LOS SIGLOS XVIII Y XIX

En la primera mitad del siglo XVIII, las cartas se siguen construyendo con los mismos recursos técnicos y conservan más o menos las misma características de los siglos anteriores, resumiendo las grandes conquistas de la cartografía moderna.

Los sucesivos descubrimientos de españoles, portugueses, holandeses e ingleses se reflejan en las cartas y se van rectificando en ellas los conceptos de longitud y latitud. Se colocan los diferentes accidentes geográficos cada vez con menor margen de error, debido a esas mismas navegaciones y a los derroteros que producían. Perduran las cartas muy ornamentadas y trazadas por el sistema de rumbos a las que se les había añadido una escala de latitud y la representación de los círculos mayores; son aún, en su mayor parte, cartas planas o de grados iguales; estas cartas conviven con las llamadas «cartas esféricas» construidas según el sistema de Mercator.

Estos aparentes arcaísmos no impidieron un continuo perfeccionamiento de los aspectos técnico-cartográficos y de los instrumentos de navegación, aunque se tropezaba con el principal problema, el de determinar la longitud en el mar. Se sabía desde los tiempos de Cristóbal Colón que la hora variaba según se cruzaban los distintos meridianos, por lo que, conociendo la hora del meridiano de partida y comparándola con la hora local, obtenida por observaciones astronómicas en el mar, la diferencia entre una y otra, traducida a unidades de arco de meridiano, proporcionaba la longitud del lugar. El problema se planteaba por la imposibilidad de encontrar relojes de gran precisión, pues un minuto de diferencia horaria equivalía a 15 minutos de arco de meridiano, o lo que es lo mismo 28 km sobre el Ecuador. No es hasta finales del siglo XVIII cuando se consiguen cronómetros lo suficientemente precisos para resolver el problema planteado.

En los siglos XVII y XVIII, el protagonismo de la actividad descubridora y cartográfica, ostentado hasta entonces por

españoles y portugueses, se desplaza a Inglaterra y Francia. Sin embargo, la navegación oceánica constante con América y Filipinas, sigue impulsando permanentes mejoras y evidentes avances, no sólo en los sistemas de navegación sino también en los levantamientos cartográficos.

En la segunda mitad del siglo XVIII, coincidiendo con la llegada de los Borbones al trono de España, se inició un lento despegue de las actividades científicas que en el aspecto cartográfico se plasmaron en varios proyectos, de los cuales algunos fructificaron mientras otros se quedaron sobre el papel, aunque todos sirvieron para crear una infraestructura científica en la Marina.

PROYECTOS CARTOGRÁFICOS
DE LA MARINA ILUSTRADA

El proyecto de la carta de España de Jorge Juan

Encontramos la primera mención de la carta oficial de España en una exposición, sin fecha, que hizo el marqués de la Ensenada al rey.[136] En la que dice lo siguiente respecto a las cartas geográficas:

«No las hay puntuales del reino y sus provincias, no hay quien las sepa grabar, ni tenemos otras que las imperfectas que vienen de Francia y Holanda. De esto proviene que ignoremos la verdadera situación de los pueblos y sus distancias, que es cosa vergonzosa. En Francia trabajan continuamente en perfeccionar las suyas midiendo una y muchas veces los terrenos, en que han adelantado mucho, dirigiendo estas operaciones el famoso Casini, el joven. Conviene que en España se practiquen bajo las reglas que han proyectado D. Antonio Ulloa y D. Jorge Juan, a cuyo fin se fabrican en París y Londres los instrumentos necesarios, y algunos ya están en Madrid».

NVEVA VERA CRVZ

VIVORA

HAVANA

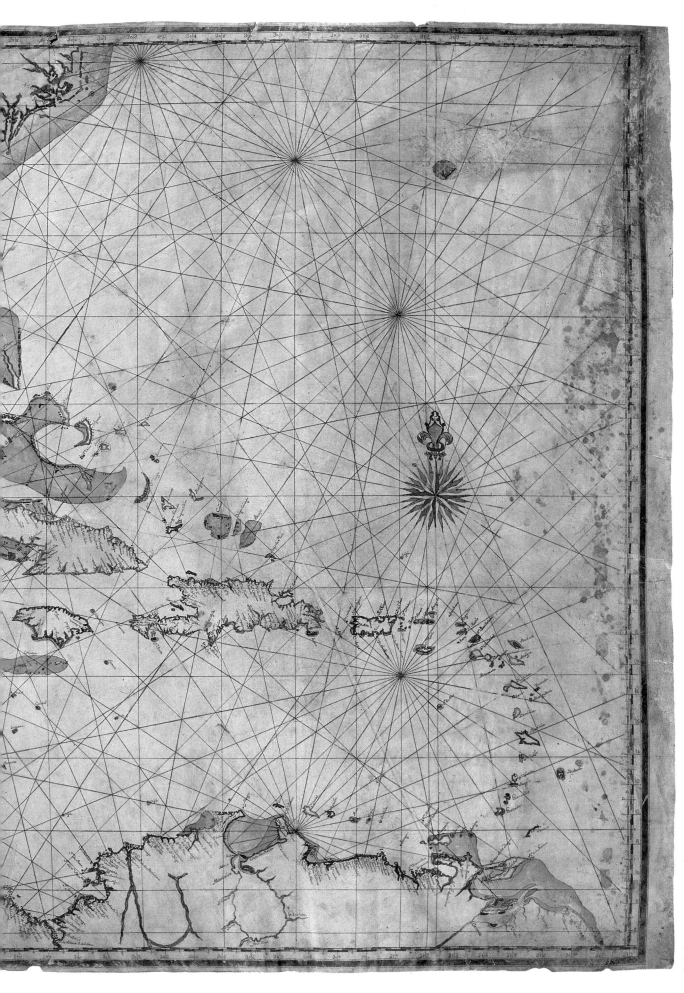

*Carta estilo portulano de
las Antillas y Seno
Mexicano. 1745.
Antonio de Mattos.
Museo Naval de Madrid.*

Mapa de las Islas Filipinas por el padre Murillo Velarde. 1774. Museo Naval de Madrid.

Jorge Juan fue el primer técnico ilustrado que tuvo la Marina, en la primera mitad del XVIII. La mayor parte de los proyectos innovadores, tendentes a reformar la Marina, pasaron por sus manos. Era, como dice Espinosa y Tello en las *Memorias de la Dirección de Hidrografía*, el *«oráculo del Gobierno»*. Dirigió las obras de los arsenales, informó sobre la construcción de navíos y sobre la fabricación de lonas y jarcias, después de viajar a otros países para estudiar los adelantos en estas materias. Organizó el plan de estudios de las Compañías de Guardias Marinas de Cádiz y escribió un moderno tratado de navegación para mejorar la enseñanza en esta academia. Siendo director del Seminario de Nobles, estableció su nuevo plan de estudios. Informó también sobre las minas de azogue de Almadén, sobre las de plomo de Linares y sobre las fábricas de artillería de la Cavada. Planteó la necesidad de crear una Academia de Ciencias y propuso soluciones para mejorar el calado del puerto de La Habana. En 1770 Jorge Juan sería el primero en sugerir la creación de un Depósito Hidrográfico, como se había hecho en Francia. El importante bagaje científico adquirido por Jorge Juan en las operaciones astronómicas y geodésicas de la medición del meridiano le hicieron el más capaz para elaborar el primer plan sobre la carta oficial de España.[137]

Creemos que el proyecto de un levantamiento cartográfico de España, encomendado a Jorge Juan, estaba muy adelantado cuando Ensenada hizo esta exposición al rey, aunque no está claro si la idea surgió del ministro o del marino; en cualquier caso, el proyecto se planteó a imagen y semejanza de lo que se estaba haciendo en Francia.

Este plan se presentó a la Secretaría de Estado y del Despacho Universal de Marina hacia 1751, pero con la caída de Ensenada quedó archivado. Se proponía en él la medición de un triángulo geodésico en el centro del reino y a partir de éste, levantar ocho series de triángulos que fueran por los ocho rumbos de la aguja náutica hasta los extremos del país y, a la vez, ir sacando los detalles del terreno incluido dentro de ellos. Se detallaban los instrumentos que serían necesarios, así como el personal cualificado que formaría ocho compañías, cada una de ellas integrada por cuatro *«sujetos inteligentes»* y otros dos *«no tan inteligentes»*; nombrándose entre los primeros a un director particular que debería dar cuenta a su vez a un director coordinador de los trabajos.

Escudo de la Escuela de Pilotos de Cádiz. Museo Naval de Madrid.

El *Atlas Marítimo de España* de Vicente Tofiño de San Miguel

Después de este primer proyecto cartográfico protagonizado por Jorge Juan, que no fructificó por la razón ya indicada, pasamos a examinar otro proyecto que pudo llegar a su término con notable éxito; nos estamos refiriendo a los trabajos de Tofiño para formar el *Atlas Marítimo de España*.

La gestación del *Atlas Marítimo de España* tuvo un inicio casual, sin un plan preconcebido, fue también un reflejo de los levantamientos marítimos de los franceses y estuvo motivado por las necesidades prácticas de la navegación.[138]

El origen de este proyecto se encuentra en una petición del gobierno francés que en 1776 solicitó al español permiso para que sus científicos hicieran mediciones astronómicas en las Canarias y otras posesiones africanas. El gobierno español contestó afirmativamente y comisionó a José Varela y Ulloa para que acompañara a la expedición francesa, dirigida por M. Borda, oficial de marina, al mando de la fragata *Boussole*. Como consecuencia de esta expedición, el marino español hizo un derrotero de las islas Canarias y levantó dos cartas de las costas de África desde Cabo Espartel a Cabo Verde. El encargo de la revisión de estos trabajos para su publicación recayó en Vicente Tofiño de San Miguel, director de la Academia de Guardiamarinas de Cádiz y de las recién creadas del Ferrol y Cartagena.[139]

A través de la correspondencia de este oficial con el ministro Valdés podemos comprobar que se pretendió primero completar las dos cartas de Varela con otra del estrecho de Gibraltar hasta el cabo de San Vicente, así lo reflejan las órdenes evacuadas. Este plan se fue ampliando y más tarde desembocó en una serie de campañas hidrográficas que se desarrollaron desde el verano de 1783 hasta el de 1786 con toda clase de medios humanos y materiales, proporcionados por la cantera científica que era la Academia de Guardiamarinas de Cádiz. Sobre el método utilizado en estos levantamientos José Vargas Ponce dice lo siguiente:[140]

Portada del «Atlas Marítimo de España», de Vicente Tofiño.

«*Atendidos todos los métodos puestos en práctica por los Cuerpos y Navegantes de más nombre en semejantes expediciones, se convino desde luego en que el mejor para asegurar su éxito era combinar en lo posible las operaciones terrestres con las marítimas, y que levantando nuestras orillas con una serie de triángulos continuados, desde el primero, cuya base se midiese con exactitud, la consiguiesen todas ellas, que es el mismo orden que los célebres Picard y La Hire siguieron en su carta de Francia: que además se establecería el observatorio en todos los puntos principales, para que observando con seguridad los eclipses de Satélites que se presentasen, tuviese toda la mayor posible la longitud de los lugares, que quedasen establecidos*».

Añade este autor que los instrumentos astronómicos se habían traído de Inglaterra, con lo que nos encontramos que en estas comisiones las ideas se importaban de Francia y las técnicas de Inglaterra.

En 1787 apareció el *Derrotero de las costas de España en el Mediterráneo y sus correspondientes de África para inteligencia y uso de las cartas esféricas* y un atlas con 15 car-

tas del Mediterráneo. En 1789 salió el *Derrotero de las costas de España en el Océano Atlántico y de las islas Azores o Terceras para inteligencia y uso de las cartas esféricas* y un atlas de 30 cartas con el título de *Atlas Marítimo de España* que tuvo un éxito inmediato en toda Europa como lo demuestran las numerosas ediciones que se hicieron en Francia e Inglaterra.

De los trabajos para levantar la carta esférica de las costas de España se pudo deducir la medida exacta del territorio español, que resultó ser de 10.891 leguas cuadradas de 8.000 varas cada una, siendo este resultado el más importante que se obtuvo de todos los grandes proyectos para realizar una carta geográfica del territorio en el siglo XVIII.

El derrotero europeo de José Mendoza y Ríos

Pasaremos revista finalmente al último proyecto cartográfico que, como los anteriores, tiene nombre propio. Nos estamos refiriendo al proyecto de un derrotero de las

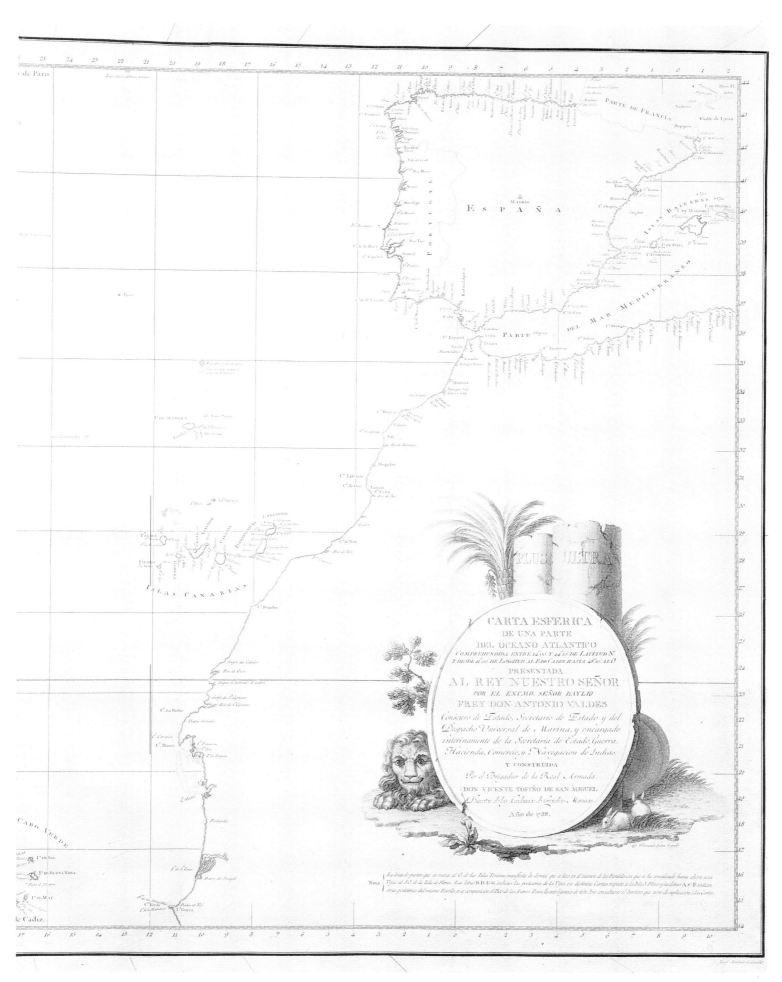

Carta general del «Atlas Marítimo de España» de Vicente Tofiño.

costas europeas, planteado por el capitán de navío D. José Mendoza y Ríos. Vamos a examinar con detenimiento tanto el plan como sus circunstancias por ser el más desconocido de todos y el que hoy suscita mas interés.

Había nacido Mendoza[141] en Sevilla hacia 1760. En 1776 pasó a la Armada, procedente del regimiento de dragones del rey, donde además de su carrera militar, interrumpida por diversas enfermedades, desarrolló un interés por los estudios científicos. En 1787 se le encomendó que, una vez restablecida su salud, pasara a la Corte para ocuparse de corregir para la imprenta su *Tratado de Navegación* que publicaría ese mismo año en Madrid en la Imprenta Real. De 1789 hasta 1792 residió en París, ocupado en distintas comisiones. A mediados de 1792 viajó a Londres, de donde no quiso regresar cuando comenzó la guerra con Inglaterra, siendo desposeído en 1800 de su rango y de todas sus prerrogativas como oficial de la Armada a instancias del Ministerio de Estado. En 1816 se suicidó en Brighton, debido, al parecer, a problemas familiares.

La primera mención de Mendoza acerca de la necesidad de realizar un derrotero de las costas europeas la encontramos en las conclusiones de su *Tratado de Navegación*. Aprovechando el éxito de esta obra y la buena consideración de sus superiores, expuso el 28 de febrero de 1788 un informe al ministro Valdés en el que solicitaba viajar por distintos países europeos y recoger documentación cartográfica para elaborar dicho derrotero. El plan, que era muy detallado, preveía recorrer las costas occidentales y septentrionales de Francia, Italia, Grecia, Inglaterra, Países Bajos, Dinamarca, Suecia, Rusia, Polonia y Alemania. Los motivos que le inducían a hacer esta petición era que los médicos le habían recomendado suprimir toda actividad intensa y continuada y tomar *«los aires de Europa»*, además de intercambiar ideas con los sabios de otros países. Añadía que aunque sólo se consiguiera formar una extensa colección de cartas náuticas, la comisión ya valdría la pena. Y ya en 1786, D. Francisco Gil y Lemos, entonces director de la Academia de Guardiamarinas de Ferrol, había elevado un plan a Valdés recomendando que se enviasen dos oficiales de reconocido prestigio científico durante dos años a París y a Londres para informarse cerca de los embajadores de las novedades científicas referentes a la marina y trasmitirlas a la Corte, así que Mendoza fue llamado a Madrid para que presentara un nuevo plan que tuviera en cuenta el de Gil y Lemos. En el nuevo plan, que entregó el 13 de noviembre de 1788, los objetivos eran mucho más ambiciosos pues se trataba de adquirir conocimientos que hicieran posible el adelantamiento de los distintos ramos que abrazaba la marina. Este plan fue sometido a distintas autoridades de Marina para que lo enriquecieran con sus sugerencias.

A la luz de esta nueva situación, Mendoza amplió los objetivos de su plan, consideró que era necesario formar una Biblioteca de Marina y un Depósito Hidrográfico en la Nueva Población de San Carlos. Para este fin se encargaría de recoger material en el extranjero mientras que Fernández de Navarrete y Vargas Ponce fueron comisionados para copiar en los archivos españoles toda la documentación relativa a la Marina, comisión que ambos llevaron a cabo felizmente. En cuanto a Mendoza, Valdés consideró que los países más apropiados para esta comisión serían Francia e Inglaterra, proporcionándole para llevarla a buen término toda clase de facilidades tanto monetarias como de personal. En este sentido Mendoza consiguió que le acompañara a París D. José de Lanz y que le fuera cedido el teniente de brulote Erasmo Somaci como dibujante cuando estaba ya destinado a la expedición de Malaspina.

Hay que señalar aquí que la correspondencia de Mendoza deja traslucir un claro afán de actuar en solitario y sin ninguna cortapisa, lo que define un carácter soberbio e independiente. Envió de regreso a Somaci por no atenerse a sus órdenes, y cuando José de Lanz recibió órdenes de volver por estar poseído por *«una pasión que no pudo dominar»*,[142] no solicitó a nadie más e incluso recomendó que los oficiales que debían salir a Europa a instruirse, esperaran a tener terminado el curso de estudios mayores y a que finalizara su propia comisión.

En 1789 Mendoza llegó a París, gozando de una gratificación personal que doblaba su sueldo, más 600.000 reales anuales para adquisiciones, que procedían 300.000 de las consignaciones de los departamentos marítimos y 300.000 del Ministerio de Indias, proporcionados por los gremios para formar bibliotecas en los colegios de San Telmo. Desde París viajó Mendoza a Inglaterra y Holanda, donde adquirió una colección completa de cartas holandesas de la India Oriental. En Francia fue nombrado académico de Ciencias y llegó a ser el interlocutor científico del gobierno francés cerca del español.

En 1790 Mendoza expuso un nuevo plan y propuso la creación de un Museo de Marina en la Nueva Población de San Carlos que constaría de los siguientes departamentos:

Biblioteca general de impresos y manuscritos.

Colección hidrográfica.

Gabinete de Física experimental.

Gabinete de Química y su laboratorio.

Gabinete de Mecánica.

Gabinete de modelos de los buques, obras, máquinas, proyectos y demás relativo a la Marina.

Gabinete de Historia Natural,
reducido por ahora al de Mineralogía y Maderas.

Obrador de instrumentos.

Este plan, sometido a la opinión del general Mazarredo fue muy elogiado por éste, por considerar que conduciría a la ilustración de los individuos del cuerpo de la Armada, aunque se mostraba partidario de que ésta sólo se extendiera a una reducida élite:[143]

«Bastan a la Armada, tal vez bastarían a la Nación toda, dos, tres hombres eminentes cuyo descuello fuese la corona de diez o de quince magistrales y estos con sus revisiones y votos la enmienda o el sello de las tareas, proyectos y operaciones de otros treinta o quarenta Matemáticos de segundo orden».

Así pues, aprobado su nuevo plan con todos los beneplácitos del poder, logró Mendoza una ampliación de las gratificaciones que ya cobraba por su comisión científica. En 1792 Mendoza alegando las dificultades revolucionarias de Francia y considerando que su comisión allí estaba ya finalizada, pidió permiso para trasladar su comisión a Londres. También en Londres alcanzó Mendoza una reputación científica y llegó a ser miembro de la Academia de Ciencias.

En 1794 debía estar muy avanzada la colección hidrográfica pues escribió a Valdés recomendándole que, siendo ésta la parte más importante del Museo de Marina se debía ya nombrar a los oficiales que se iban a encargar de

ella y recomendaba a Espinosa y Tello y a Bauzá que se debían poner en contacto con él para organizarla.

Otras comisiones de Mendoza: la Comisión de Estado

En 1796 Godoy encargó al embajador en Londres, Simón de las Casas, que adquiriera para la Primera Secretaría de Estado, instrumentos de medición que servirían para establecer las fronteras entre los territorios americanos de España y Portugal y una colección completa de mapas y cartas marinas, además de otros encargos para el recién creado Observatorio Astronómico de Madrid. El embajador recurrió a Mendoza que estaba allí destacado por Marina para un asunto similar y no dudó en trasladar a éste su propia comisión poniéndola *«al cuidado de Mendoza bajo mis órdenes»*, recibiendo el oficial de Marina un sueldo o gratificación por este trabajo. Sorprendentemente, Mendoza, que tanto había demorado la comisión de Marina y reclamado continuamente nuevos aumentos del presupuesto, remitió a España ese mismo año de 1796, 60 cajones de mapas y libros, tres globos y un planetario, además de un índice detallado de todas las cartas y derroteros y otro de libros de geografía y viajes.[144]

El embajador Simón de las Casas encargó también a Mendoza las gestiones para la construcción de un telescopio de 25 pies de diámetro para el Observatorio Astronómico de Madrid que debía hacer el reputado astrónomo Herschel, el cual estaba ya construyendo por cuenta de la Marina uno más pequeño para el Observatorio de San Fernando.[145]

Por su parte, Juan Ignacio Gardoqui, que tenía orden del Ministerio de Hacienda de formar una colección completa de instrumentos de minería para el Real Colegio de Minería de México, recurrió asimismo a Mendoza para que los adquiriera en Londres.

De estas tres comisiones que hemos señalado está documentado el feliz resultado de las dos primeras. El telescopio de Herschel llegó a España en 1804, junto con una serie de planos hechos por el mismo Mendoza para su montaje y una explicación que se encuentran actualmente en el Observatorio Astronómico de Madrid. Parece que el telescopio se utilizó hasta que en la Guerra de la Independencia fue destrozado y hoy sólo se conserva un espejo de él en el mencionado centro. No hemos podido documentar, sin embargo, el resultado de la tercera comisión, quizás se encuentre material en algún otro archivo español o mexicano.

Problemas derivados de la comisión de Mendoza

En febrero de 1796 el nuevo ministro de Marina, Pedro Varela emitió un informe, a solicitud de la Secretaría de Estado, muy desfavorable para Mendoza;[146] en él se le acusaba de no haber desempeñado su comisión como se le mandó. Consideraba el ministro que en la Marina había un exceso de conocimientos científicos en detrimento de los verdaderos fines de una marina de guerra y que debía haberse atendido a las primeras necesidades del cuerpo, antes de poner las bases científicas para un futuro desarrollo técnico.

Señalaba Varela que el plan de Mendoza era excesivamente ambicioso y sus fines no todos convenientes a la Marina; pero que si se hubiera limitado a comunicar los adelantos técnicos de las otras marinas, ahora estos conocimientos se hubieran podido aplicar a la guerra que mantenía España con Inglaterra. Lamentaba también que, al no haber Mendoza presentado aún los resultados de su comisión, no se podía por tanto apreciar si los crecidos gastos que ésta había ocasionado se correspondían con los resultados. Pedía finalmente que se repartiesen los libros e instrumentos adquiridos por las distintas escuelas de guardiamarinas y que se suspendiese la comisión, ordenando volver inmediatamente a Mendoza ya que no debía permanecer en un país enemigo. Así pues los mapas, cartas, libros de viaje y derroteros pasaron al recién creado Depósito Hidrográfico; los instrumentos, al Observatorio de Marina y no se contrató a los técnicos que con tanto esfuerzo habían ido a formarse al extranjero.

Como consecuencia de este informe, el 25 de septiembre de 1796 Mendoza pidió al ministro de Marina ser separado del servicio y que se le concediese el retiro, conservando su sueldo y rango, debido a su mala salud y a su necesidad de curarse en cualquier parte de Europa. Añadía que los resultados de su comisión los enviaría en cuanto mejorase su salud.

A partir de 1799, hay una serie de despachos cruzados entre las Secretarías de Estado y de Marina y de ésta con Mendoza donde se le conminaba a dejar su comisión en manos de Manuel de la Torre, encargado del canje de prisioneros de guerra, y volver a España. En mayo de 1800 por orden de la Secretaría de Estado se le dio de baja en Marina, sin derecho a sueldo ni rango, «*por sus irregulares procedimientos y por su resistencia a volver a España*».[147] Existe una amplia correspondencia que refleja las dificultades para que Mendoza, enfermo y dolido por su expulsión del cuerpo, entregara lo que restaba de su comisión y rindiera cuentas al gobierno.

A pesar de todo ello todavía en 1803 escribió a Espinosa y Tello, director del Depósito Hidrográfico, para consultarle si a la Marina le interesaba publicar en español las tablas astronómicas que le iban a editar en Londres, solicitando, en caso afirmativo, una cantidad a cuenta.

En 1814 hizo Mendoza un reconocimiento de deuda a favor de la Marina por una suma que le había sido entregada en 1810 para adquirir más instrumentos con destino al Observatorio de San Fernando, reconocimiento que, al parecer, no implicó el pago del dinero ya que, una vez muerto, en 1816 se reclamó la misma cantidad a sus albaceas.[148]

Resultados de la comisión de Mendoza y trabajos científicos

Aunque la comisión de Mendoza quedó incompleta y podemos decir que frustrada a causa de su maximalismo, tuvo valiosos resultados prácticos que pueden resumirse en los siguientes:

1º. Reunió una notable colección de cartografía inglesa y francesa principalmente, tanto en cartas sueltas como en atlas y otra no menos interesante colección de libros de viajes y derroteros que, a través del Depósito Hidrográfico llegaron al Museo Naval, donde están actualmente.

2º. Consiguió que, dentro de su plan de crear una Biblioteca de Marina, se comisionara a Fernández de Navarrete, Vargas Ponce y Sanz de Barutell para copiar de los archivos nacionales todos los documentos relativos a la Marina, lo que nos ha proporcionado las valiosas colecciones manuscritas que llevan el nombre de sus recopiladores y que se guardan en el Museo Naval.

3º. Participó en París en la comisión sobre unificación de pesas y medidas que proyectaba hacer la Academia de Ciencias y fue interlocutor válido para conseguir el permiso del rey de España para medir el meridiano entre Dunkerque y Barcelona, luego ampliado hasta Mallorca, en donde participaron marinos españoles.

4º. Supervisó los trabajos de un fanal de reverbero para la Torre de Hércules en la Coruña y otro para el faro de San Sebastián en Cádiz, lo que formaba parte de un plan más amplio para dotar a los puertos de las costas de España de los modernos fanales de reverbero parabólicos que se estaban fabricando en Londres.

5º. Se ocupó también de los trámites para la construcción por parte de Herschel de un telescopio de platina de siete pies para el Museo que se proyectaba en San Fernando.

6º. Supervisó la formación de técnicos para el taller de relojería de que constaría el Museo, idea ésta de Mazarredo; Cayetano Sánchez se formó con Berthoud en Francia y con Emery en Londres en la construcción de los relojes marinos y llegó a ser director de instrumentos en Cádiz; Antonio Molina estudió en Londres las piedras preciosas, aplicadas a los cilindros de los cronómetros y el péndulo invariable; Miguel Borges se dedicó al estudio de los instrumentos náuticos con Stencliff.

A la luz de la numerosa documentación examinada, nuestra impresión es que la primera idea de Mendoza de hacer un derrotero de las costas de Europa, en la que estaba verdaderamente interesado, se diluyó al imponer Valdés el plan propuesto por Gil y Lemos. Él mismo pareció dejarlo en el olvido cuando proyectó el ambicioso e impracticable plan de hacer un Museo de todas las ciencias en Cádiz. Luego, al asumir también las comisiones de Estado, debió verse impotente para llevarlas todas a cabo sin ayuda de nadie, pues había procurado impedir que ningún otro oficial de Marina tuviese la misma oportunidad que él. De vez en cuando, no obstante siguió mencionando el derrotero europeo, considerando que el acopio de cartas

náuticas era el primer paso para ello. De todas maneras, la noticia de que se estaba organizando un Depósito Hidrográfico en Madrid invalidó en cierta medida su proyecto. En su correspondencia se trasluce gradualmente su escaso interés por volver a España y menos aún por terminar su comisión y rendir cuentas. Su conducta profesional, a la luz de esta documentación, no aparece muy clara.

Después de la comisión de Mendoza y del enfrentamiento de Malaspina con Godoy, la política científica de la Marina sufrió una inflexión. Se abandonaron los grandes y costosos proyectos y se tendió a resolver problemas puntuales. En tiempos ya de una evidente decadencia económica, la opinión de Varela, Mazarredo y muchos otros desvió el dinero de los proyectos científicos a la paga de la marinería y a la mejora de los barcos. Desgraciadamente, la confirmación de la crisis económica y la pérdida o exilio de los mejores hombres de la marina ilustrada durante los conflictos armados de finales del siglo XVIII y principios del XIX, supusieron el fin de una etapa en la que se quiso conectar a la Marina con las corrientes del pensamiento científico europeo.

Los inicios de la cartografía científica

En la primera mitad del siglo XVIII, la Marina española que había sufrido sucesivos desastres y abandonos, estaba en una decadencia casi total, hasta el punto que debían traerse pilotos de otros países para las navegaciones a las Indias Orientales. Así ocurrió con el primer viaje de Juan de Lángara en 1765 en el navío *Buen Consejo* desde Cádiz a Manila por el cabo de Buena Esperanza y además en dicho cabo hubo de adquirirse un almanaque náutico inglés para hacer con seguridad y precisión la derrota. Sin embargo, entrada la segunda mitad del siglo XVIII, se inició una revitalización de nuestra Marina que alcanzó en esos años un gran impulso.

Un antecedente inmediato en el terreno de la Hidrografía y de los levantamientos cartográficos lo encontramos en la expedición francesa para medir el valor del grado del meridiano en el Ecuador, en el que participaron por parte española Jorge Juan y Antonio de Ulloa. El bagaje científico que acumularon estos dos marinos permitió a España iniciar un despegue espectacular en este campo específico. Así Jorge Juan fue el primero en proponer al

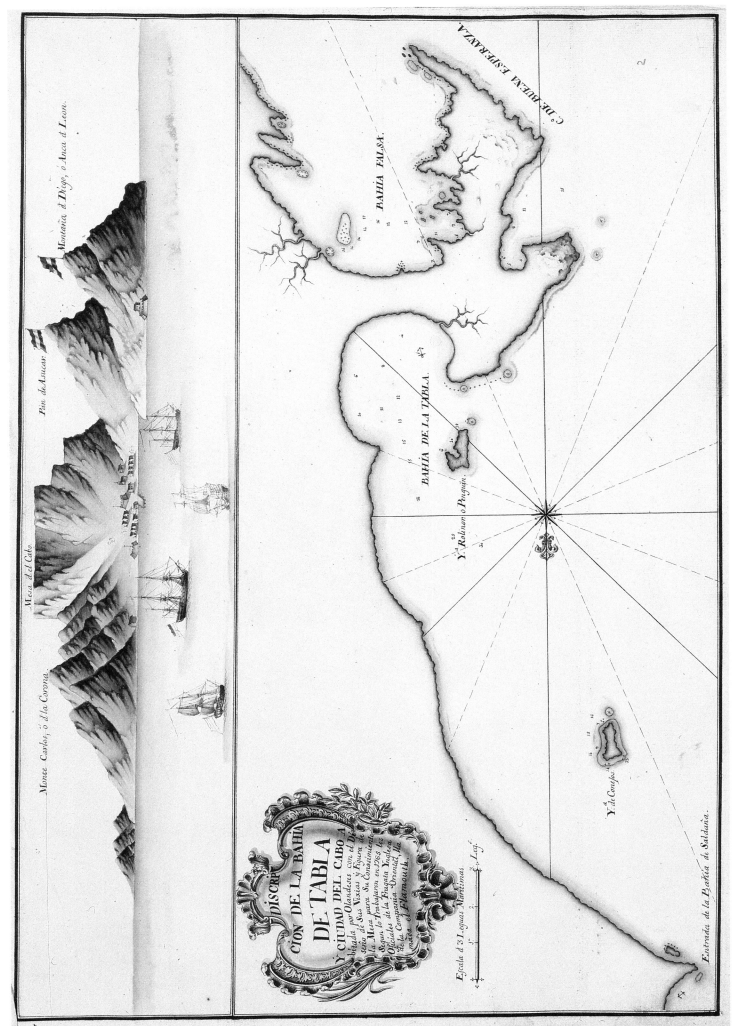

Descripción de la bahía de la Tabla y Ciudad del Cabo. Expedición de Juan de Lángara. Museo Naval de Madrid.

Carta del estrecho de Malaca. Expedición de Juan de Lángara. Museo Naval de Madrid.

PARTE DE LA PENINSVLA DE MALAYA

PARTE DE LA YSLA DE SVMATRA

DISCRIPCIÓN DE la Punta de la Romania.

CARTA PLNA SE^{da} gunda Parte del Eſtrecho de MALACA

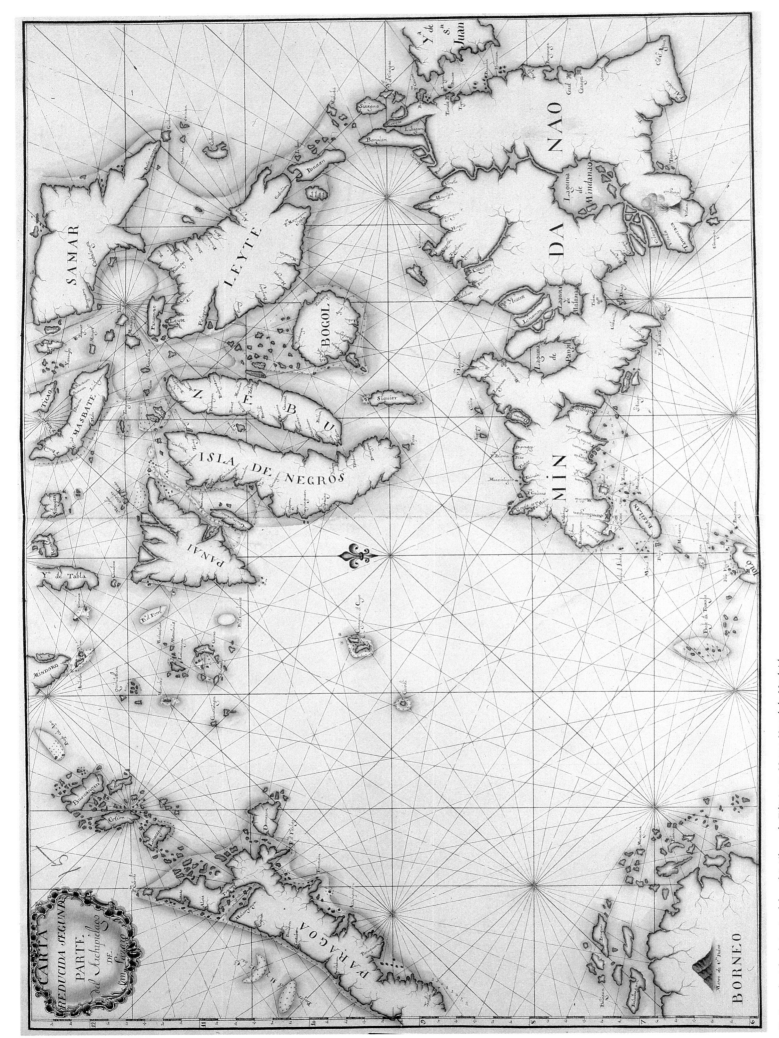

Carta reducida de parte del archipiélago de Filipinas. Museo Naval de Madrid.

ministro Ensenada un proyecto para la realización de una carta geométrica de España como habían hecho en Francia los Cassini. También por su iniciativa se crearon a principios de la segunda mitad del XVIII diversas instituciones para fomentar los estudios científicos en la Marina, como veremos en este mismo capítulo.

Al mismo tiempo se organizaron numerosas expediciones, una veces para proteger de los ingleses y otras naciones europeas las posesiones en América y Filipinas y reivindicar frente a ellos los descubrimientos realizados por españoles, sobre todo en el Pacífico; y otras con una finalidad estrictamente científica. Todas generaron, en mayor o menor medida una interesante cartografía que vamos a reseñar brevemente.

LAS EXPEDICIONES CARTOGRÁFICAS EN LA AMÉRICA ESPAÑOLA

La costa noroeste de América

Las expediciones a la costa noroeste de América o costa septentrional de California, fueron llevadas a cabo por la Marina española desde el apostadero de San Blas, creado no sólo para impulsar las exploraciones de estas costas sino también como apoyo a los presidios creados por influencia de fray Junípero Serra en el interior de California. Hay que anotar que desde la primera expedición de Juan Pérez en 1774, en que no se conocía con certeza la costa al norte de Monterrey, hasta 1792 en que se terminó la expedición de la *Sutil* y *Mexicana*, pasaron 18 años en los que se exploraron y cartografiaron todas las costas hasta llegar a los 61° de latitud norte.

La mayor parte de estas expediciones tuvieron motivaciones políticas; las tres primeras, 1774, 1775 y 1779, para comprobar los asentamientos rusos en aquellas costas, las restantes para adelantarse a los avances ingleses, pero todas generaron, como no podía ser menos en el siglo de la Ilustración, mucha información científica, etnográfica, zoológica y botánica, además de médica.

La política de la corona española, al llevar aparejada un asentamiento en tierras desconocidas, hacía primordial el conocimiento geográfico de ellas. La cartografía fue por

tanto en estas expediciones un medio en todas y un fin en varias de ellas.

Para organizar esta última expansión colonial del siglo XVIII se creó en 1768, el apostadero de San Blas de Nayarit en la costa occidental de Nueva España, a los 21°, 30' de latitud N., se plasmaba así el proyecto del visitador de la Nueva España, José de Gálvez que había hecho patente al rey Carlos III la necesidad de contar con un puerto bien abastecido cerca de los presidios de San Diego y Monterrey, que sirviera también de apoyo a las expediciones terrestres para la pacificación de Sonora, Sinaloa y Nuevo México.

El apostadero o departamento de San Blas mantuvo siempre su carácter de plaza fuerte y base naval de la Real Armada; dependía directamente del virrey de Nueva España, que delegaba su autoridad en un comandante, que lo era tanto de las unidades navales que le estaban adscritas, como de los demás puntos avanzados de la costa NO. A pesar de su valor estratégico, los medios humanos y materiales, de que dispuso el Apostadero de San Blas en sus comienzos, fueron muy escasos.

La primera expedición salida de San Blas fue motivada por la noticia dada por el conde de Lacy, embajador de España en San Petersburgo, de que los rusos habían bajado por el estrecho de Bering, estableciendo factorías para el comercio de pieles en la costa noroeste del continente americano. El virrey D. Antonio de Bucarely recibió órdenes de enviar una expedición a comprobarlo; y a tal efecto se comisionó al jefe del departamento, el piloto, graduado de alférez Juan Pérez, que partió el 24 de febrero de 1774 con la única embarcación disponible, la fragata Santiago. Su misión consistía en subir hasta los 60° de latitud N. hasta avistar establecimientos rusos; como segundo comandante iba Esteban Martínez. Sin nigún apoyo cartográfico, ni referencia de la costa, puso rumbo al NO. y sobre los 50° viró al N.; al llegar a los 54° avistó unas tierras y a los 55° descubrió una punta de tierra que llamó de Santa Margarita, que es la punta norte de la isla de Lángara en el extremo noroeste del archipiélago de la Reina Carlota, pero no se decidió a desembarcar por las nieblas y los tiempos adversos, que le impidieron proseguir la navegación hasta los 60°. El camino de regreso también fue accidentado por el permanente mal tiempo y la imposibilidad de maniobrar con la fragata por la innumerables islas

Plano de Sonora, parte de las Provincias Internas de Nueva España. 1768. Nicolás Medina y Cabrera. Museo Naval de Madrid.

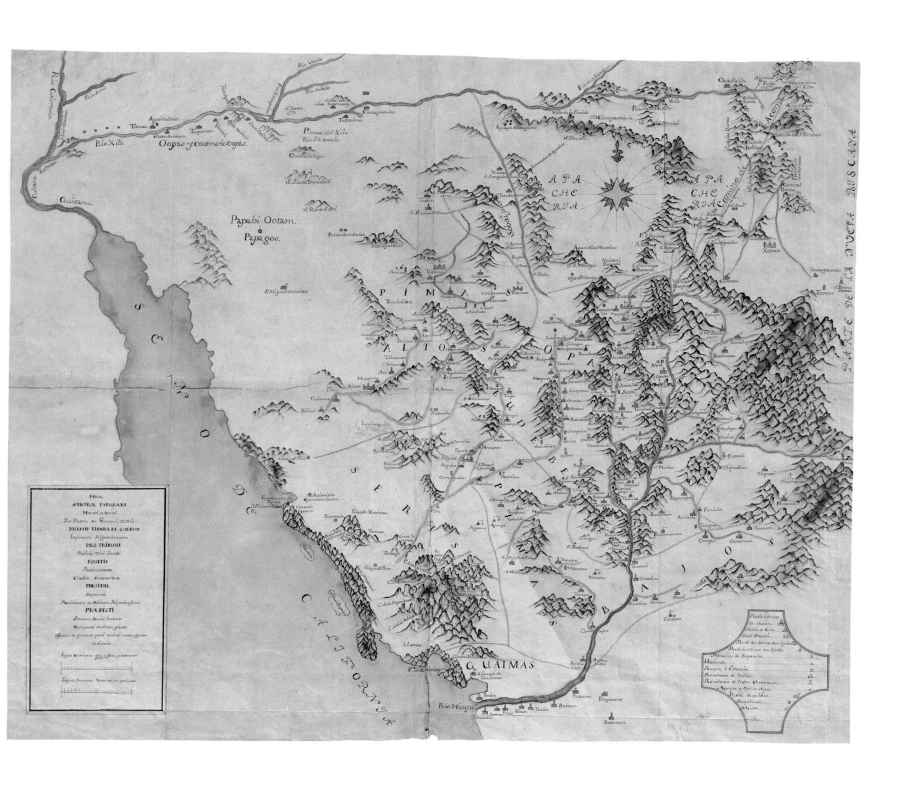

Mapa de Sonora en latín. Museo Naval de Madrid.

y canales. Finalmente consiguió costear la isla que luego se llamaría de Quadra y Vancouver y que él creyó tierra firme y fondeó en un surgidero que llamó de San Lorenzo (Nutka).

Llegó a San Blas el 3 de noviembre del mismo año con una tripulación enferma y unos resultados nada alentadores, pues no pudo hacer reconocimientos en tierra ni obtener información detallada del terreno y sus observaciones resultaron erróneas o vagas, aunque sí probó que hasta los 55° la costa no se desviaba ni al este ni al oeste sino que seguía recta hacia el norte.

A causa del interés de España por la costa noroeste, se envió al departamento de San Blas un contingente de oficiales y bastimentos que permitió sistematizar las expediciones sin dejar desabastecidos los presidios. Con estos medios se organizó al año siguiente una segunda expedición al mando de Bruno Ezeta en la fragata *Santiago*, con Juan Pérez como segundo; y Juan Manuel de Ayala en la goleta *Sonora*, con Juan Francisco de la Bodega y Quadra como segundo. Miguel Manrique en el bergantín *San Carlos* iba en auxilio de los presidios. Salieron de San Blas el 16 de marzo de 1775 y pronto se advirtió que Manrique daba claras muestras de enajenación mental, por lo que Ayala pasó a mandar el *San Carlos* y Bodega y Quadra se hizo cargo de la goleta.

Las instrucciones del virrey eran alcanzar los 65° y no permitir establecimientos extranjeros en aquellas costas que se consideraban pertenecientes a la corona española al ser continuación del virreinato de Nueva España. Reconocieron una isla que llamaron del Socorro y a los 45° descubrieron un puerto que llamaron de la Trinidad del que levantaron un plano Ezeta, Bodega y Francisco Mourelle, el piloto de la goleta. A causa del mal tiempo, del deterioro de la fragata y de la tripulación enferma, la *Santiago* tuvo que regresar a Monterrey, continuando Bodega con la *Sonora* hasta alcanzar los 58°, habiendo descubierto antes la punta de los Mártires, que en la actualidad es punta Greenville. Bodega, siguiendo la carta del francés Bellín y las indicaciones de Juan Pérez, navegó al noroeste y luego al norte para ganar altura rápidamente. A los 57° avistaron otra vez la costa y fondearon en el actual monte Edgecumbe, llamado por los españoles San Jacinto, ensenada del Susto, Puerto Guadalupe y Puerto de los Remedios. A los 55°, 17' dobló un cabo, llamado de San Bar-

tolomé y avistó un brazo de mar muy abrigado cuyo término no se percibía y lo llamó entrada de Bucarely en honor del virrey, levantando de él un plano Mourelle.

A causa de los vientos adversos no pudo pasar de los 58°, 30' y volvió a San Blas con la goleta y la tripulación destrozadas. Al retorno navegó engolfado, sin acercarse mucho a la costa, peligrosa y plagada de islas, aunque a partir de los 45° hasta los 42° buscó el famoso río que Martín de Aguilar, compañero de Sebastián Vizcaíno, dijo haber visto. A los 38° recaló en una bahía que creyó era la de San Francisco, inaccesible aún desde el mar, advertido de su error, la llamó bahía Bodega que hoy se llama Tomales Bay y de la que también levantaron un plano.

Ezeta por su parte, en el viaje de vuelta, pasó por el estrecho de Fuca sin verlo y descubrió una bahía a la que llamó de Ezeta, que era en realidad la desembocadura del gran río de Columbia, pero no pudo entrar por la fuerza de la corriente y llamó a los cabos de la entrada cabo Frondoso y cabo San Roque.

Ezeta esperó a Bodega en Monterrey, adonde llegaron Bodega y Mourelle gravemente enfermos y donde murió Juan Pérez a consecuencia de las penalidades sufridas en latitudes tan altas en las dos expediciones de 1774 y 1775.

De esta segunda expedición se conserva abundante cartografía que refleja las dudas e incertidumbres que provoca una costa aún mal explorada y llena de leyendas; las mayoría de las cartas estan levantadas por Bodega, Ezeta y Mourelle. Este piloto hizo un diario de navegación ilustrado con cartas de esta costa que James Cook copió y llevó en su tercer viaje, como el mismo navegante confiesa.

Hacia los 70°, latitud N.

La tercera expedición se llevó a cabo en 1779, por orden de José de Gálvez que quería neutralizar el viaje que había realizado Cook dos años antes.

A partir de este momento las expediciones españolas intentaron adelantarse a los ingleses en sus asentamientos y tomas de posesión al igual que antes intentaron evitar los asentamientos rusos, que ya se había demostrado que eran sólo establecimientos comerciales. El éxito de la ex-

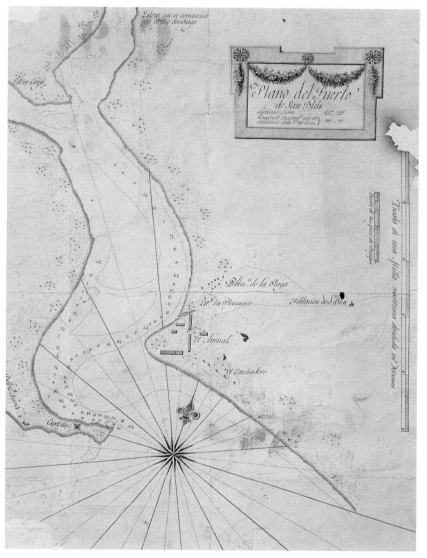

Plano del Puerto de San Blas, utilizado como apostadero
por la Marina española. Museo Naval de Madrid.

Carta de la península de California. 1777. Francisco Mourelle.
Museo Naval de Madrid.

pedición de 1775, que tanta información geográfica había aportado, intensificó el interés de la metrópoli por estos territorios. De todas maneras, Bucarely no pudo organizar la siguiente expedición tan pronto como se le requería por la falta de barcos en el apostadero. Por este motivo Bodega tuvo que ir a Perú, donde se estaba construyendo la fragata *Favorita* a hacerse cargo de la misma. Entretanto los oficiales del departamento confeccionaron una carta en la que reflejaron las noticias que tenían hasta ese momento de los descubrimientos rusos y españoles, tratando de compaginar todas las informaciones e incluyendo distintas versiones de algunos trozos de la costa para que sirviera de punto de partida a la expedición que se

preparaba; para ello utilizaron el mapa de Bellín, el de Bodega, el de Stahlin y el de Anson, además de las observaciones recientes de Mourelle.

La nueva expedición salió por fin el día 2 de febrero de 1779 y regresó el 25 de noviembre del mismo año. El comandante era Ignacio de Arteaga, al mando de la fragata *Princesa*; de segundo comandante iba Fernando Quiñones y como pilotos Juan Pantoja y Arriaga y José Camacho. Juan Francisco de la Bodega iba al mando de la fragata *Nuestra Señora del Rosario* alias *la Favorita*; Mourelle iba de segundo, y los pilotos José Cañizares y Juan Aguirre completaban la dotación científica. La finalidad era alcanzar los 70° para comprobar hacia donde se dirigía la costa, extremo este no constatado en las cartas existentes hasta el momento. Fondearon otra vez en la bahía de Bucarely, sondando y comprobando latitudes; prosiguieron luego hacia el norte hasta avistar el monte San Elías en la costa del golfo de Alaska y una isla que llamaron del Carmen (hoy Kayak) y la entrada de Santiago (hoy Eches) en la isla de Santa Magdalena. Llegaron hasta la isla de Hinchinbrok que puede decirse que fue la latitud más alta alcanzada por los españoles, 61°. Navegando al sudoeste, llegaron a un puerto que llamaron Nuestra Señora de la Regla en la península de Kenai, en la isla de Afgonak, el punto más occidental alcanzado por españoles. No encontraron ingleses y pensaron que los rusos no habían pasado de las Aleutianas. A causa de los enfermos de escorbuto tuvieron que regresar a San Blas sin haber alcanzado los 70° y sin encontrar el paso del Noroeste que detallaban las cartas rusas.

Después de esta expedición se produjo un lapso de ocho años de inactividad debido a la guerra con los ingleses, al cabo de los cuales, las noticias proporcionadas por el conde de La Perouse respecto a establecimientos rusos en Nutka, entrada del Príncipe Guillermo, isla Trinidad y Onalaska, propiciaron otra expedición que salió el 6 de marzo de 1788 y regresó el 5 de diciembre del mismo año. Estaba mandada por Esteban Martínez en la fragata *Princesa* y por el piloto Gonzalo López de Haro, mandando el paquebote *San Carlos*. El mal tiempo y la niebla no les permitieron fondear en la entrada del Príncipe Guillermo, pero encontraron una ensenada que llamaron Puerto de Flores, en honor del virrey del mismo nombre en la ensenada de Motague. En la entrada de Cook encontraron un establecimiento ruso, donde fueron muy bien recibidos y donde obtuvieron toda clase de información geográfica.

Al descender hacia el sudoeste, tocaron en la isla de Kodiac y en la de Shumagin, donde estaban establecidos los rusos. En la isla de Unimak y en la de Onalaska en el extremo meridional de la península de Alaska, obtuvieron informes sobre los ingleses que trasladaron al virrey Flores en cuanto llegaron a San Blas. Al poco de llegar, Esteban Martínez recibió órdenes de volver a zarpar para tomar posesión de Nutka, adelantándose a los ingleses. Salió de San Blas el 9 de marzo de 1789 y tomó solemne posesión del objetivo indicado.

De esta expedición de carácter eminentemente político y diplomático, nos interesa resaltar que Martínez envió al piloto José M. Narváez a explorar una boca muy ancha que había visto en en el viaje que hizo con Juan Pérez en 1774, a la altura de 48°, 20'; los informes que le trajo el piloto le indujeron a pensar que aquella entrada podía ser un paso hacia el Atlántico. Esta noticia, al llegar a la corte de Madrid, motivó la organización de otra expedición.

En 1790 Bodega, que desde el año anterior había sido nombrado comandante del departamento de San Blas, organizó una serie de pequeñas expediciones con fines muy concretos: Manuel Quimper se dirigió con la balandra *Princesa Real* a explorar la parte sur de la isla de Nutka; Salvador Fidalgo con el paquebote *San Carlos* a la parte norte de la misma isla, y Francisco Eliza a formar un establecimiento en Nutka.

Quimper visitó el estrecho llamado de Juan de Fuca, levantando varios planos y teniéndose que retirar por los vientos contrarios. Con estos datos, Eliza envió un informe al virrey Revillagigedo en el que expresaba su creencia de que el paso al noroeste debía estar en el referido estrecho.

La Expedición Malaspina en la costa noroeste

A finales de 1790, cuando las corbetas *Descubierta y Atrevida* estaban dando la vuelta al mundo, recibieron órdenes de la corte española de anticipar la campaña del noroeste para comprobar las noticias que ese mismo año había dado Buache en la Academia de Ciencias de París, que aseguraban que Ferrer Maldonado, marino español del siglo XVI, había encontrado una comunicación que unía el Atlántico al Pacífico a la altura de 60° latitud N. El comandante Malaspina recibió la orden en Acapulco y se puso en camino hacia el norte. Subieron hasta la bahía de Bering, monte San Elías e isla de Kaye hasta el cabo Hinchinbrook, en la entrada del Príncipe Guillermo que ya había sido reconocida el año anterior por Fidalgo. No se encontró ningún indicio del famoso paso a los 60°. Al descender recorrieron la costa desde Mulgrave hasta Nutka, determinaron la latitud de Nutka con ayuda de instrumentos de precisión y reconocieron sus canales, saliendo por la bahía de la Esperanza, quedando definitivamente demostrado que Nutka era una isla. No se pudo recono-

Plano de la entrada de Bucarely descubierta en 1775 por Bodega y Cuadra. Museo Naval de Madrid.

cer en esa campaña el estrecho de Juan de Fuca, persistiendo la duda sobre si sus canales comunicaban con el Atlántico. El 28 de agosto salieron de Nutka y fueron reconociendo y levantando la costa hasta Monterrey y el cabo San Lucas.

Se produjo entonces la cuarta separación de las corbetas y, mientras la *Atrevida* hacía mediciones en el cabo Corrientes, la *Descubierta* iba a reparar a Acapulco.

En el puerto mexicano se completaron las observaciones hechas en los meses anteriores, obteniéndose unos resultados cartográficos verdaderamente importantes, gracias a la cualificación del personal técnico y a los modernos aparatos de precisión que se habían podido adquirir en el mercado. Las cartas se publicaron por la Dirección de Hidrografía de Madrid y los resultados astronómicos en las Memorias de la misma entidad.

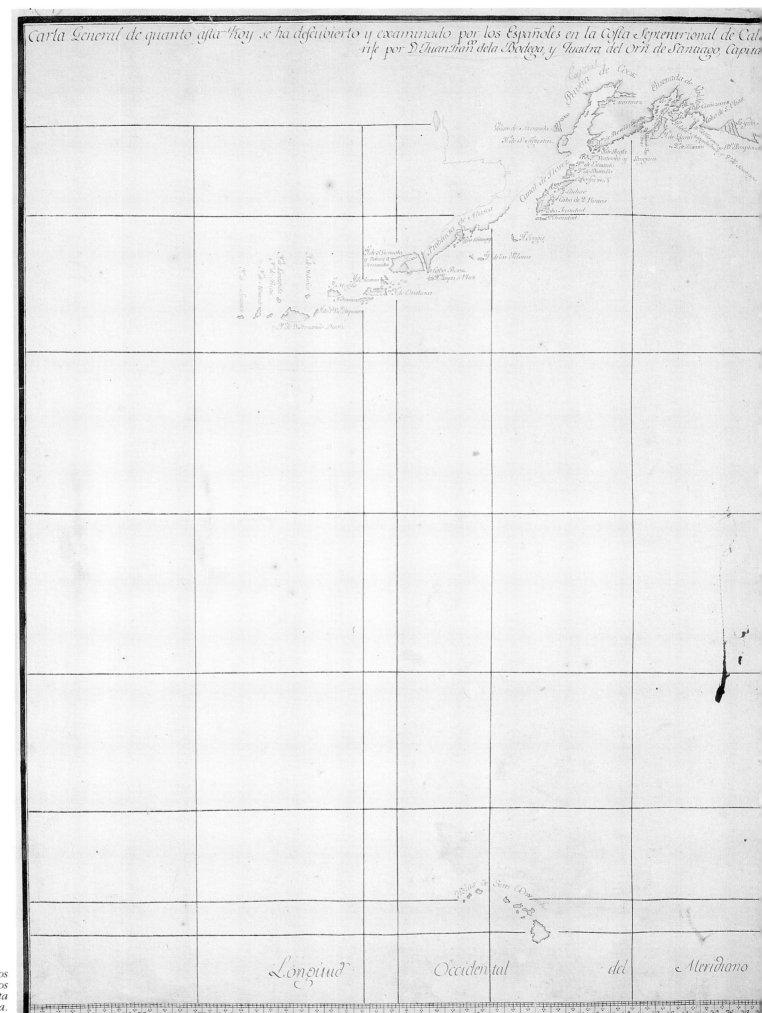

Carta general de los descubrimientos españoles en la costa noroeste de América. 1791. Bodega y Cuadra. Museo Naval de Madrid.

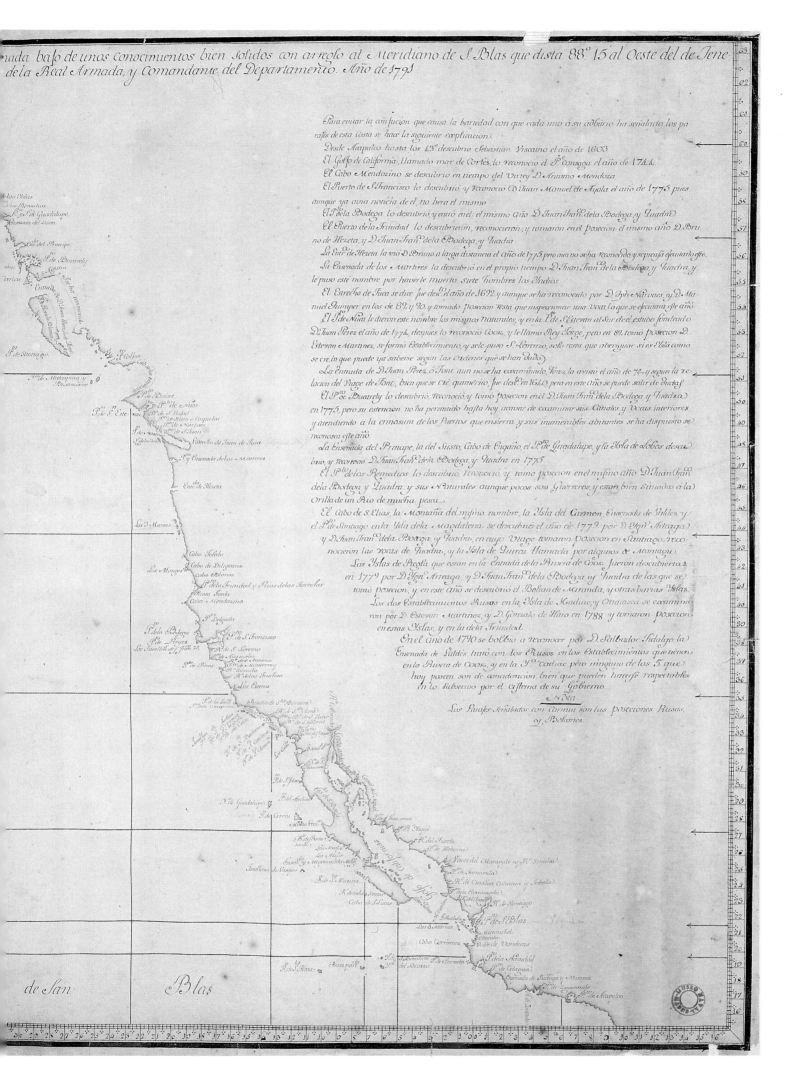

Para evitar la confucion que causa la bariedad con que cada uno à su arbitrio ha señalado los parages de esta Costa se hace la siguiente explicacion.

Desde Acapulco hasta los 43° descubrio Sebastian Visaino el año de 1603

El Golfo de California, llamado mar de Cortés, lo reconocio el P.e Consaga el año de 1744.

El Cabo Mendozino se descubrio en tiempo del Virrey D. Antonio Mendoza

El Puerto de S. Francisco lo descubrio, y reconocio D. Juan Manuel de Ayala el año de 1775 pues
aunque ya avia noticia de el, no hera el mismo

El P.to de la Bodega lo descubrio, y entró en el, el mismo Año D. Juan Fran.co de la Bodega, y Quadra

El Puerto de la Trinidad lo descubrieron, reconocieron, y tomaron en el posecion el mismo año D. Bruno de Heceta, y D. Juan Fran.co de la Bodega, y Quadra

La Entr.a de Heceta la vió D. Bruno a larga distancia el año de 1775 pero aun no se ha reconocido y se piensa executarlo este.

La Ensenada de los Martires la descubrio en el propio tiempo D. Juan Fran.co de la Bodega, y Quadra y
le puso este nombre por haverle muerto siete Hombres los Indios

El Estrecho de Juca se dice fue desc.to el año de 1692, y aunque se ha reconocido por D. Joph. Narvaes, y D. Manuel Quimper en los de 89, y 90, y tomado posecion resta que inspeccionar una Voca, lo que se executará este año

El P.to de Nuca le dieron este nombre los mismos Naturales, y en la P.a de S. Estevan al Sur de el estubo fondeado
D. Juan Perez el año de 1774, despues lo reconocio Cook, y le llamo Rey Jorge, pero en 89 tomo posecion D.
Estevan Martinez, se formó Establecimiento, y sele puso S. Lorenzo, solo resta que averiguar si es Ysla como
se cre, lo que puede ya saberse segun las ordenes que se han dado

La entrada de D. Juan Perez, ó Font aun no se ha examinado, Perez la avistó el año de 74, y segun la relacion del Viage de Font, bien que se cré quimérico, fue desc.to en 1640, pero en este año se puede salir de dudas

El P.to de Buarely lo descubrio, reconocio, y tomo posecion en el D. Juan Fran.co de la Bodega, y Quadra
en 1775, pero su estencion no ha permitido hasta hoy acavar de examinar sus Canales, y Vocas interiores
y atendiendo a la ermosura de los Puertos que ensierra, y sus inumerables abitantes se ha dispuesto se
reconosca este año.

La Ensenada del Principe, la del Susto, Cabo de Engaño, el P.to de Guadalupe, y la Ysla de Lobes desca-
brio, y reconoció D. Juan Fran.co de la Bodega, y Quadra en 1775.

El P.to de los Remedios lo descubrio, reconocio, y tomo posecion en el mismo año D. Juan Fran.co
de la Bodega y Quadra y sus Naturales aunque pocos son Guerreros, y estan bien situados à la
Orilla de un Rio de mucha pesca

El Monte de S. Elias, la Montaña del mismo nombre, la Ysla del Carmen, Ensenada de Valdes, y
el P.to de Santiago en la Ysla de la Magdalena se descubrió el año de 1779 por D. Ygn. Arteaga
y D. Juan Fran.co de la Bodega, y Quadra, en cuyo Viage tomaron posecion en Santiago, reconocieron las Vocas de Quadra, y la Ysla de Dunes llamada por algunos de Montagu

Las Yslas de Preola que estan en la Entrada de la Rivera de Cook, fueron descubiertas
en 1779 por D. Ygn. Arteaga, y D. Juan Fran.co de la Bodega y Quadra de las que se
tomó posecion, y en este año se descubrió el Bolcan de Miranda, y otras barias Yslas.

Los dos Establecimientos Rusos en la Ysla de Kadiac, y Onalasca se examina-
ron por D. Estevan Martinez, y D. Gonzalo de Haro en 1788 y tomaron posecion
en estas Yslas, y en la de la Trinidad.

En el año de 1790 se bolbio a reconocer por D. Salbador Fidalgo la
Ensenada de Valdés tuvo con los Rusos en los Establecimientos que tienen
en la Rivera de Cook, y en la Y.a de Cadiac, pero ninguno de los 5, que
hoy poseen son de consideracion, bien que pueden hacerse respetables
en lo susecivo por el sistema de su Gobierno.

Nota

Los Parages señalados con Carmin son las poseciones Rusas,
y Bolcanes.

Propuso entonces Malaspina a Revillagigedo que al verano siguiente mandase las goletas *Sutil* y *Mexicana,* que se acababan de construir en San Blas, a terminar la campaña que él no pudo finalizar; para tal fin proponía enviar a dos de sus oficiales: Dionisio Alcalá-Galiano y Cayetano Valdés con Juan Vernacci y Secundino Salamanca como segundos. La propuesta fue aceptada y salieron las dos goletas de Acapulco en marzo de 1792. Después de repostar en Nutka, subieron al puerto de Núñez Gaona, en la parte norte del estrecho de Fuca, donde encontraron a Salvador Fidalgo que iba a formar un establecimiento allí. Exploraron exhaustivamente todos los canales e islas en esa parte del estrecho, donde se encontraron con Vancouver que hacía lo mismo por orden de su gobierno. Al comprobar que no existía el paso al noroeste, salieron por la parte norte, donde encontraron un puerto que bautizaron con el expresivo nombre de Puerto Desengaño.

Este viaje fue editado, con abundante cartografía, en 1802 adelantándose a la edición del viaje de Vancouver.

La última expedición de los españoles a las costas de Canadá fue la protagonizada por Jacinto Caamaño y Salvador Fidalgo y estuvo motivada por un mapa que había recibido Eliza de manos del inglés James Colnett en Nutka; en él se señalaba un estrecho en los 55° que sería el que había descubierto el almirante Fonte en el siglo XVII. Esta noticia alertó a los españoles que no habían reconocido suficientemente la costa desde los 55° hasta Nutka. Caamaño fue enviado con la fragata *Aranzazu,* que era poco apropiada para la navegación de altura, a explorar los canales de la parte norte de Nutka. El marino español llegó a la bahía de Bucarely, encontró un puerto que llamó Bazán y que aún conserva el nombre, otro puerto fue designado con el nombre de Valdés y otro Núñez Gaona. Se internó por la entrada de Dixon y llamó al canal Nuestra Señora del Carmen, actualmente denominado Clarece Strait, desembocando en los puertos de Estrada y Mazarredo, los actuales Masset Harbor y Virago Sound. Exploró también el canal del Príncipe, entre la isla de la Calamidad (Banks) y Enríquez (Mac Cauley and Pitt), donde según el mapa de Colnett estaba la entrada de Fonte, descubriendo que no había ningún paso al noroeste. Algunos de los nombres que puso Caamaño en su expedición han pervivido porque Vancouver obtuvo un mapa español y conservó los nombres reseñados en él.

Cayetano Valdés. Óleo de J. Roldán. Museo Naval de Madrid.

Una vez despejadas las incógnitas planteadas por los pretendidos pasos de Fuca, Fonte y Ferrer Maldonado, continuaron las expediciones hacia San Francisco con el fin de elaborar una carta general de la América septentrional para el atlas de las posesiones españolas de América que se pretendía realizar. La costa del río de Columbia, llamado en las cartas españolas río de Martín Aguilar o entrada de Ezeta, fue explorada por el piloto Juan Martínez de Zayas en la goleta *Mexicana*, sin el auxilio de su compañero Eliza que fue impulsado por los vientos contrarios y tuvo que retornar a San Blas después de reconocer el puerto de la Trinidad y Puerto Bodega. De esta expedición se conserva actualmente abundante cartografía.

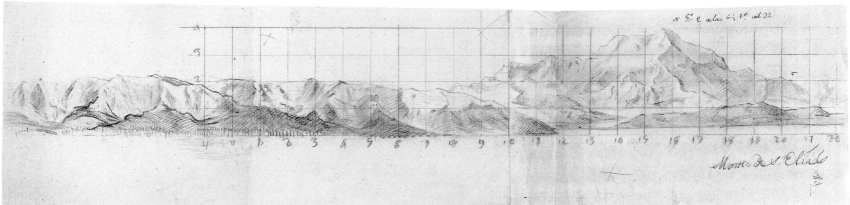

Las corbetas Descubierta *y* Atrevida *ante el monte San Elías y un apunte del mismo monte.*
Dibujos de Felipe Bauzá. Museo Naval de Madrid.

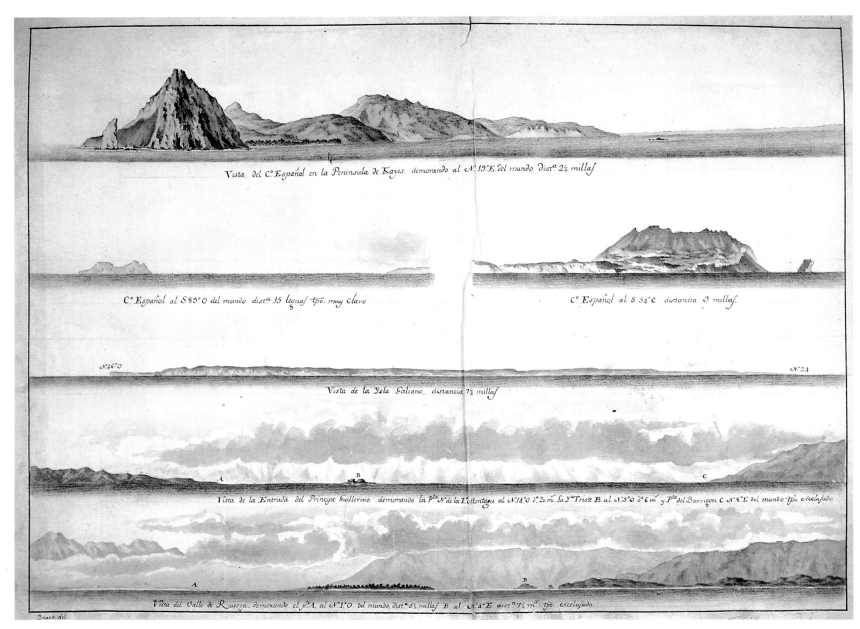

Vista del C.º Español en la Peninsula de Kayes demorando al N.19ºE del mundo dist.ª 2½ millas

C.º Español al S.89ºO del mundo dist.ª 15 leguas tpo. muy claro

C.º Español al S.54ºC distancia 9 millas

N.46ºO   N.24

Vista de la Ysla Galiano, distancia 7½ millas

Vista de la Entrada del Principe Guillermo demorando la P.ta N.de la I. Montagu al N.14ºO 2º 2o.m. la Y.ª Triett B. al N.9ºO d.º6 m.º y P.ta del Barrigon C. N.8ºE del mundo tpo. Acelasado

Vista del Valle de Ruespa demorando el p.ºA. al N.1ºO del mundo, dist.ª 5½ millas B al N.4ºE dist.ª 7½ m.ª tpo. Acelasado

Bauza del

En esta página y en la siguiente, vistas de costa de la costa noroeste de América por Felipe Bauzá. Museo Naval de Madrid.

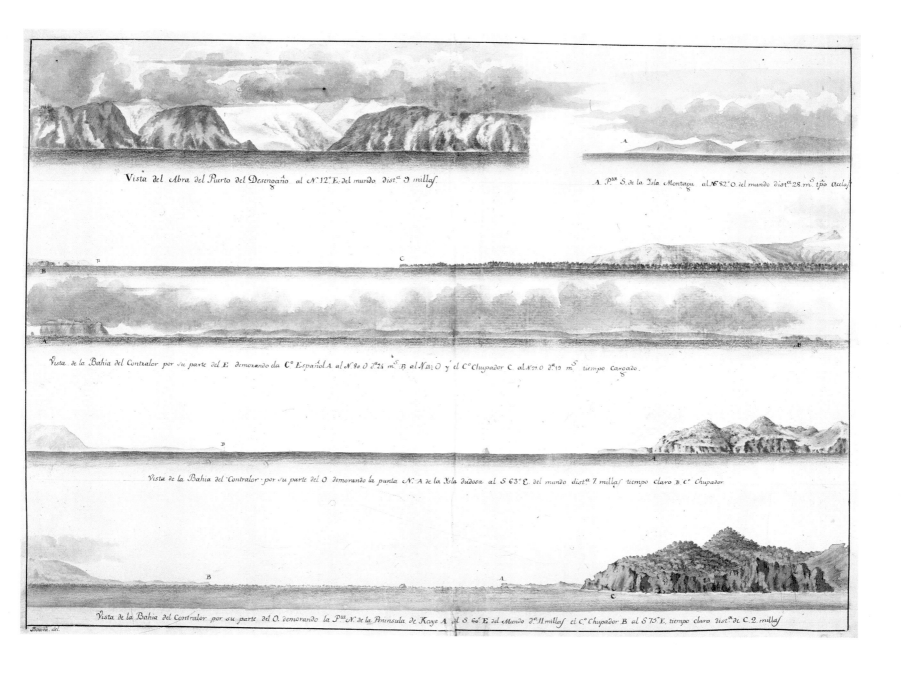

Vista del Abra del Puerto del Desengaño al N. 12° E. del mundo dist.ª 9 millas.

A Pta S. de la Ysla Montagu al N. 82° O. del mundo dist.ª 28 m.ˢ tpo Acelaf.

Vista de la Bahia del Contralor por su parte del E. demorando da C° Español A al N 80 O d.ª 24 m.ˢ B al N 37 O y el C° Chupador C al N 29 O d.ª 19 m.ˢ tiempo Carcado.

Vista de la Bahia del Contralor por su parte del O demorando la punta N. A de la Ysla dudosa al S 63° E. del mundo dist.ª 7 millas tiempo claro B C° Chupador

Vista de la Bahia del Contralor por su parte del O. demorando la Pta N. de la Península de Kaye A al S 60° E del Mundo d.ª 11 millas el C° Chupador B al S 75° E. tiempo claro dist.ª de C. 2 millas

Bauzá del.

Problemas cartográficos de la cartografía de la costa noroeste

La cartografía y los levantamientos de planos estaba, en la primera mitad del siglo XVIII, generalmente encomendada a los pilotos de las embarcaciones pues las cartas no se levantaban aún por métodos astronómicos y no se necesitaba un conocimiento especializado en astronomía. La mayoría de las veces los pilotos no firmaban las cartas y es necesario consultar los diarios de viaje para comprobar a quienes son debidas. Entre los pilotos autores de las cartas del noroeste americano podemos citar a Gonzalo López de Haro, autor de varias cartas de la costa noroeste y de las Provincias Internas de Nueva España. Otro piloto al que debemos muchos documentos cartográficos fue Juan Pantoja y Arriaga que participó en la expedición de 1779 con Ignacio Arteaga y posteriomente en la expedición de 1792 con Jacinto Caamaño, con la que se cierra el ciclo de las expediciones españolas a las costas septentrionales del continente americano. A Pantoja y a Martínez de Zayas se les debe los abundantes planos del río de Columbia y del puerto de San Francisco

Sin embargo, son el piloto gallego Francisco Antonio Mourelle y el capitán de navío Juan Francisco de la Bodega y Quadra, la base cartográfica sobre la que se apoyó toda la actividad en esa zona.

Después de la primera expedición de Juan Pérez en 1774 que no produjo cartografía, las dos siguientes de 1775 y 1779 en las que participaron Bodega y Quadra como comandante y Mourelle como su piloto, generaron una amplia documentación cartográfica que sirvió de base a las posteriores. Más adelante, al ser nombrado Bodega comandante del departamento de San Blas y luego comisario español para la cesión de Nutka, tuvo ocasión y no cabe duda que aptitud, para centralizar y depurar la cartografía que iban produciendo las expediciones. En este sentido hay que resaltar las veces que es consultado por los sucesivos virreyes a la hora de organizar y trazar las rutas para las exploraciones.

Por su parte Mourelle continuó su actividad cartográfica con ocasión del viaje desde Manila a través del Pacífico en 1781 cuando descubrió y dio a conocer en mapas las islas de Bavao en el archipiélago de las islas Tonga. Finalizada la guerra con los ingleses, Mourelle fue destinado a México en la secretaría del virrey Revillagigedo, segundo de este nombre, para organizar y sistematizar todos los diarios de las expediciones al noroeste, donde tuvo ocasión de seguir ocupándose de la cartografía.

El interés de la corona española por levantar cartas fiables de aquellos territorios para controlar los establecimientos rusos y afianzar su dominio frente a los ingleses, se polarizó más adelante en un interés científico para comprobar los relatos de Ferrer Maldonado, Fonte y Fuca y trasladar los resultados al atlas de las posesiones españolas en América.

En la expedición de 1779 cuyo objetivo era remontarse hasta los 70° de latitud N. el problema se presentaba a partir de los 58° adonde no había llegado ninguna expedición anterior. Así Bodega afirma en su diario:

«...desde los 58 grados N. no teníamos conocimiento a quien poder dar un pequeño crédito, pues los ydrógrafos varían con tanta diferencia como que unos hacen que la costa desde los 62 grados tome dirección hacia el sudueste, otros al oeste y otros hacia el nurueste, y si se investigan sus principios, se halla que los más se fundan en unas mismas razones».

Considerando estos inconvenientes, decide una solución ecléctica.

«Y assi determiné construir una carta que comprendiese todo lo descubiertto hasta los 58 de altura, considerando esta costa como indubitable, mediante yo fui quien la descubrí y reconocí; y desde este paraje situar en la misma toda la carta de Mr Bellín, de color encarnado para su fácil distinción; igualmente situar desde el mismo sitio la carta que trae la historia de California (del padre Venegas) de puntos negros y últimamente la carta de la Academia Imperial de Petersburgo de color amarillo, con cuya variedad sobre un mismo plano fuese fácil atender a todas las suposiciones para que al primer golpe de vista no se ocultase la más leve reflexión que se hiciese».[149]

Termina esta reflexión asegurando que pudo elaborar la carta por tener como segundo comandante al piloto Mourelle y como piloto a José Cañizares, con cuya inestimable ayuda pudieron hacer varias copias para la navegación.

Este debía ser el método usual con el que se elaboraban las cartas; así dice el mismo comandante en el mencionado diario de su expedición:

«En este puerto (San Francisco) nos juntamos comandates, oficiales y pilotos de ambos buques y, vistos los diarios, acordamos en que se sacase el medio entre ellos y se construyesen de esta suerte las cartas más exctamente justas, evitando la confusión que podía ocasionar la muy corta diferencia que había entre unos y otros».

También fueron Bodega y Mourelle los encargados de hacer un mapa que resumiese todos los descubrimientos con destino a la expedición Malaspina y desde su puesto en Nutka se encargó Bodega de recoger y elaborar la cartografía que producían las distintas expediciones que se llevaban a cabo; así Jacinto Caamaño, al terminar su comisión en 1792, le entregó en Nutka el resultado de ésta.

Podemos pues resumir que las tareas cartográficas de levantamientos de planos estaban encomendadas a los pilotos, algunos muy buenos, mientras que las observaciones astronómicas para situar los lugares correspondía a los oficiales. Estas observaciones fueron casi siempre de estima pues carecían de aparatos de precisión. Caamaño asegura en su diario que la latitud no está muy ajustada por ser de estima, y que la asignaban después de reunirse en junta los oficiales y pilotos y contrastar informaciones.

Solamente la Expedición Malaspina, que estaba dando la vuelta al mundo en una comisión científica, contaba con instrumentos astronómicos de primera calidad, encargados a Inglaterra y Francia para la ocasión.

También la expedición de las goletas *Sutil* y *Mexicana* contó con los mismos instrumentos y son las únicas que obtuvieron unos resultados plenamente fiables y de alta calidad científica. Los aparatos que llevaban las goletas en la expedición en la que exploraron el estrecho de Fuca y la isla de Vancouver están relacionados en el capítulo primero del viaje, editado en 1802 y eran:

Un cuarto de círculo, un péndulo, dos anteojos acromáticos, una máquina equatorial, un círculo de reflexión, un cronómetro, un reloj de longitud, dos barómetros, cuatro termómetros, un eudímetro.

La exploración de la costa noroeste americana por los españoles es el reflejo más representativo del gran esfuerzo político científico llevado a cabo por España en la segunda mitad del siglo XVIII para intentar recuperar su protagonismo comercial y político en el Pacífico.

Refleja también de manera significativa la evolución de la preparación náutica de los marinos y pilotos que la protagonizaron. Esta última gesta descubridora la iniciaron hombres como Juan Pérez y Esteban Martínez que representan la formación santelmista, anclada en el pasado, y la terminaron hombres como Malaspina, Alcalá-Galiano, Espinosa y Tello y Bauzá que constituyen la gran generación de marinos ilustrados, formados ya en los cursos de estudios mayores del Observatorio Astronómico de Cádiz, con arreglo a programas científicos avanzados y especializados.

La cartografía de América meridional

Los viajes al estrecho de Magallanes estuvieron teñidos de leyendas en sus primeras exploraciones pero en el siglo XVIII no se conocían los relatos de los primeros navegantes españoles como Sarmiento de Gamboa y los hermanos Nodales que permanecían sepultados en los archivos. En 1785 se organizó una expedición con la fragata *Santa María de la Cabeza* al mando de Antonio de Córdova para comprobar si era más conveniente la navegación por el estrecho que por el Cabo de Hornos para facilitar la política española de proporcionar pronto socorro a todas las colonias de América. El objetivo inmediato era levantar cartas precisas de aquellos lugares, pues sólo se contaba con la cartografía inglesa poco contrastada.

Hemos de hacer hincapié en que fue la primera expedición española con un carácter netamente cartográfico. Llevaban una dotación especialmente preparada para los trabajos hidrográficos, entre los que podemos citar a Fernando Miera, Dionisio Alcalá-Galiano y Alejandro Belmonte que habían estado comisionados para el levantamiento del *Atlas Marítimo de España* de Vicente Tofiño. Llevaban ya los nuevos cronómetros de longitud que, por consejo de Jorge Juan, se habían adquirido en Francia, además de sextantes, quintantes, barómetros y cuartos de círculo con lo que su bagaje técnico era muy superior al de la época.

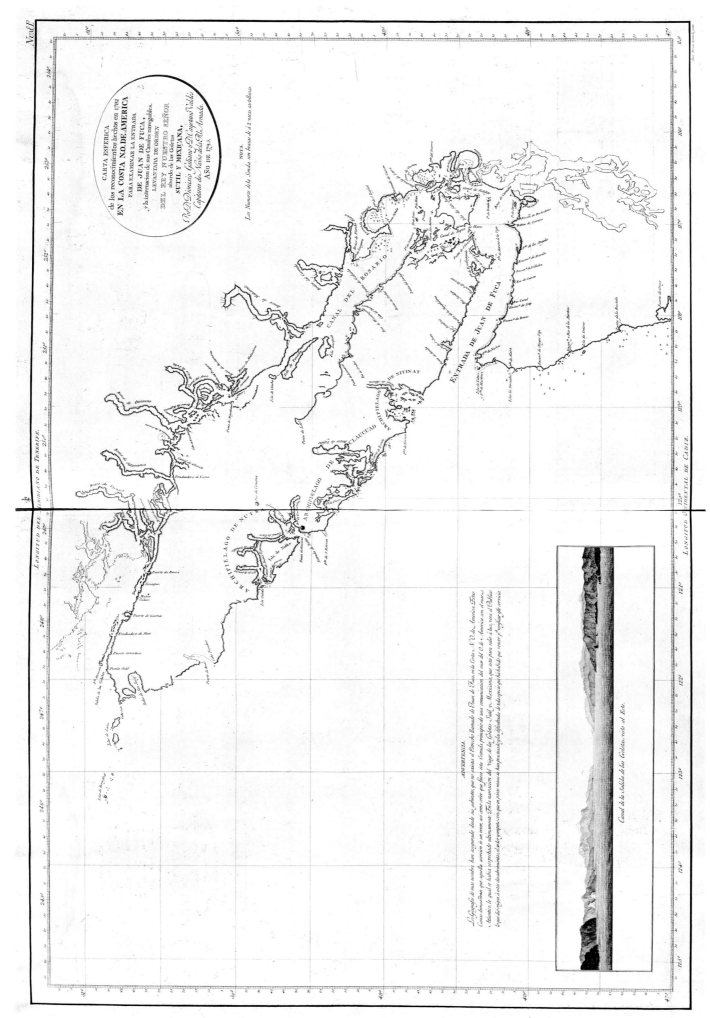

Carta general de la isla de Vancouver, levantada por las goletas Sutil y Mexicana. Museo Naval de Madrid.

Carta esférica del reconocimiento de los canales de la isla de Vancouver por la expedición de las goletas Sutil y Mexicana. Museo Naval de Madrid.

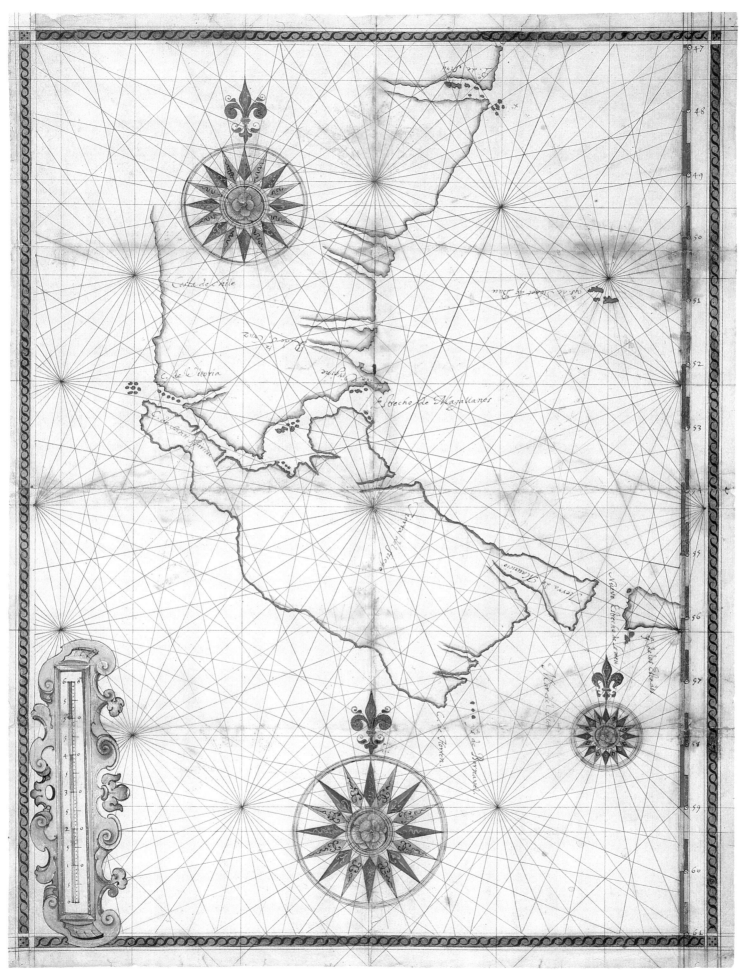

Carta del estrecho de Magallanes. Siglo XVII. Museo Naval de Madrid.

Con la perfección de estos aparatos, el problema capital que se había planteado para determinar la posición de la nave en el mar, se estaba empezando a resolver satisfactoriamente, habida cuenta de que la latitud se sabía cómo hallarla desde muy antiguo por la posición de los astros. En el siglo XVIII fue también fundamental para la navegación la definitiva puesta a punto de la corredera para determinar con exactitud el andar de un navío.

La expedición de la *Santa María de la Cabeza* levantó una carta general del estrecho de Magallanes y muchísimas particulares de puertos y fondeaderos, además de un detallado derrotero. Recomendaron finalmente hacer las navegaciones por el cabo de Hornos. Como por causa de los vientos contrarios, lo avanzado de la estación y la falta de amarras se dejó de visitar la parte occidental del Estrecho y no se pudo fijar la longitud del cabo Pilares y Victoria, el año 1788-1789 se organizó otra expedición para finalizar estos trabajos, con los paquebotes *Santa Casilda* y *Santa Eulalia* al mando del mismo comandante y de Fernando Miera. Cosme Churruca y Ciriaco Ceballos iban como oficiales hidrógrafos, los cuales a partir de entonces, tomaron parte en toda clase de comisiones hidrográficas.

Los resultados de estas dos expediciones fueron inmediatamente publicados así como las cartas que se levantaron en ellas.

Cartografía del Seno Mexicano y Antillas

El Seno Mexicano era también una zona de suma importancia estratégica ya que era el punto de recalada de todas las flotas procedentes de la Península y planteaba abundantes problemas técnicos a la navegación. En la segunda mitad del siglo XVIII se abordó su reconocimiento y planteamiento cartográfico de una manera sistemática. La parte norte del Seno Mexicano, es decir La Florida y Louisiana, fue cartografiada desde 1783 hasta 1786 por el primer piloto José de Hevia.

En 1788 Ventura Barcaiztegui levantó cartas de la costa meridional de la isla de Cuba, mientras que José del Río Cosa lo hacía de la parte oriental. Con el fin de publicar en la Dirección de Hidrografía un *Atlas de la América Septentrional*, se organizaron dos divisiones de berganti-

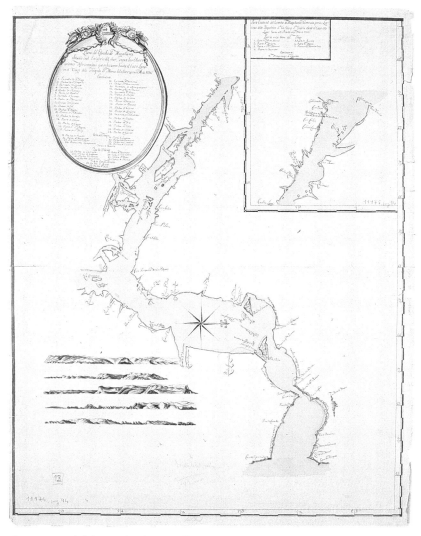

Carta general del estrecho de Magallanes. Expedición de la Santa María de la Cabeza. *Museo Naval de Madrid.*

nes; una al mando de Cosme Churruca con el *Descubridor* y el *Vigilante* que realizó los levantamientos de las costas de las Antillas de Barlovento desde 1794; y una segunda división con los bergantines *Empresa* y *Alerta* al mando de Joaquín Francisco Fidalgo para hacer las cartas de las Antillas de Sotavento y costas de Tierra Firme y Venezuela hasta el río de Chagres en 1802.

En 1801 Ciriaco Ceballos levantó la cartografía de la provincia de Yucatán y sonda de Campeche. Las cartas así obtenidas fueron publicadas por la Dirección de Hidrografía en un *Atlas de la América Septentrional* en el que se rectificaban las posiciones de Puerto Rico, La Guayra, Portobelo y Veracruz, entre otras.

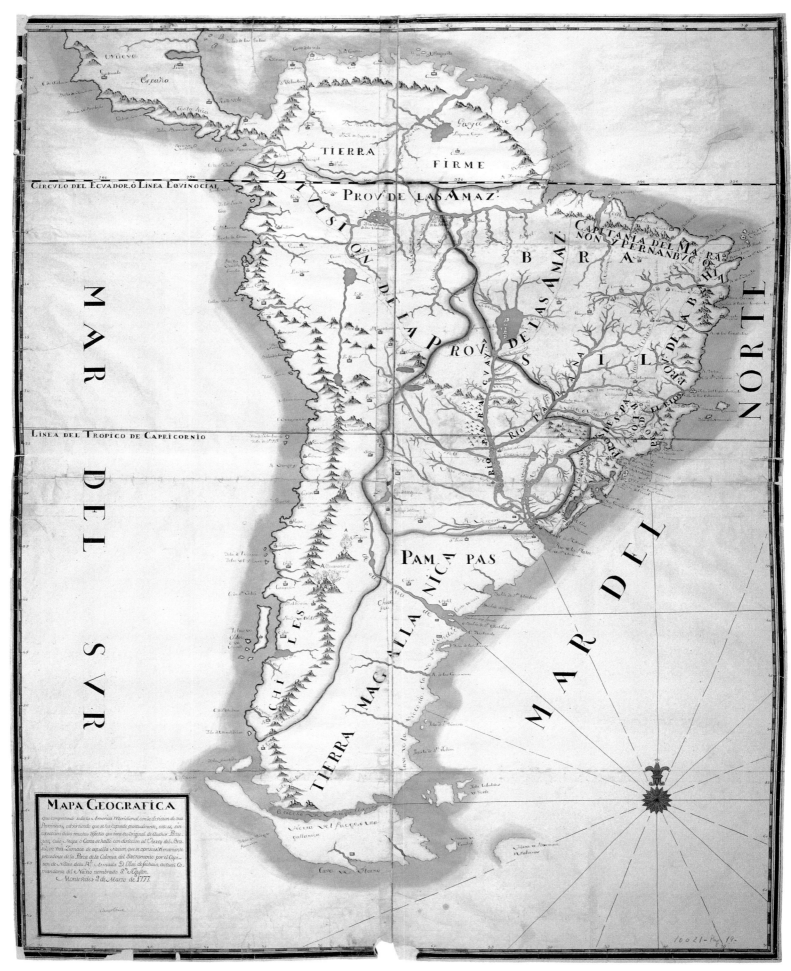

Mapa geográfico que comprende toda la América Meridional. 1777. Museo Naval de Madrid.

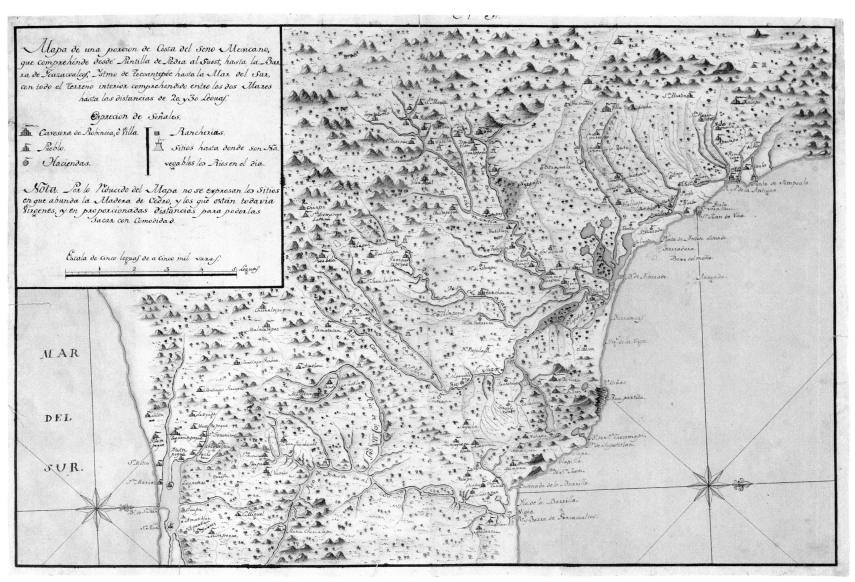

Mapa de una parte del Seno Mexicano. Museo Naval de Madrid.

Expediciones al Pacífico desde el Perú

A mediados del siglo XVIII, cuando ya estaba claro que Inglaterra era la primera potencia marítima, España empezó a temer que los ingleses tomaran posesión de alguna isla deshabitada del pacífico americano para, desde allí, en caso de guerra, hostigar las relaciones de la metrópoli con Filipinas. Esta misma estrategia ya la habían desarrollado con éxito al establecerse en las Islas Malvinas por lo que los temores del gobierno español no estaban infundados.

Carlos III, a la luz de estos planteamientos, estableció líneas de actuación política tendentes a reforzar las costas pacíficas americanas y las islas cercanas a ellas. El virreynato del Perú estaba directamente implicado en esta política y a ella se dedicó con especial empeño su virrey Manuel Amat.

A la vuelta de su viaje en 1768, el marino inglés Wallis trajo la noticia del descubrimiento de varias islas en el Pacífico sur; el gobierno español entendió que podían ser las avistadas por Quirós en 1605 y urgió al virrey para que lo comprobara.

Así pues, Amat organizó en 1770 una expedición en busca de la isla avistada en 1687 por Davis para comprobar si estaba en posesión inglesa. La expedición estaba integrada por el navío *San Lorenzo*, mandado por Felipe González Haedo y por la fragata *Santa Rosalía* al mando de Antonio Domonte. Se tomó posesión de la isla avistada por Davis, que hoy conocemos con el nombre de Pascua y que los españoles llamaron San Carlos en honor del rey. Los planos de esta isla se deben al piloto de la Mar del Sur Juan Hervé.

El éxito de esta expedición y las noticias llegadas a España sobre la observación del paso de Venus por la expedición de James Cook en Tahití, indujeron al virrey a organizar otra expedición para comprobar si se habían

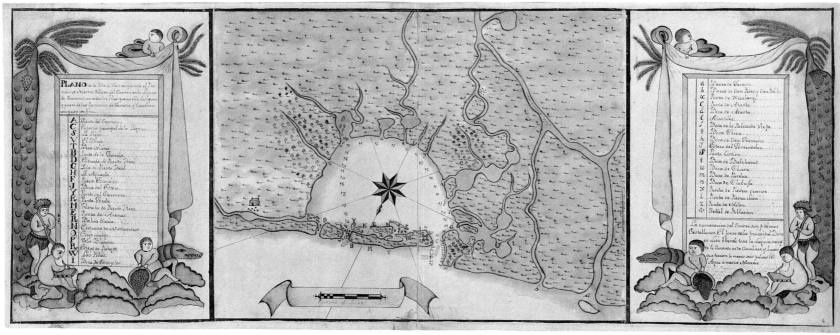

Plano de la laguna de Términos en México. Museo Naval de Madrid. (Arriba).
Plano hidrográfico de la laguna de Términos, en el Seno Mexicano. Museo Naval de Madrid. (Abajo).

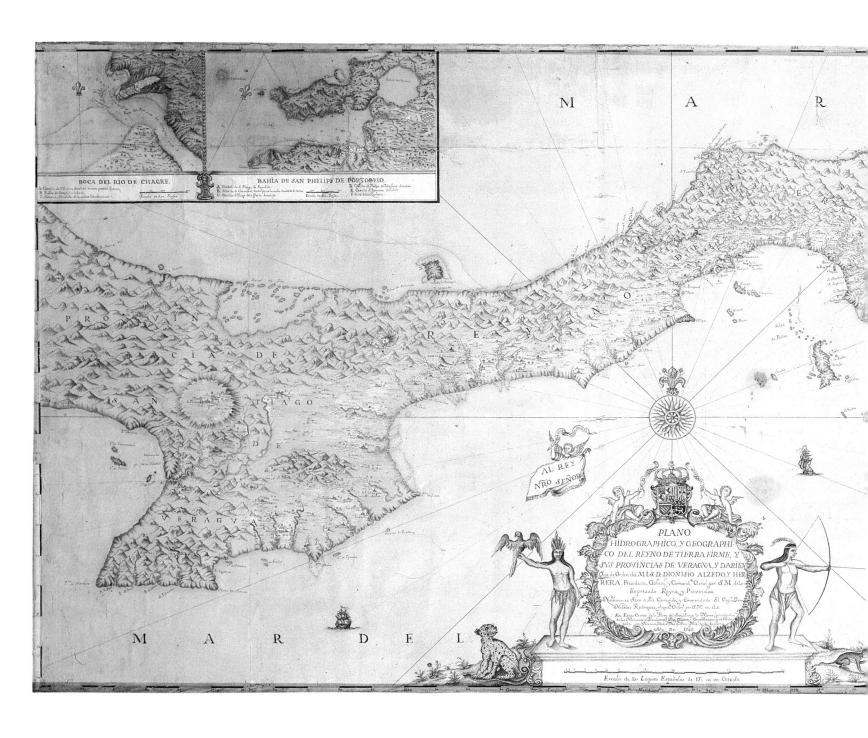

Plano de Tierra Firme. Museo Naval de Madrid.

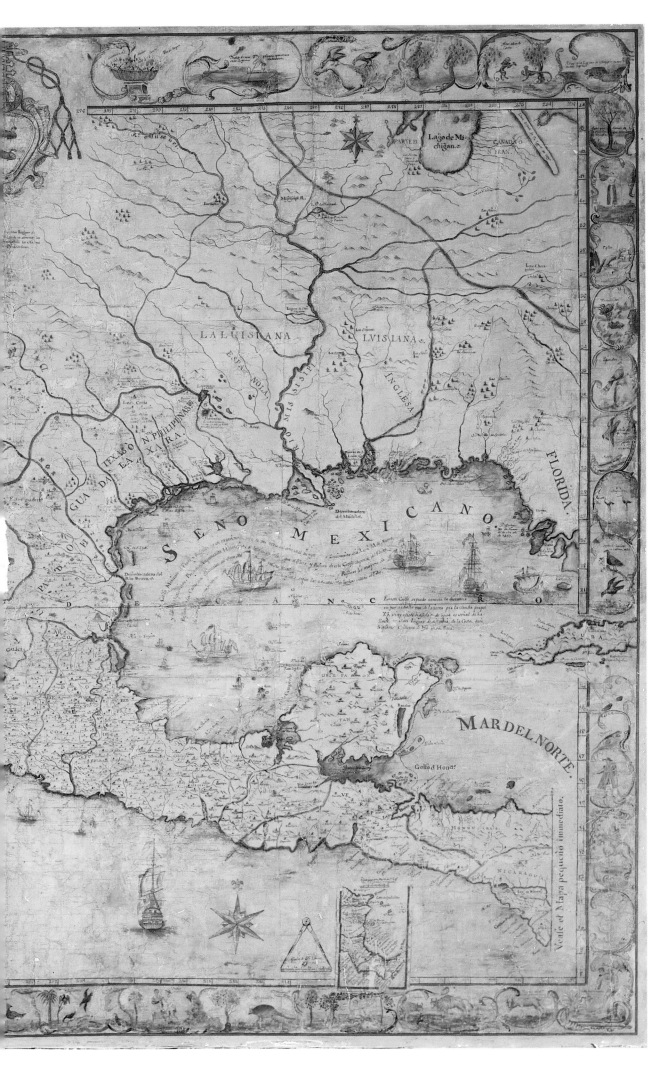

PARTE B Lago de Mi-
chigan

CANADA O
N. FRAN.

Mississippi R.

LA LUISIANA

ESPAÑOLA

LVISIANA

INGLESA

RIO MISISIPI

FLORIDA

SENO MEXICANO

TROPICO DE CANCRO

MARDELNORTE

Vease el Mapa que buelta immediato.

Plano geográfico de la América
Septentrional Española. 1767.
José Antonio de Alzate.
Museo Naval de Madrid.

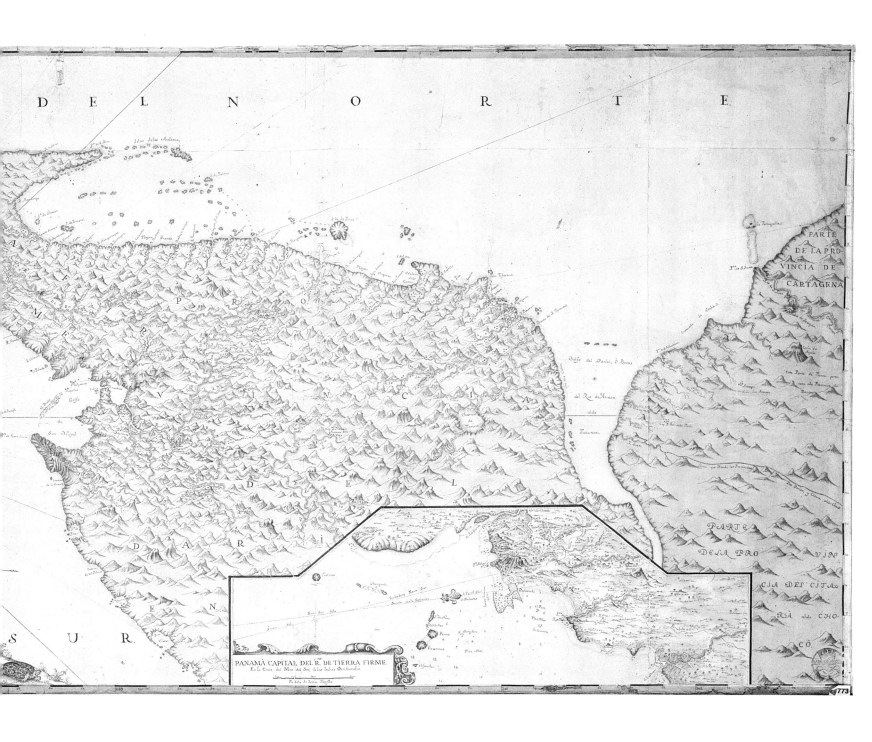

Mapa de la Gobernación de Cumaná. 1762. Juan Aparicio. Museo Naval de Madrid.

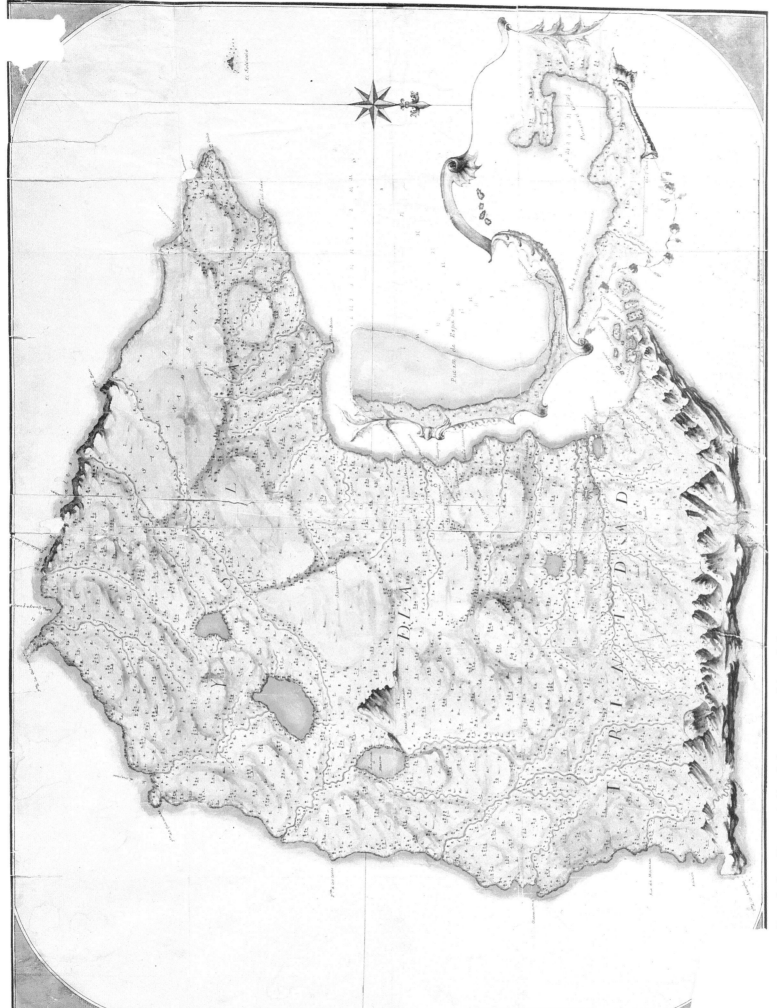

Parte de Costa Firme e isla Trinidad. Museo Naval de Madrid.

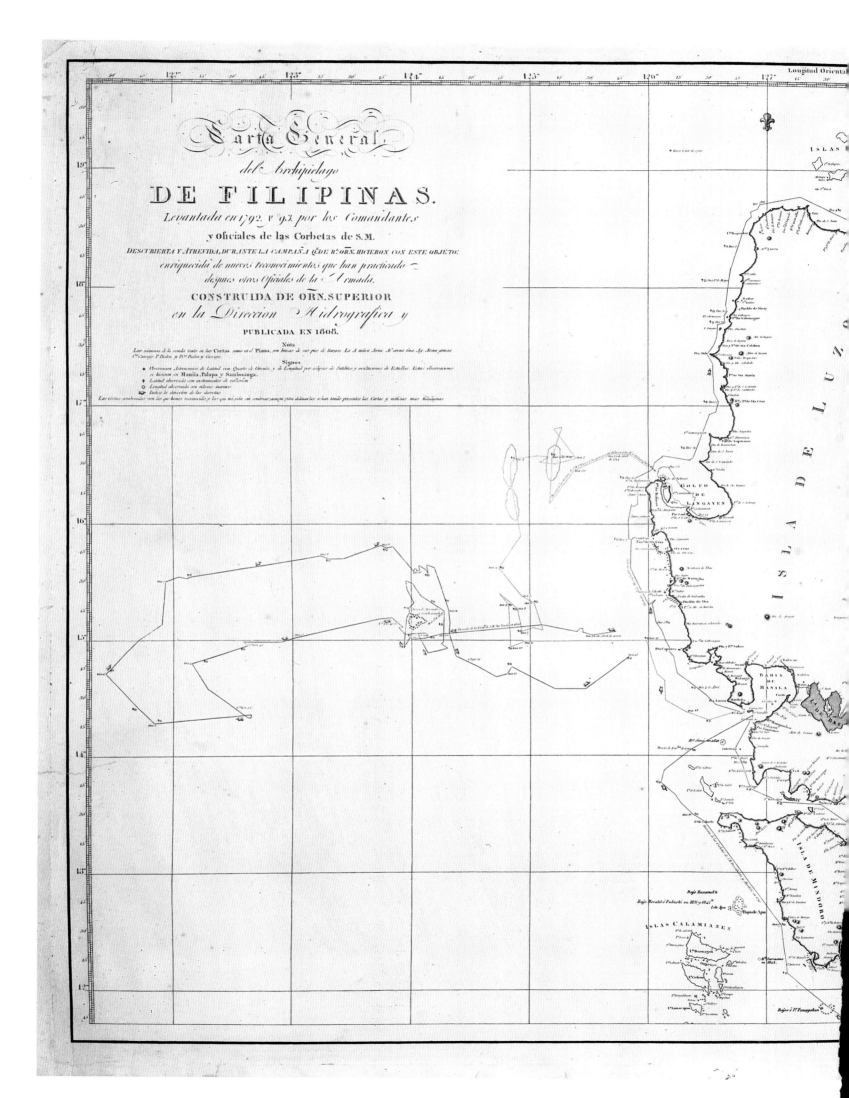

Carta General del Archipiélago

DE FILIPINAS.

Levantada en 1792. y 93. por los Comandantes
y oficiales de las Corbetas de S.M.

DESCUBIERTA Y ATREVIDA, DURANTE LA CAMPAÑA Q.E DE R.O ORN. HICIERON CON ESTE OBJETO:
enriquecida de nuevos reconocimientos que han practicado
despues otros Oficiales de la Armada.

CONSTRUIDA DE ORN. SUPERIOR
en la Direccion Hidrografica y
PUBLICADA EN 1808.

Nota

Signos

ISLAS

ISLA DE LUZON

GOLFO DE LINGAYEN

BAHIA DE MANILA

ISLA DE MINDORO

ISLAS CALAMIANES

Longitud Oriental

OCÉANO

ME

ISLAS MALVINAS

ESTRECHO DE Sn CARLOS

TIERRA DEL FUEGO

ESTRECHO DE MAIRE

CASAL DE Sn SEBASTIAN

MAGALLANES

REY

TIERRA

GOLFO DE LA TRINIDAD

OCÉANO

Carta esférica de la América Meridional, de la expedición Malaspina, grabada por el Depósito Hidrográfico. Museo Naval de Madrid.

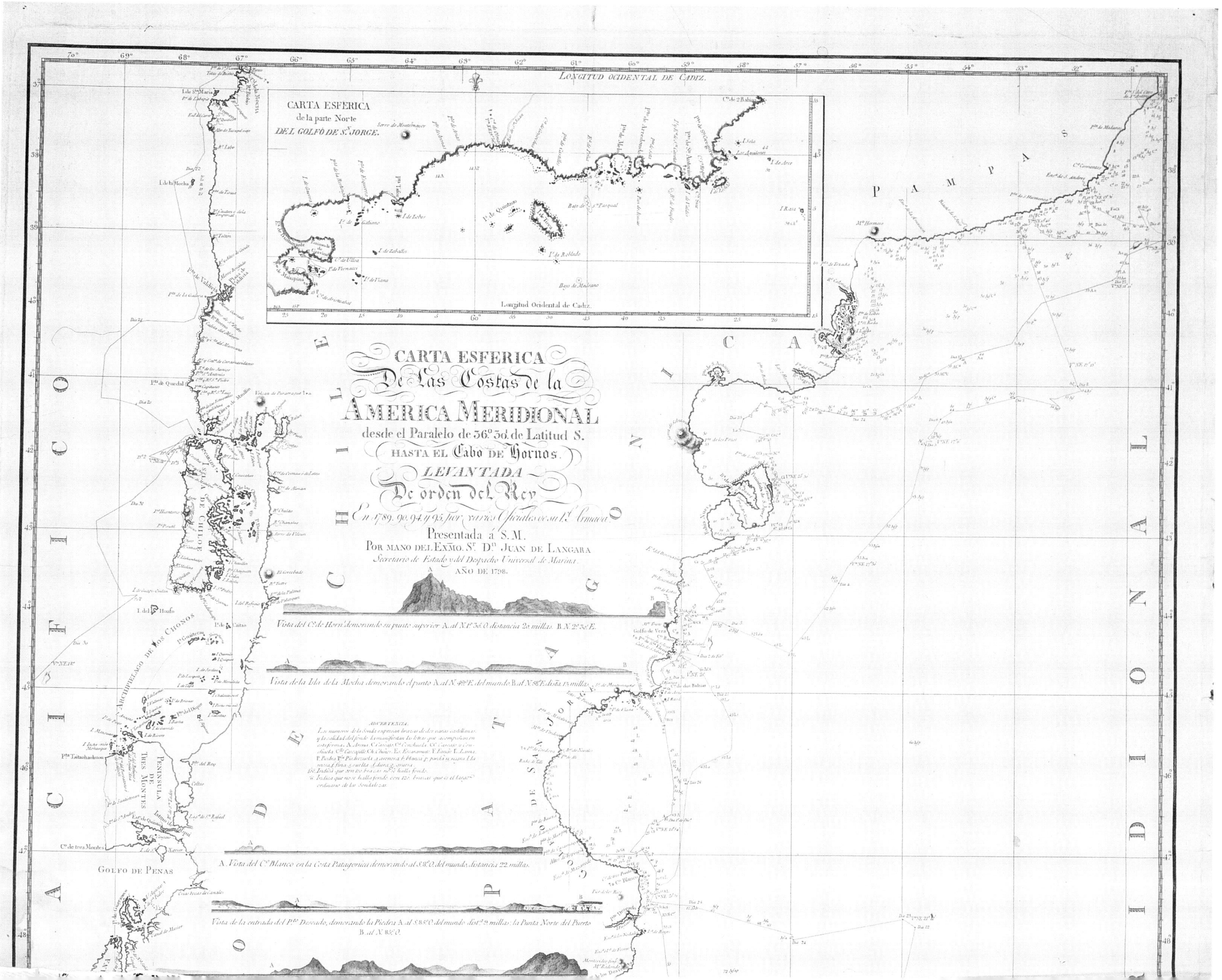

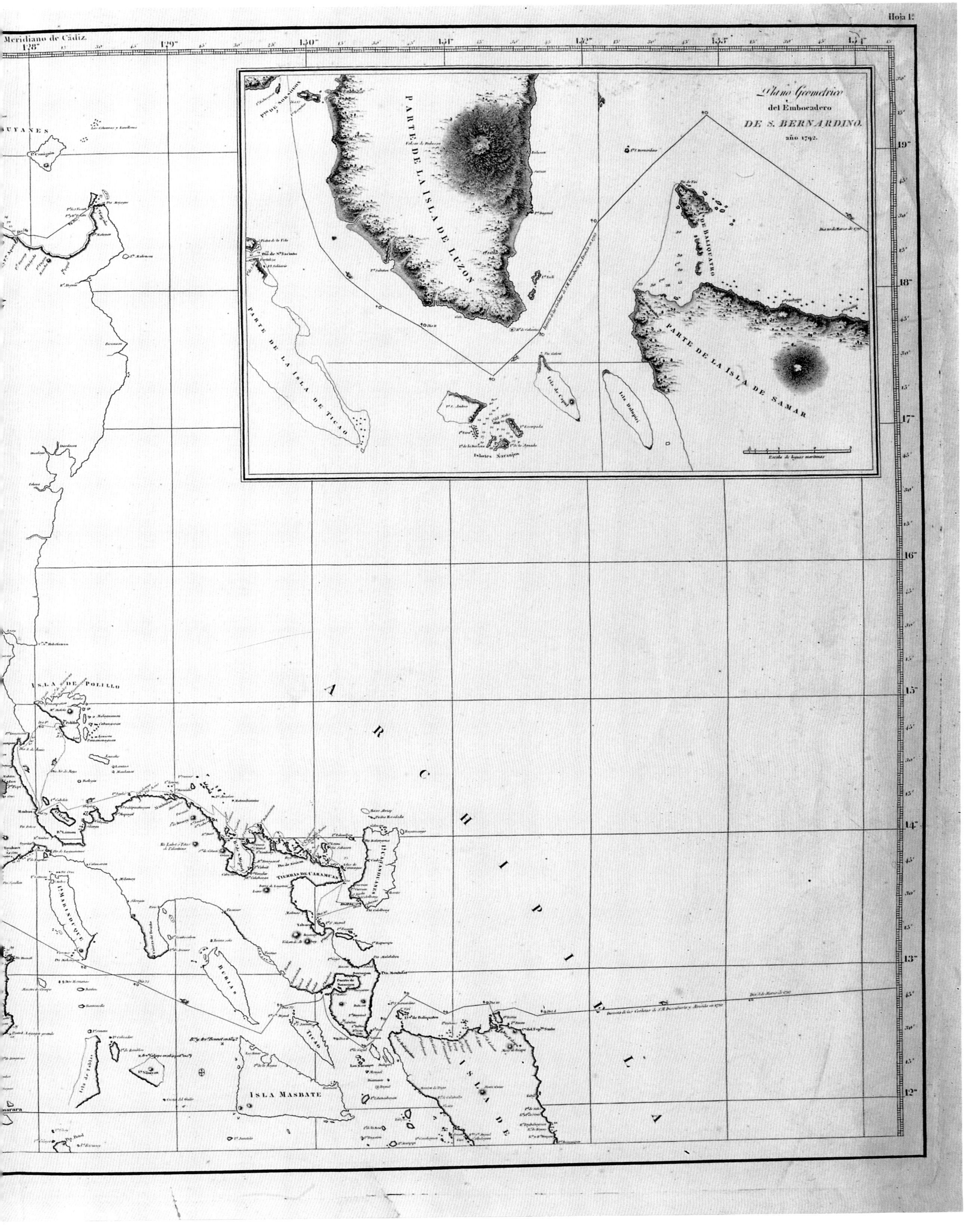

Meridiano de Cádiz.

Plano Geométrico
del Embocadero
DE S. BERNARDINO.
año 1792.

PARTE DE LA ISLA DE LUZON

PARTE DE LA ISLA DE TICAO

PARTE DE LA ISLA DE SAMAR

Islotes Naranjos

Isla de Capul

Isla Balagnan

Escala de leguas marítimas

SUYANES

ISLA DE POLILLO

A R C H I P I E L A G O

TIERRAS DE CARAMGA

ISLA MASBATE

ISLA DE

Derrota de las Corbetas de S.M. Descubierta y Atrevida en 1792

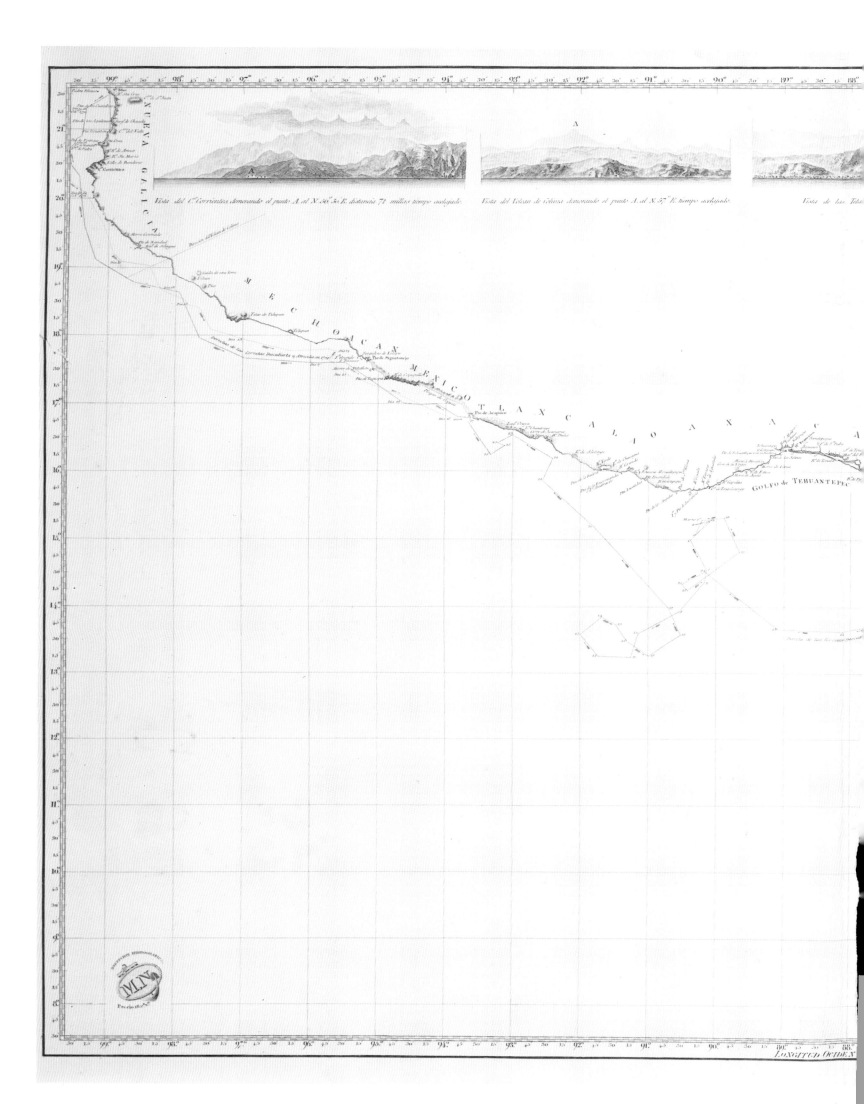

Vista del C.° Corrientes demorando el punto A. al N. 56.° 30.° E. distancia 71 millas tiempo achoyado.

Vista del Volcan de Colima demorando el punto A. al N. 57.° E. tiempo achoyado.

Vista de las Teh

N U E V A   G A L I C I A

M E C H O A C A N

M E X I C O   T L A X C A L A   O A X A C A

GOLFO de TEHUANTEPEC

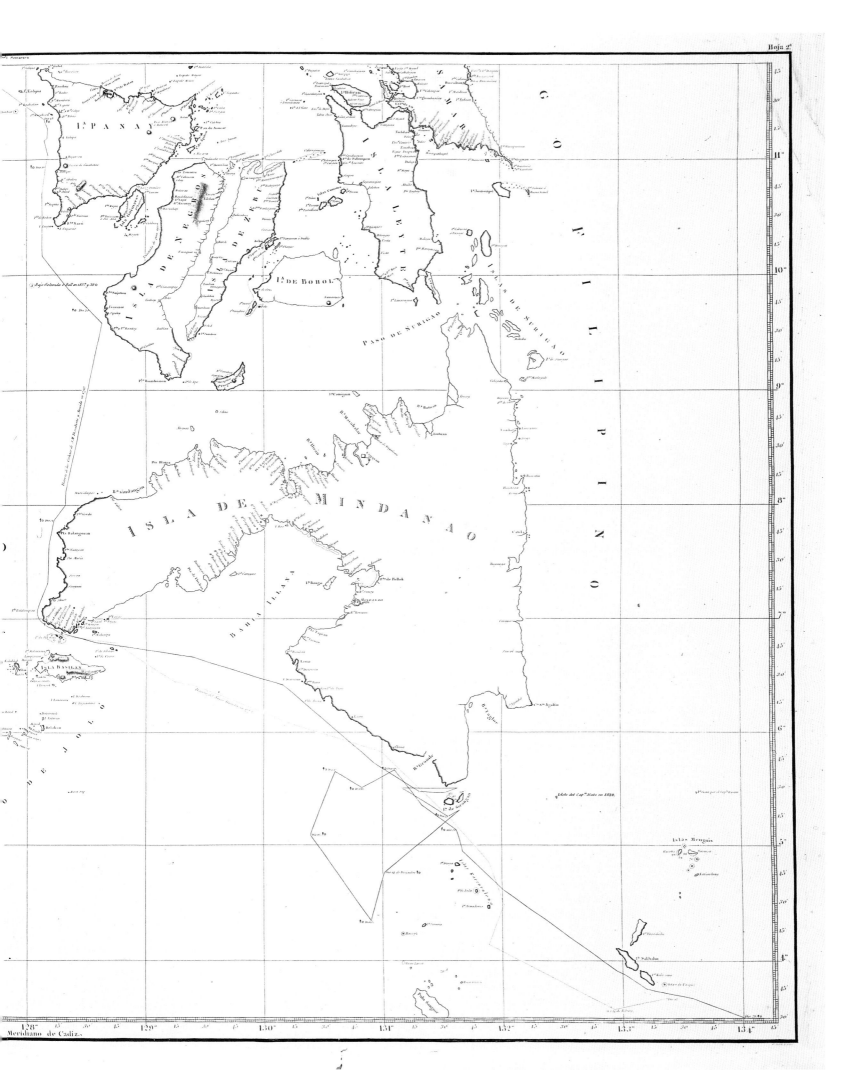

ISLA DE MINDANAO

PASO DE SURIGÃO

BAHIA ILLANA

ISLA BASILAN

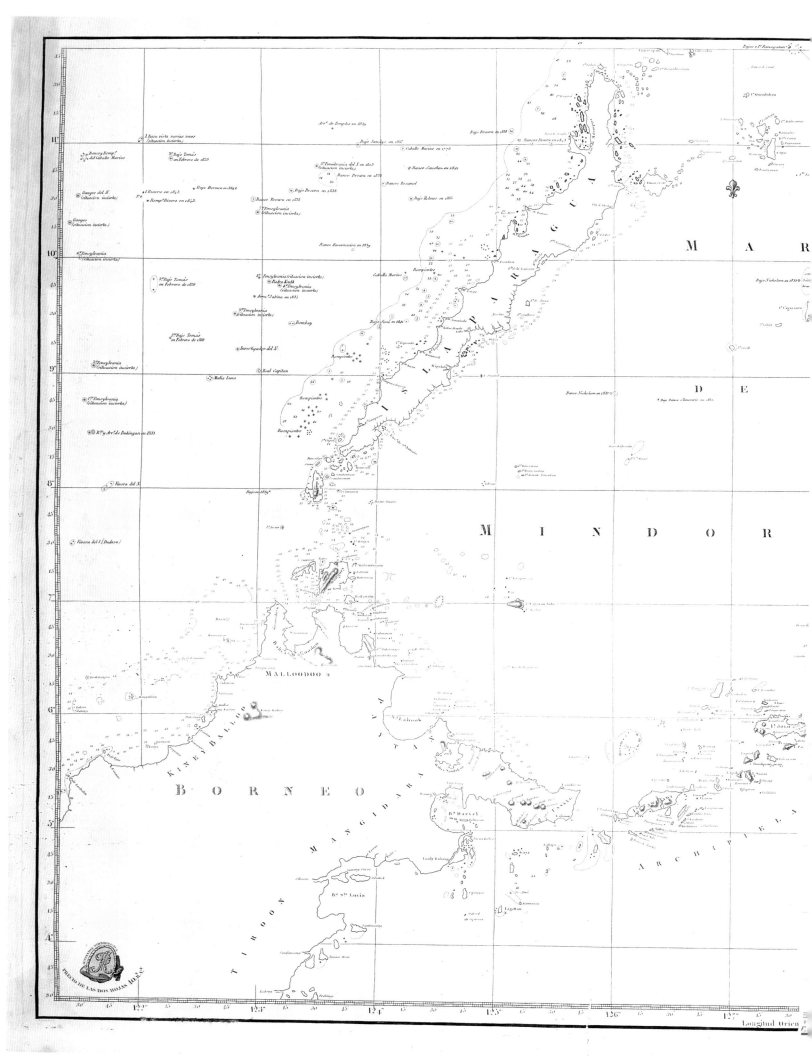

Carta general del archipiélago de Filipinas. Parte Sur. Expedición Malaspina. Grabada por el Depósito Hidrográfico. Museo Naval de Madrid.

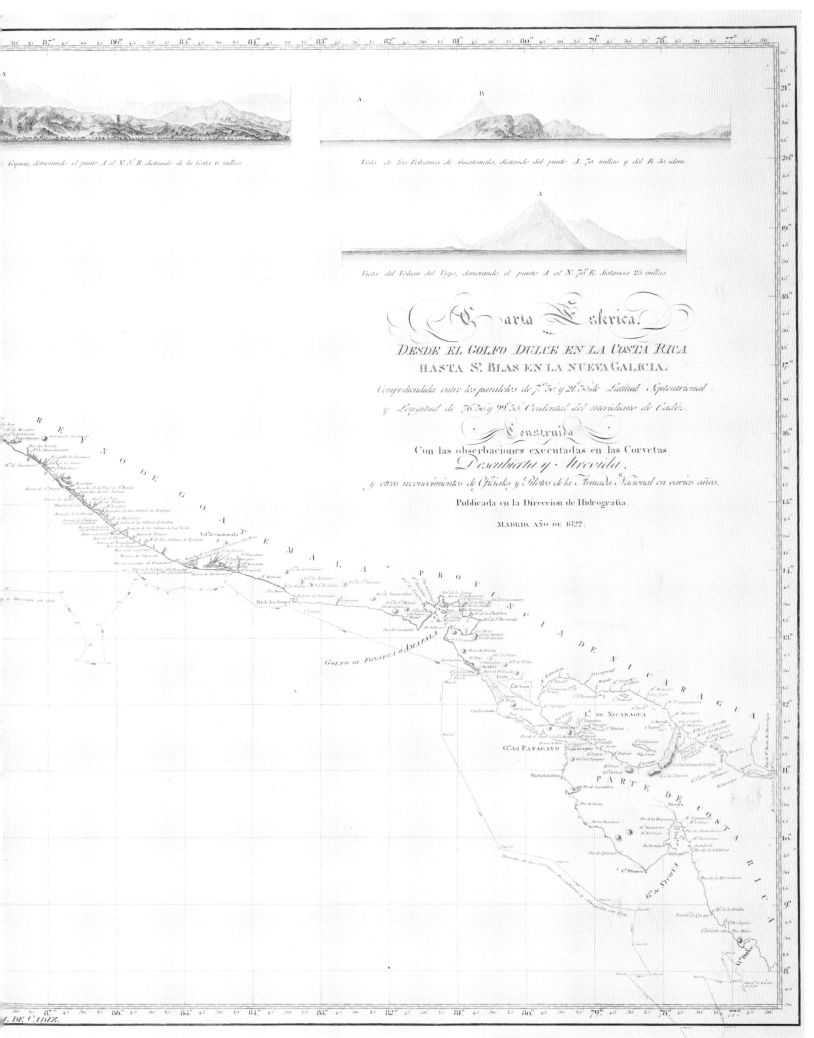

Carta esférica desde el golfo Dulce hasta San Blas, de la expedición Malaspina, grabada por el Depósito Hidrográfico. Museo Naval de Madrid.

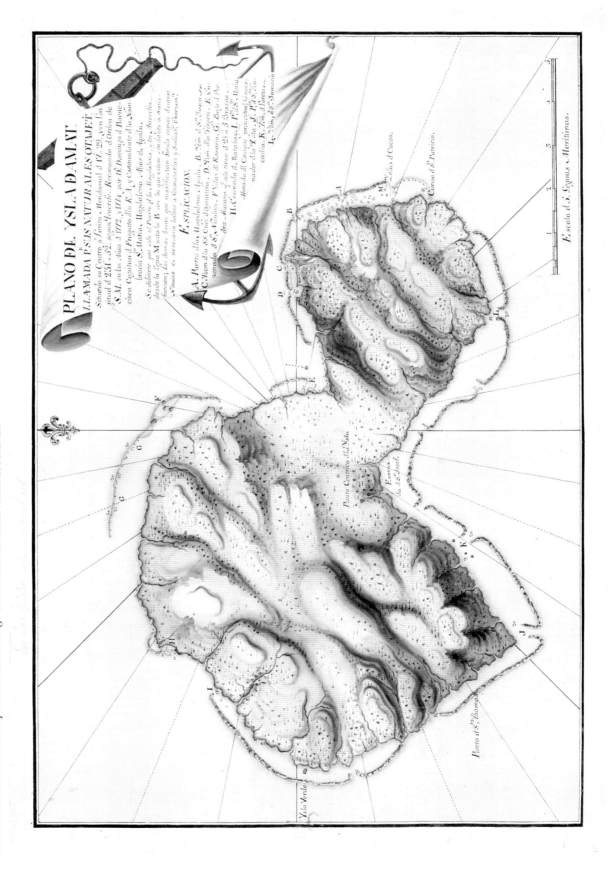

Plano de la isla de Amat. Expedición de Domingo de Boenechea. Museo Naval de Madrid.

asentado allí los ingleses. Esta expedición que salió del Callao el 26 de septiembre de 1772, estaba integrada por la fragata *Santa María Magdalena* alias *Águila* al mando de Domingo Boenechea; como en la ocasión anterior iba de primer piloto Juan Hervé. El resultado de esta expedición se saldó con el descubrimiento de nuevas islas, no reseñadas por los ingleses, la comprobación de que éstos no se habían establecido en Tahití y abundante documentación cartográfica y documental.

Dos años después, el infatigable virrey organizó otra expedición con la misma fragata *Águila* e idéntica dotación y el paquebote *Júpiter*, mandado por José Andía y Varela con el fin de fundar en Tahití un establecimiento en el que permanecerían dos misioneros y una dotación de soldados. Durante el viaje murió el capitán Boenechea y allí mismo fue enterrado. El resultado de esta expedición fue el reconocimiento de quince nuevas islas que, junto con la seis del viaje anterior fueron cartografiadas.

El ciclo de expediciones a las islas del Pacífico se cerró al año siguiente con el viaje de Cayetano de Lángara que fue con la misma fragata a suministrar víveres a los españoles que se habían quedado en la isla. Por diversos motivos, los misioneros se negaron a permanecer en Tahití y Lángara los devolvió al Perú.

De esta manera terminó la influencia española en las islas del Pacífico. Conservamos abundante documentación cartográfica donde se combina la valiosa información geográfica con la magnífica decoración de estas cartas.

En Chile es de destacar la labor del primer piloto José de Moraleda y Montero que, en 1786, levantó cartas del archipiélago de Chiloé y de la costa continental de Chile que circunda dicho archipiélago, con noticias del estado social de ese territorio. En 1793 el mismo piloto realizó otra expedición al archipiélago de Chonos, golfo de San Jorge y costa patagónica chilena, de la que se conserva abundante cartografía. Los trabajos hidrográficos de Moraleda son los más serios de esa parte del territorio chileno, durante el dominio español y aún hoy conservan gran interés.

El Virrey Amat. Óleo de Pedro J. Díaz.

La cartografía de la Expedición Malaspina

El éxito de la comisión mandada por Vicente Tofiño de San Miguel, director de la escuela de Guardiamarinas de Cádiz, en el levantamiento sistemático de las costas de España durante los años 1783-1788 que produjo el estimable *Atlas Marítimo de España* de 1789, había resaltado la necesidad de hacer algo semejante en las costas de América y Filipinas, pertenecientes a la corona española, a fin de contar con un elemento fiable para ayuda de las navegaciones; es decir, cartas bien construidas con los últimos elementos científicos de la época y con todos los medios humanos y técnicos necesarios.

En 1785, algunos de los oficiales que estaban trabajando con Tofiño en el levantamiento de las cartas de las costas de España, fueron destinados a las órdenes de Antonio de Córdova en la fragata *Santa María de la Cabeza* a levantar cartas del estrecho de Magallanes y comprobar los problemas que planteaba la navegación. El 18 de enero de 1787 estos mismos oficiales presentaron al ministro Antonio

Plano del Puerto de Santa Cruz de Ojatutira. Isla de Tahití. Expedición de Domingo de Boenechea. Museo Naval de Madrid.

VISTA EN PRESPECTIVA DE EL PUERTO DE OJATUTIRA ESTANDO FONDEADO EN EL PUNTO. W.

Nº ½ E · ESE · S · OSO ½ S · Oeste · OS.N.

ESPLICACION.

A. Punta del Puerto. B. Poblacion de los Yndios.
C. Casa de los PP. Misioneros, en cuya frente esta enterrado D.n Domingo Boenechea Capitan de Fragata de la R.A. y Comand.e de la Nombrada Aguila
D. Rio d Agua Dulce aun q.e algo salobre en su Entrada
E. Remate del Zerro dos Palmas que sirue d Marca para la Entrada. F Caleta & Buen Aguada y fondeadero. G. Puerto y Pueblo d la Virgen.
H. Arrecifes que Velan.
Lo d[...] d Nouilanea, y Nonilaneo sobre la plea Mar alo 1 &c la Vaxde, y crese d uno, y media, a seis Pies.

Escala d una Milla Maritima.

PLANO DEL PUERTO DE LA SS.
CRUZ DE OJATUTIRA

Situado en la Ysla de Amat, por Latitud Meridional de 17.°34, y en longitud d 232.°28, segun el Merid.o d Then, Advirtiendo que en este Puerto y sus ynmediaciones varia la Ahuja Ocho Grados al Nor-oeste

Valdés un ambicioso plan para levantar las cartas hidrográficas de todas las posesiones españolas en la América septentrional. El plan, firmado por los tenientes de fragata Dionisio Alcalá-Galiano, José Espinosa y Tello, Alejandro Belmonte y el alférez de navío José de Lanz, estaba aprobado por el rey cuando Alejandro Malaspina expuso el suyo, mucho más ambicioso, que obtuvo la preferencia sobre el anterior, que se centraba sólo en las Antillas y costa atlántica de Centroamérica.

Este prólogo atestigua que la cartografía, junto con el informe político y social de los virreinatos, eran las dos líneas maestras del plan presentado al rey por Malaspina. Abundando en lo mismo, Malaspina hizo especial hincapié en conseguir como encargado de cartas y planos a Felipe Bauzá, piloto graduado de alférez de fragata, que había desempeñado un importante papel en la comisión del atlas de España, a las órdenes de Tofiño. Bauzá era entonces grabador y maestro de dibujo en la Academia de Guardiamarinas de Cádiz y se resistía a participar en la expedición por temor a perder su puesto. Malaspina insistió ante Valdés en su pretensión, argumentando que era un hombre valiosísimo no sólo en su faceta, ya demostrada, de dibujante y grabador, sino también en la que él quería encomendarle, de cartógrafo. Malaspina se salió con la suya y, gracias a él, Felipe Bauzá ocupa un lugar destacado dentro de la cartografía española. Una vez aprobada la propuesta y a punto ya de embarcar, el comandante Malaspina presentó el plan de operaciones para el primer año de la campaña que era exclusivamente un plan de levantamientos cartográficos. Este dato vuelve a confirmar el papel importantísimo que tuvo la cartografía en la gestación y posterior aprobación por el rey de la expedición Malaspina.

Trabajos cartográficos de la Expedición Malaspina

En Montevideo, adonde llegaron en octubre de 1789, empezaron los levantamientos cartográficos; levantaron un plano geométrico del Río de la Plata, determinaron astronómicamente la posición de Buenos Aires, reconocieron la costa hasta el cabo de San Antonio. Malaspina y Bauzá levantaron el plano de Maldonado y la costa hasta Montevideo, valiéndose de las observaciones hechas en al zona por José Varela y Ulloa en 1782 y 1783. Situaron geométricamente el Río Negro, la península de San José y toda la

costa hasta Puerto Deseado. El golfo de San Jorge fue objeto de una comisión posterior a cargo de Juan Gutiérrez de la Concha cuando volvieron del viaje en 1794.

En esta ocasión levantaron el plano del puerto Egmont en las islas Malvinas que serían reconocidas exhaustivamente a la vuelta del viaje, en enero de 1794 por la corbeta *Atrevida,* situando el Puerto de la Soledad y la parte oriental de las islas.

Continuaron hacia el sur por la costa patagónica chilena hasta el cabo de las Vírgenes, ya que la costa intermedia hasta Puerto Deseado había sido ya reconocida por la expedición de Antonio de Córdova. En la embocadura del estrecho de Magallanes reconocieron el bajo Sarmiento, el cabo del Espíritu Santo, Tierra del Fuego y entrada del estrecho de Le Maire. Esta zona sería nuevamente reconocida en 1793 cuando situaron las islas de Diego Ramírez, cabo de Hornos e islas Aurora, ya que en esta ocasión los vientos contrarios lo impidieron.

El 1 de febrero de 1790 llegaron a San Carlos, en la isla de Chile y, mientras la *Atrevida* siguió a Valparaíso para hacer observaciones astronómicas y físicas, Bauzá en la *Descubierta* hizo el plano de Talcahuano, San Vicente y Coliumo, realizando marcaciones por toda la costa y llevando los triángulos hasta los cerros de Bio-Bio y por la desembocadura de este río hasta la plaza mayor de Concepción. En Santiago de Chile levantaron un mapa del valle de Mapocho.

En abril de 1790 llegaron a Coquimbo, donde establecieron con toda exactitud la longitud de este puerto para que les sirviera de referencia en la costa pacífica como habían hecho en la costa atlántica con la longitud de Montevideo.

Por segunda vez se separaron las corbetas y, mientras la *Atrevida* levantaba la costa de Copiapó, morro de Acari y Arica, la *Descubierta* levantaba las islas de San Félix y el plano del Callao, que sería perfeccionado a la vuelta de la expedición en 1793. Hicieron mediciones de la costa desde el Callao a Guayaquil y, por medio de observaciones astronómicas, formaron el plano de la ría de Guayaquil.

El 16 de noviembre llegaron a Panamá, donde había un particular interés en levantar una carta fiable para enlazar con los resultados de la comisión que iba a realizar Joaquín Francisco Fidalgo en Tierra Firme. Distintos oficiales hicieron las tareas de medición y observaciones astronómicas y Bauzá levantó el plano del golfo de Panamá y sus islas.

Por tercera vez se separaron las corbetas en su navegación y la *Atrevida* navegó directamente a Acapulco y San Blas, reconociendo la isla de Cocos. Por su parte la *Descubierta* levantó el plano de Realejo aunque los vientos contrarios les impidieron reconocer las costas de Soconusco, Tehuantepec y Aguatulco. Una vez juntas las corbetas en Acapulco, se produjo la incorporación de Ciriaco Ceballos y José Espinosa y Tello, que habían viajado desde España. Espinosa se incorporó a la *Descubierta* que tuvo una actividad más destacada en la labor cartográfica de la expedición. Allí comenzó una fructífera labor en equipo entre este oficial, encargado de las tareas astronómicas y Felipe Bauzá en su faceta de piloto y cartógrafo, que se prolongó luego en la recién creada Dirección de Hidrografía, hasta la muerte de Espinosa en 1815.

Una vez finalizada la campaña del noroeste, que se ha estudiado en otro lugar, salieron las corbetas de Acapulco el 20 de diciembre de 1791 para hacer la campaña del Pacífico. El 11 de enero llegaron a la isla de Guam en las islas Marianas; ante la imposibilidad de fondear en el puerto de Agaña, ni en el de San Luis de Apra, establecieron el observatorio en la rada de Umatag, haciendo diversos levantamientos. El 24 de febrero hicieron la derrota para las Filipinas, donde realizaron una intensa labor cartográfica pues estas islas no habían sido nunca objeto de levantamientos cartográficos sistemáticos. Levantaron el plano de Sorsogón y del estrecho de San Bernardino, hasta entonces sin cartas fiables. El 26 de marzo levantaron el plano de la barra de Manila. A continuación, la corbeta *Descubierta*, en su quinta separación de la *Atrevida*, cartografió la costa occidental de la isla de Luzón, mientras su compañera se desplazó a Macao para hacer experiencias del péndulo invariable.

La actividad en las Filipinas se completó con el plano de la bahía de Manila, levantado por Bauzá y Alí Ponzoni. Francisco Javier de Viana levantó las costas de Pangasinán, Ilocos y Cagayán. Malaspina, la costa oriental de Luzón desde Maubán hasta el cabo de San Ildefonso. El piloto Juan Maqueda levantó la contra costa de Luzón,

costa de la isla de Catanduanes y entrada de San Bernardino. También se situó astronómicamente Manila.

Ante la imposibilidad de demorarse más en aquel archipiélago, Malaspina comisionó a los pilotos Juan Maqueda y Jerónimo Delgado para que en una goleta explorasen y levantasen la carta de las islas Visayas, desembocadero de San Juanico y la isla de Mindanao.

El 15 de noviembre de 1792 salieron las corbetas de Manila y trazaron las cartas de las costas occidentales de Mindoro, Panay, Negros, Mindanao y rada de Zamboanga. Avistaron las islas de Erromán y Anaton, las más orientales del archipiélago de las Nuevas Hébridas y levantaron el plano de Dusky Bay en el extremo meridional de Nueva Zelanda.

En mayo de ese año llegaron a Australia, donde fueron muy bien recibidos por los ingleses y levantaron un plano de bahía Botánica y Puerto Jackson. De allí prosiguieron viaje hasta Vavao, en el archipiélago de las Tonga, que ya había sido visitada por Mourelle, donde levantaron algunos planos. Sin avistar islas y con las tripulaciones enfermas, llegaron al Callao de Lima el 23 de julio de 1795. En octubre de ese mismo año llegaron a Montevideo, donde permanecieron completando anteriores levantamientos hasta septiembre en que llegaron a Cádiz.

Otras comisiones dependientes de la Expedición Malaspina

La expedición generó nuevas comisiones para completar los levantamientos que ella no pudo abordar y que tuvieron entidad y vida propia dentro de la misma expedición. Estas fueron:

a) Comisión del piloto José de la Peña con el bergantín *Carmen* a la exploración de la costa patagónica argentina, río de Santa Cruz y Gallegos. 1789-1790.

b) Comisión de Juan Gutiérrez de la Concha al golfo de San Jorge en la patagonia argentina. 1794-1795.

c) Expedición de las goletas *Sutil y Mexicana* al reconocimiento del estrecho de Juan de Fuca en la costa noroeste de la América septentrional. 1792.

cálculos y situado astronómicamente los puertos, cabos y puntos más notables de América.

«Dábase principio a las observaciones de longitud por reloxes quando el Sol tenía suficiente altura para que fuesen exactas, esto es, desde una hora después de su salida por lo regular, hasta dos horas antes de su paso por el meridiano; y dos horas después de este se continuaban hasta una hora antes de anochecer. Con esto y la latitud observada a medio día, que se comprobaba por los resultados de diversos observadores en cada corbeta, trazábamos con suma exactitud para los usos hidrográficos la línea de los diversos rumbos de nuestra navegación costanera, que debían servir de base para colocar en sus respectivas situaciones los cabos y puntos de la costa. Las relevaciones de estos se hacían de media en media hora, o algo más, con buenas agujas acimutales montadas sobre sus trípodes, y los observadores tenían mucho cuidado de practicarlas también siempre que se tomaban horarios para la longitud; y quando los lugares que iban a situarse nos demoraban al N. ó al S., al E. ó al O. del mundo, así como quando corríamos la línea en que se enfilaban algunos de ellos, y por descontado siempre que se variaba de rumbo.

»Manejados después estos elementos con la necesaria inteligencia, sacamos siempre buenos resultados; y podemos asegurar que el exercicio de estos trabajos conduce a una exactitud que parecerá increíble a quién no los haya practicado mucho. Es sí necesario que no haya corrientes de consideración; que se mida la vela en términos de no andar por hora más distancia que aquella a que se está de la costa, y que en la execución se tengan presentes todos los preceptos de la geometría práctica para proporcionar la magnitud de las bases de modo que los triángulos se acerquen todo lo posible a equiláteros. De esta manera lográbamos en breves días levantar por mayor muchas leguas de costa.

»... Dimos particular atención a las demás observaciones náuticas que podían practicarse sin demorarnos demasiado en los puertos, tales como la variación e inclinaciones de la aguja, la averiguación de las mareas, y la determinación de la longitud por distancias lunares, con la mira de comparar sus resultados con las longitudes astronómicas de los mismos parages, y poder apreciar el grado de confianza que merece el método de las distancias. Como en esta parte nada podrá ser más convincente que la sen-

EL EXC.º SEÑOR DON JOSÈ ESPINOSA TELLO DE PORTVGAL THENIENTE GENERAL DELA REAL ARMADA, Y PRIMER DIRECTOR DEL DEPOSITO DE HIDROGRAFÍA, MVRIÓ EN MADRID EN 6.DE SEPTIEMBRE DE 1815. DE EDAD DE 52. AÑOS DOS MESES, Y QUATRO DÍAS

Retrato anónimo de José Espinosa y Tello. Museo Naval de Madrid.

d) Comisión de las islas Visayas y estrecho de San Bernardino por los pilotos Juan Maqueda y Jerónimo Delgado. 1792-1793.

e) Viaje de Espinosa y Tello y Bauzá desde Valparaíso hasta Buenos Aires atravesando los Andes. Estuvo motivada por la mala salud de ambos oficiales que les impidió continuar la navegación. Generó abundantes investigaciones y una carta hecha por Bauzá del camino de Valparaíso a Buenos Aires. 1794.

Método de trabajo

Es el propio Espinosa y Tello en las *Memorias de Depósito Hidrográfico*[150] quien explica cómo se han hecho los cilla exposición de las mismas observaciones que practicamos, daremos un resumen de las principales en las tablas siguientes, advirtiendo que los Comandantes, oficiales y guardiasmarinas todos llevábamos sextantes construidos por los mejores artistas; a saber, por Ramsden, Wright, Stanclif y Traugthon; y que no perdiendo ocasión alguna de observar tanto en tierra como en la mar, multiplicamos los resultados a un punto a que no sabemos se haya llegado en otra expedición alguna.

»Todos los Oficiales de cada corbeta presidios por el Comandante hacíamos a un tiempo estas observaciones, dando por turno cada uno el instante en que tenía la distancia ajustada; y sacándose apunte de la que manifestaban los instrumentos de todos los observadores, se calculaban después y se tomaba el resultado medio. Para reducir prontamente estas largas series empleábamos de ordinario las grandes tablas de refracción y paralage, publicadas en Inglaterra; otras veces nos servimos de las de Marget; y muchas del método de Borda, y de las fórmulas trigonométricas. Véanse las observaciones de distancias lunares que hicimos en los puertos de América».

Resultados de la Expedición

Una vez desembarcados en Cádiz, los miembros de la expedición fueron recibidos con toda clase de honores. Malaspina pidió y obtuvo para todos los tripulantes diversas clases de recompensas.

Los materiales cartográficos, recogidos por la expedición, fueron depositados en el Depósito Hidrográfico e inmediatamente Malaspina formó un equipo encargado de organizar, para su publicación, los distintos diarios y derroteros. En este sentido es esclarecedora una carta que envió Bauzá a Espinosa y Tello desde Madrid el 9 de enero de 1975.

«Fabio (Alí Ponzoni) está encargado de los derroteros; por mi parte hay que fundir las cartas y quedar en las longitudes que incluyo a V. M.; por fortuna dejan a mi arbitrio y sin responsabilidad el manejo de ellas; haré todo lo posible para que no les falte nada y si V. M. me insinúa o advierte algunas cosas no vendrán fuera del caso. El cómputo de toda la obra con 70 cartas y 70 láminas y figuras y siete tomos asciende a dos millones de reales».[151]

Así pues, los preparativos para la publicación estaban muy adelantados y las cartas ya grabadas cuando se suspendieron todos los trabajos por la detención y posterior proceso del comadante Malaspina ese mismo año.

Aunque todos los diarios y escritos son recogidos por los jueces con el fin de incriminar a Malaspina, sin embargo las cartas permanecieron en el Depósito Hidrográfico de donde es nombrado director en 1796 José Espinosa y Tello, que se apresura a llamar a su lado al valioso y trabajador Bauzá.

Una vez procesado Malaspina, los responsables de las distintas disciplinas científicas de la expedición, intentaron por todos los medios desvincularse del proceso político y salvar del naufragio sus trabajos. Solamente lo consiguió Dionisio Alcalá-Galiano que demostró que su comisión al estrecho de Fuca era independiente de la expedición, consiguiendo así en 1802 publicar la *Relación del viaje de las goletas Sutil y Mexicana al reconocimiento del Estrecho de Fuca* que consta del diario y de un atlas en el que van incluidos dibujos de los pintores y siete cartas de la costa noroeste de América, más dos que se grabaron y luego se publicaron independientes por el Depósito Hidrográfico.

Como hemos dicho anteriormente, la cartografía y las observaciones astronómicas se mantuvieron al margen de avatares políticos, pues era necesario publicar las cartas y los resultados astronómicos para la seguridad de la navegación. Así pues en 1795 aparecieron publicadas en el Depósito dos cartas de los reconocimientos de la *Sutil* y *Mexicana* y desde 1798 van apareciendo las cartas más necesarias para una segura navegación, que suponen un importante avance científico respecto a las usadas anteriormente.

Estas cartas aparecieron sin ninguna referencia explícita a la expedición ni a su comandante, bajo el epígrafe de «hechas por los oficiales de la Real Armada» o bien «trabajada a bordo de las corbetas Descubierta y Atrevida». Hasta 1808 y 1809 en que se publicaron las Memorias del Depósito Hidrográfico no empezó a citarse a Malaspina como responsable de la expedición.

Casi toda la cartografía generada por la expedición, desde los primeros borradores, las cartas originales manuscritas en distintas fases de acabado hasta las preparadas para grabar y también las grabadas, se encuentran en el Museo Naval de Madrid y suponen una parte muy importante de sus valiosos fondos.

Relación de cartas manuscritas
de la Expedición Malaspina

1) Puerto de Montevideo y Río de la Plata.
Levantadas en 1789 y 1794. 13 cartas.

2) Patagonia oriental.
Carta esférica de la América meridional.
Carta esférica de ambas costas patagónicas.
Comisión del piloto Peña en el bergantín *Carmen.*
Comisión de Gutiérrez de la Concha en el golfo de San Jorge. 30 cartas.

3) Islas Malvinas.
Levantadas en 1789 y 1793. 6 cartas.

4) Chile y Patagonia occidental.
Cartas esféricas de las costas chilenas.
Cartas del estrecho de Magallanes y Tierra de Fuego.
Paso de los Andes desde Valparaíso a Buenos Aires.
20 cartas.

5) Costas del Perú y Ecuador
Cartas esféricas de las costas del Perú y Ecuador.
Planos de Callao y Guayaquil. 15 cartas.

6) Costas de Centroamérica, Panamá y Acapulco.
Cartas del Darién, golfo de Panamá,
archipiélago de las Perlas.
Cartas de Nicaragua, Golfo Dulce a Panamá.
Planos de Puerto Pericó, Taboga, Realejo, Acapulco.
Carta esférica de Golfo Dulce a San Blas.
14 cartas.

7) Costa Noroeste de América y California.
Carta esférica de los reconocimientos hechos entre los 57° y 60° 30' lat. N.
Carta esférica de cabo Engaño a Montagu.
Planos de Puerto Desengaño, Puerto Mulgrave, Puerto Sta Cruz de Nutka, bahía de Buena Esperanza.
Carta del estrecho de Juan de Fuca, de la Antigua y Nueva California.
Plano de Monterrey. 39 cartas.

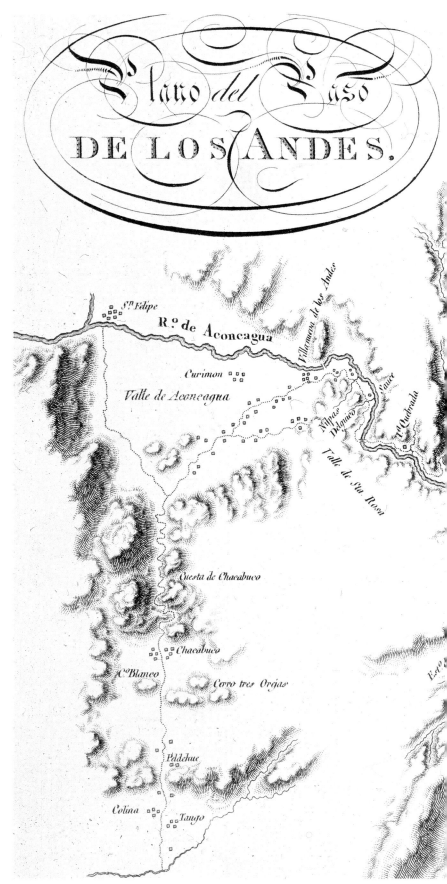

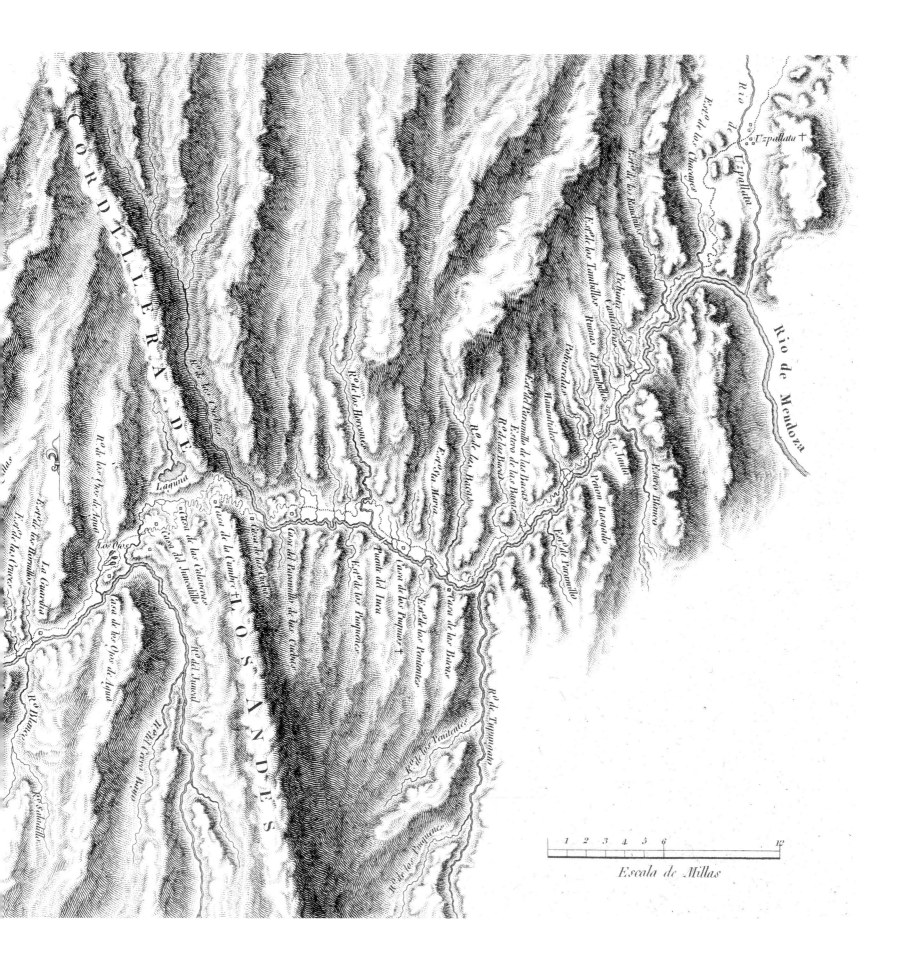

CORDILLERA DE

LOS ANDES

Río de Mendoza

Uzpallata †

Laguna

Los Ojos

Escala de Millas

1 2 3 4 5 6   12

Plano del paso de los Andes, hecho por Felipe Bauzá. Expedición Malaspina. Grabada por el Depósito Hidrográfico. Museo Naval de Madrid.

8) Filipinas
Carta esférica de la isla de Luzón.
Planos de Sorsogón, Palapa, Sisiram, Manila.
Carta del estrecho de San Bernardino
y del de San Juanico. 37 cartas.

9) Islas Marianas
Carta esférica de las islas Marianas.
Planos de la ensenada de Apra, Humatac,
San Luis de Apra. 4 cartas.

10) Australia
Carta de las costas de Bahía Botánica
Planos de Sidney Cowe, Puerto Jackson. 4 cartas.

11) Bavao, islas Tonga
Carta del archipiélgo de Bavao
Plano del Puerto del Refugio. 3 cartas.

Total de cartas manuscritas .... 185.

Total de borradores .... 200.

Total cartas grabadas .... 27.

Total cartas grabadas de la *Sutil* y *Mexicana* 9.

Los resultados de los levantamientos cartográficos de la expedición Malaspina tuvieron una importancia capital, en primer lugar para España y su Marina que contó a partir de entonces con un trabajo de base, exhaustivo y científico de la mayor parte de las posesiones españolas. Para realizar los trabajos se utilizaron, como hemos tenido ocasión de ver, los últimos adelantos en materia de aparatos de medición y de cálculos astronómicos. Esta cartografía sirvió durante muchos años a los países americanos como punto de partida para elaborar sus propias cartas, tarea que por distintas circunstancias, no han acometido hasta principios de este siglo. Por último, la cartografía de la expedición Malaspina fue conocida en Europa y apreciada en su justo mérito, gracias a la labor de difusión e intercambio científico, llevada a cabo por Felipe Bauzá durante sus diez años de fructífero exilio en Inglaterra, donde desgraciadamente murió y a adonde han ido a parar buena parte de sus trabajos.

INSTITUCIONES CARTOGRÁFICAS DE LA MARINA

El movimiento científico ilustrado que se desarrolló en la Marina en los últimos 25 años del siglo XVIII supuso la fundación y puesta al día de numerosas instituciones científicas para la enseñanza y adecuación del personal a las nuevas exigencias técnicas de la navegación. Entre ellas estudiaremos aquí las que estuvieron directamente relacionadas con la hidrografía y los levantamientos cartográficos.

El Depósito Hidrográfico y su organización[152]

El Depósito Hidrográfico empezó a funcionar en 1789 de modo coyuntural para recoger, grabar, estampar y vender las cartas de las costas de España hechas por Vicente Tofiño de San Miguel para el *Atlas Marítimo de España*. Estaba ubicado en la calle de la Ballesta, 13 y lo administraba el archivero de la Secretaría de Estado y Despacho Universal de Marina, Diego de Mesa.

Por R.O. del 18 de diciembre de 1797 se creó la Dirección de Trabajos Hidrográficos que ya estaba funcionando como hemos mencionado más arriba. Se plasmaba así una idea que ya había propuesto Jorge Juan en 1770 al Ministerio de Marina y que se había dejado en suspenso hasta entonces.[153] Se constituía el centro como un servicio dependiente de la Dirección General de la Armada en conexión con el Observatorio Astronómico de Marina y con la Comandancia General del Cuerpo de Pilotos. Era este el primer centro en España encargado de realizar, grabar y renovar las cartas marítimas y preparar y publicar las más idóneas para la navegación, además de las memorias y derroteros necesarios para la mejor comprensión de las cartas.

El cambio de nombre establecido en esta Real Orden no consiguió desterrar el primitivo y el centro siguió llamándose indistintamente Depósito Hidrográfico y Dirección de Trabajos Hidrográficos, hasta el año 1906 en que el anterior nombre fue sustituido por el de Dirección de Hidrografía y la denominación de Depósito Hidrográfico se reservó para el edificio donde estaba establecido. En 1797 se adquirió para sede de la Dirección de Hidrografía un edificio en la calle de Alcalá, 56 que había sido anteriormente una posada llamada de la Cruz de Malta. Madoz la describe en su diccionario de la siguiente manera:

«La fachada consiste en tres pisos, contando el bajo, con igual número de vanos cada uno, ocupa el centro la portada con dos columnas dóricas de granito en las que se sienta la repisa del balcón principal, que tiene balaustrada de piedra y un escudo de armas reales sobre el guardapolvos; aunque pequeña es una bella fachada, como obra de D. Manuel Martín Rodríguez».[154]

En una R.O. de 1 de enero de 1800 se exponían los fines para los que había sido creada la institución, así como su organización. Se disponía que, en adelante, todos los navegantes debían remitir una copia de las noticias hidrográficas que hubieran podido reunir en sus navegaciones. Mandaba también que tanto los particulares como los individuos de la Armada y del comercio que se dedicaran a la navegación, usaran las cartas construidas en la Dirección de Trabajos Hidrográficos.

La organización fue al principio muy sencilla; formada por un director, oficial de marina; un teniente de navío para el detalle de la dependencia y examen y revisión de las obras hidrográficas; dos alféreces de fragata que eran primeros pilotos de la Armada, para el dibujo y construcción de planos y cartas; dos segundos pilotos, grabadores de carta y letra; un depositario de existencias y un interventor de cuenta y razón.

Este organigrama se fue ampliando a medida que el centro tuvo mayores cometidos y el auge de la marina así lo exigía; cuando a finales del siglo XIX inició su decadencia, se fueron suprimiendo cargos y empleos tanto como las gratificaciones que disfrutaban los miembros del establecimiento por su especial destino.

En 1817 se promulgó la *Instrucción aprobada por el rey Nuestro Señor para el gobierno facultativo y económico de la Dirección o Depósito de Hidrografía*, redactada por Martín Fernández de Navarrete, que daba carta de naturaleza a la organización que ya tenía el establecimiento. En esta instrucción las funciones científicas del director eran las de revisar con suma detención las mediciones y trabajos preliminares que habían de servir para la construcción de las cartas. Estas se habían de acompañar de memorias y derroteros para facilitar su uso. Una vez construidas estas cartas, se propondría al Director General de la Armada la conveniencia de su publicación. El director estaría en contacto con todas las academias e instituciones científicas de

Europa para adquirir las obras necesarias para el centro e intercambiar conocimientos sobre temas comunes a su especialidad.

En esta instrucción está recogida la figura del bibliotecario redactor, la de grabadores de geografía y de letra y la de estampador de cartas que no aparecen en el decreto fundacional.

La R.O. del 11 de abril de 1853 aprobó el establecimiento de una escuela de grabadores dentro de la Dirección de Trabajos Hidrográficos para perfeccionar el grabado cartográfico y autoabastecerse de estos especialistas a los que hasta entonces se había enviado a estudiar dicha técnica a París. Para este fin se elevó un tercer piso en el edificio del Depósito Hidrográfico que, hasta entonces sólo tenía dos. El año de 1856 se publicó el reglamento provisional por el que habría de regirse la escuela que ya estaba funcionando. En abril de 1902 se sancionó el definitivo.

En 1858 se ordenó la instalación de máquinas y útiles fotográficos y se agregó un fotógrafo a la plantilla del centro. Anteriormente se habían hecho algunos intentos de establecer un taller de litografía para lo que fue comisionado José M. Cardano a Munich para aprender esta nueva técnica de impresión; a su vuelta en 1819 fue nombrado director del Establecimiento Litográfico; pero estas innovaciones no debieron resultar positivas pues en 1825 Fernández de Navarrete, director de la Dirección de Hidrografía, recibía orden de desmantelarlo. Estos ejemplos ilustran suficientemente el interés de los dirigentes del centro por estar al día en las nuevas técnicas de impresión.

La Dirección de Hidrografía dependía en un principio de la Dirección General de la Armada pero en 1800 pasó a depender directamente del Ministerio. En diciembre de 1892 se dispuso que formara parte del Estado Mayor de la Armada. El 18 de agosto de 1903 volvió a depender del Ministerio. La ley de reorganización de la Armada de 1908 deshizo la Dirección de Trabajos Hidrográficos y transfirió su cometido a la Dirección General de Navegación y Pesca Marítima. La ley de 24 de noviembre de 1931 dispuso que los servicios hidrográficos estuvieran a cargo del Estado Mayor de la Armada, del Observatorio de Marina y de la subdirección de la Marina Mercante. A consecuencia de esta orden, el edificio que ocupaba el Depósito Hidrográfico en la calle de Alcalá, 56 pasó a pertenecer al Ministe-

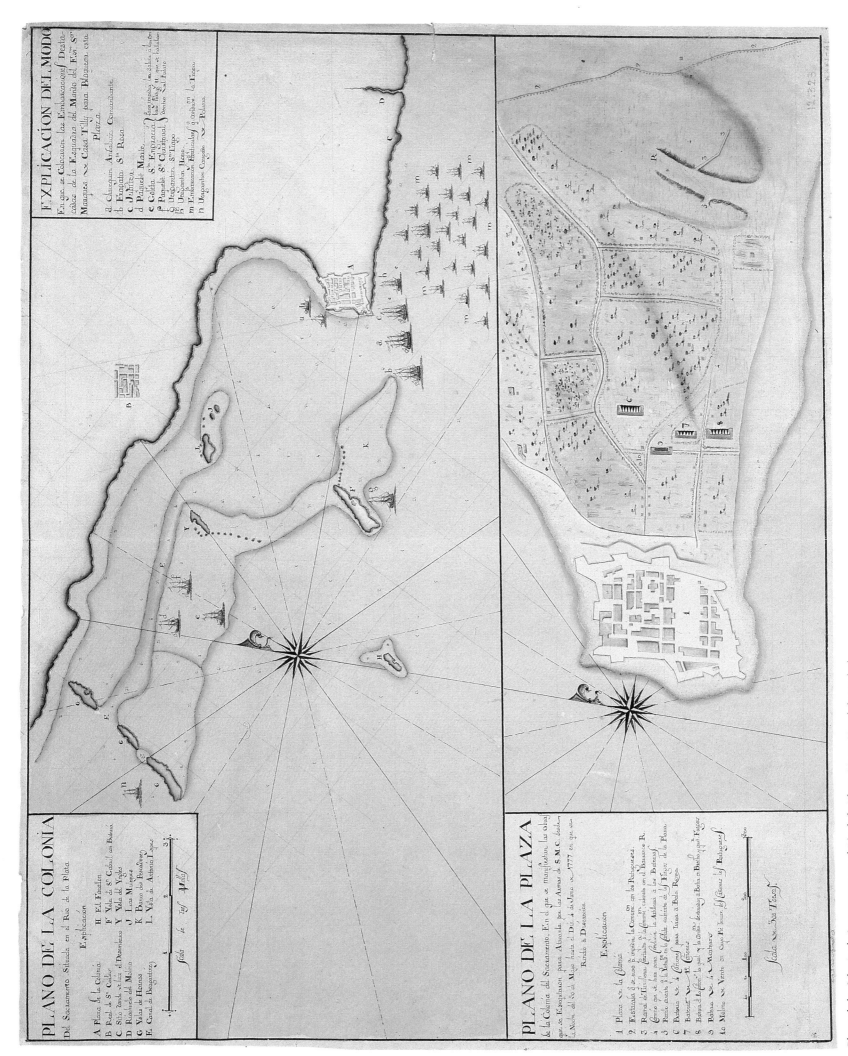

Plano topográfico de la ciudad de Montevideo. 1783. Museo Naval de Madrid.

rio de Instrucción Pública y Bellas Artes. Actualmente es un anexo del edificio que alberga al Ministerio de Educación y Ciencia y se conserva en buen estado con pocos o ningún cambio aunque el número de la calle es ahora el 36.

En 1932 el Museo Naval de Madrid recibió los fondos cartográficos antiguos de la Dirección de Hidrografía, junto con su valiosa biblioteca, donde se custodian y son la base principal sobre la que se ha formado la importante cartoteca histórica que hoy posee.

Desarrollo científico

Desde la gestación de este centro, estuvieron vinculados a él, de una u otra manera, los hombres más prestigiosos de la Marina Ilustrada, entre los que podemos citar a Jorge Juan, Alejandro Malaspina, José de Mazarredo, entre otros. Esta circunstancia, junto con el especial interés con que fue acogido y respaldado por las autoridades de la época, permitió un espectacular despegue y su florecimiento inmediato.

Estuvieron encargados del Depósito Hidrográfico, sin nombramiento previo y antes de su organización legal; es decir, desde 1793 a 1796, José de Vargas Ponce, Ramón Hidalgo y Aguirre, José de Mazarredo, Félix de Tejada y Cosme Churruca.

El primer director nombrado especialmente para ese cargo fue José de Espinosa y Tello, el 6 de agosto de 1797. Juan Gutiérrez de la Concha, José de Lanz, Timoteo O'Scalan y Joaquín Francisco Fidalgo lo fueron durante la ocupación francesa y en ausencia de José de Espinosa, a quien el gobierno nacional había enviado a Londres en 1809 a continuar la impresión de las cartas marítimas.

En 1809, durante la Guerra de la Independencia, parte de la Dirección de Hidrografía fue trasladada a Cádiz por Felipe Bauzá, que era el segundo director, para evitar la rapiña de los invasores; sin embargo otra parte del establecimiento permaneció en Madrid, más o menos voluntariamente.

Pasada la guerra, a principios de 1815, regresó Espinosa de Londres a hacerse cargo de la Dirección de Hidrografía pero murió el 6 de septiembre del mismo año.

El 29 de diciembre de 1815 fue nombrado Felipe Bauzá para sustituir a Espinosa. Bauzá siguió el camino del exilio en 1823 y en 27 de octubre de 1823, fue nombrado Martín Fernández de Navarrete, primero como interino y cuatro años más tarde como propietario. A la muerte de éste, Baltasar Vallarino fue nombrado director el 8 de octubre de 1844, siguiéndole después Guillermo de Aubareda, Jorge Pérez Lasso de la Vega, Juan de Balboa, Joaquín Gutiérrez de Rubalcava, Claudio Montero y Gay y un largo etcétera.

La Cartografía del Depósito Hidrográfico

Como ya hemos mencionado anteriormente, el Depósito comenzó a funcionar para preservar las planchas y publicar las cartas del *Atlas Marítimo de España, 1787-1789*, obra cumbre de la cartografía que acababa de finalizar Vicente Tofiño de San Miguel y su equipo de oficiales de la Academia de Guardiamarinas de Cádiz. El trabajo científico que desarrolló esta institución en los primeros treinta años de su fundación, sorprende por su cantidad y calidad, mucho más si tenemos en cuenta los turbulentos años de la vida española en los que inició su andadura.[155]

Un recuento de los objetivos científicos alcanzados en los primeros doce años de vida de la Dirección de Hidrografía nos lo proporciona, en primer lugar José de Espinosa y Tello en la cuatro memorias que la Dirección de Hidrografía publicó en 1810.[156] Luis María de Salazar nos da una lista de las cartas publicadas hasta 1809[157] y el tercer director de este centro, Martín Fernández de Navarrete, completa la relación de las publicadas por el centro desde 1810 hasta 1824;[158] ambas relaciones las reproducimos a continuación.

Cartas grabadas de la Dirección de Hidrografía desde 1797 hasta 1824

Cartas grabadas hasta 1809

Carta del globo terráqueo, con las derrotas de los navegantes modernos. Carta general del Océano Atlántico desde los 52 grados de lat. hasta el Ecuador. Carta general del Océano meridional desde el Ecuador hasta los 60 grados y desde el cabo de Hornos hasta el canal de Mozambique.

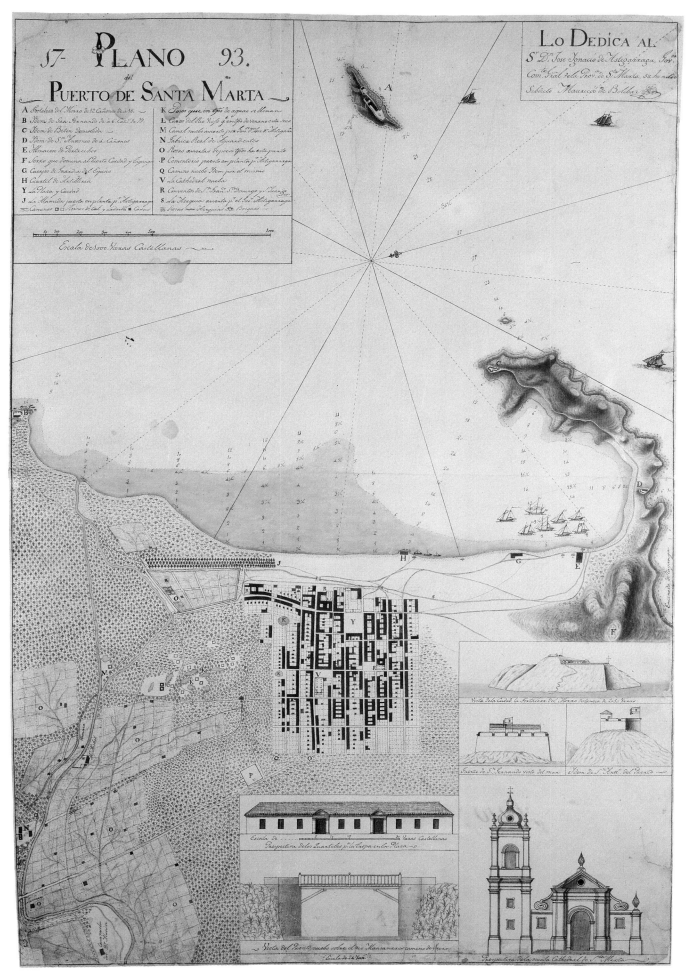

Plano del Puerto de Santa Marta. Colombia. Mauricio de Bolíbar. Museo Naval de Madrid.

Retrato anónimo de Juan Gutiérrez de la Concha. Museo Naval de Madrid.

Carta de la costa occidental de América desde los 7 grados de lat. sur hasta los 9 de lat. norte. Carta de los reconocimientos de la entrada de Juan de Fuca en 1792 y otra sobre los canales de dicho estrecho. Carta general del archipiélago de Filipinas, levantada por los oficiales de las corbetas Descubierta y Atrevida. Carta de la bahía de Manila. Carta del archipiélago de Babao. Carta geográfica en cuatro hojas de la provincia de Quito y sus adyacentes por Jorge Juan y Antonio de Ulloa.

Planos

Plano de la capital de Puerto Rico. Plano del puerto de la Habana. Plano de Veracruz. Plano de Puerto Cabello, la Guayra y Barcelona. Plano de los puertos de Santa Elena y Melo. Plano del puerto de San Carlos en la isla de Chiloé. Plano de los puertos de Valdivia y San Juan Bautista en la isla de Juan Fernández. Plano de los puertos de Sorsogón y Palapa en la isla de Luzón y Samar.

Cartas grabadas desde 1809 hasta 1824

Cartas grabadas por Espinosa y Tello en Londres donde fue enviado en 1809:

1810. Carta del océano Atlántico septentrional.

1810. Carta del océano Atlántico meridional

1810. Carta de las Antillas y Tierra Firme.

1811. Carta del Seno Mexicano y golfo de Honduras.

1811. Carta de las costas de España, islas Canarias y mar Mediterráneo.

1812. Carta del Mediterráneo oriental hasta Constantinopla.

1812. Carta de las islas Baleares.

1812. Carta en seis hojas de las navegaciones a la India oriental con las derrotas de los navegantes españoles.

Felipe Bauzá por su parte se estableció en Cádiz durante la guerra de la Independencia y trazó y publicó las siguientes cartas:

Carta del golfo de Gascuña y canales de la Mancha y Bristol. Carta de las costas de España, las de Francia e Italia hasta cabo Venere y las correspondientes a África. Carta de las costas de Italia, las del Adriático desde el cabo Venere hasta las islas de la Sapiencia en Morea y las correspondientes de África. Carta de la parte interior del Mediterráneo y del archipiélago de Grecia hasta Constantinopla y mar Negro. Carta del archipiélago de Grecia hasta la isla de Ipsera. Carta del paso de los Dardanelos y plano de la ciudad de Constantinopla. Carta del mar Negro. Carta de las islas Antillas hasta Cumaná. Carta de las islas Caribes de Sotavento. Carta de las islas de Puerto Rico, Santo Domingo, Jamaica y Cuba. Carta del Mar de las Antillas, Tierra Firme hasta el golfo de Honduras. Carta del norte de la isla de Santo Domingo y el Canal Viejo de Bahama. Carta del Canal Viejo de Bahama. Otra carta del Canal Viejo de Bahama, los de Providencia y Santarem y parte de la península de Florida. Carta del Seno Mexicano. Carta de las costas septentrionales del Seno Mexicano con las costas de la Florida y Luisiana. Carta de la parte sur del mismo seno con las costas de Yucatán. Carta del Río de la Plata y los puertos de Maldonado y Montevideo. Carta de la costa de América meridional desde el paralelo 36 grados sur hasta el cabo de Hornos. Carta del reino de Chile entre los paralelos 38 y 22 grados de lat. sur. Carta de la costa del Perú desde el paralelo 7 hasta el 21 de lat. sur.

1813. Portulano de las costas de España,
   dividido en cuatro cuadernos:

   1. Puertos de las costas del Principado de Cataluña.
      15 planos.

   2. Puertos de las costas de los reinos de Valencia
      y Murcia. 20 planos.

   3. Puertos de las costas de los reinos de Granada
      y Sevilla. 24 planos

   4. Portulano de las costas de Portugal. 10 planos.

En Madrid durante el periodo bélico siguió funcionando
otra parte de la Dirección de Hidrografía, bajo la supervi-
sion de José de Mazarredo, ministro de Marina del rey José. En ese tiempo se publicaron:

1809. Carta del archipiélago filipino en dos hojas.

1809. Carta del océano Índico en dos hojas.

1811. Carta del camino que conduce de Valparaíso
   a Buenos Aires según las observaciones
   de Espinosa y Tello y Bauzá.

1811. Plano del fondeadero del Callao de Lima.

1811. Plano de los canales de San Martín
   y de la Anguila en las Antillas.

1812. Carta del Río de la Plata.

Una vez restablecida la paz y reunida la Dirección de
Hidrografía en Madrid, fue nombrado director Felipe Bauzá, para sustituir a Espinosa, muerto repentinamente el 6
de septiembre de 1815. Bajo su dirección se publicaron
los trabajos de Cosme Churruca en las Antillas, de Joaquín
Francisco Fidalgo en la costa de Venezuela y de Bernardo
de Orta en Veracruz.

1816. Plano del puerto de Veracruz.

1816. Carta de la isla Margarita y sus canales.

1816. Carta del estrecho de San Bernardino.

1816. Carta de las costas de Tierra Firme,
   en dos hojas.

1817. Carta de la costa de Darién del Norte
   con las islas Mulatas.

Retrato anónimo de Felipe Bauzá. Museo Naval de Madrid.

1819. Plano de los canales de la isla de Flores
   y banco Inglés.

1821. Carta de la costa septentrional
   y parte de la meridional de la isla de Cuba.

1821. Carta del mar Negro.

1822. Carta desde el Golfo Dulce en Costa Rica hasta San
   Blas en Nueva Galicia.

1823. Carta que comprende las costas mediterráneas de
   España.

1824. Carta que comprende las costas de Italia
   y mar Adriático.

1824. 74 cartas correspondientes al Portulano de América.

Bauzá marchó al exilio en 1823 y se hizo cargo de la Dirección de Hidrografía Fernández de Navarrete, bajo cuya
dirección se publicaron:

1824. Carta del golfo de Californias o Mar de Cortés.

1824. Carta primera de las costas orientales
   de Estados Unidos desde el río de San Juan
   en la Florida hasta Nueva York.

1824. Carta del Mediterráneo oriental hasta Constantinopla.

1824. Carta de las costas de Cataluña

Con el inventario de la producción cartográfica de los primeros años de la institución podemos comprobar la magnitud del trabajo desarrollado por los tres primeros directores desde la creación y puesta en marcha en 1797 de este centro cartográfico de primer orden.

Hay que señalar que durante su existencia, la Dirección de Hidrografía editó 17 catálogos actualizados, el primero en 1798 y el último en 1902. Su tarea científica no se agotaba en el trazado y publicación de cartas pues el número de derroteros, libros de viajes y tratados técnicos, realizados y publicados por el centro no es menos impresionante. A esto se unía la edición periódica de los almanaques náuticos desde 1792 y de los Estados Generales de la Armada desde 1798. Editaba también el Anuario de la Dirección de Hidrografía, que empezó a publicarse desde 1863 hasta 1895, donde se daban noticias sobre hidrografía y otros temas científicos de interés.

La Dirección de Hidrografía además de todas las tareas ya mencionadas, tenía la potestad de pedir a las autoridades de la Marina que: «se executen las empresas que permiten las circunstancias para el adelantamiento y perfección de la hidrografía».[159]

Hay que resaltar pues este carácter de promoción de expediciones científicas que no ha sido muy recalcado y que nos parece fundamental en esta institución, la primera en España dedicada a producir cartografía oficial altamente cualificada y contemporánea a las primeras de Europa. El Depôt de la Marine funcionaba de una manera más o menos oficial desde 1720. Dinamarca fundó su Servicio Hidrográfico en 1784 y The British Hydrographic Office fue instituido en 1795.

En el año de 1803, seis años después de la puesta en marcha de la Dirección, se estaban llevando a cabo con esta finalidad las siguientes expediciones y reconocimientos:

En el archipiélago de Grecia y costas occidentales y meridionales de Asia Menor, la fragata de guerra Soledad, al mando del brigadier Dionisio Alcalá-Galiano estaba encargada de situar astronómicamente los puntos principales de la costa para publicar la hoja tercera y última de la carta del Mediterráneo.

En el Río de la Plata, el alférez de fragata Andrés de Oyarvide tenía el encargo de sondar diversos puntos de la costa para perfeccionar la cartografía de la zona.

Joaquín Francisco Fidalgo estaba encargado de levantar las cartas de las costas de Venezuela y Antillas de Sotavento, mientras Cosme Churruca trabajaba en las Antillas de Barlovento para la realización de un atlas hidrográfico de los territorios americanos.

José del Río estaba comisionado para el mismo trabajo en la parte sur de la isla de Cuba.

Ciriaco Ceballos se dedicaba a la exploración de las costas occidentales del Seno Mexicano y sonda de Campeche.

En las costas de Guatemala estaban comisionados José de Moraleda con la corbeta Cástor, José Ignacio Colmenares con el bergantín Peruana y Mariano Isasbiribil al mando de la goleta Extremeña para reconocer y describir los principales puertos de dicha costa.

Juan Vernacci e Isidro Cortázar estaban comisionados para, en la fragata Ifigenia, navegar por las costas de Coromandel, estrecho de Malaca hasta Manila a fin de poder finalizar la carta del estrecho de San Bernardino.

La Dirección de Hidrografía continuó solicitando y dando instrucciones a las autoridades de Marina sobre la necesidad de organizar diversas expediciones durante todo el siglo XIX.

Estas expediciones se realizaban cuando la necesidades militares lo permitían; unas veces fueron verdaderas comisiones científicas, organizadas con este exclusivo fin, y otras fueron encargos personales a distintos oficiales que los compatibilizaban con el servicio naval. Como ejemplo del primer caso podemos citar las comisiones de Fidalgo y Churruca en las Antillas y las comisiones hidrográficas de la Península y Filipinas en el siglo XIX. Los trabajos de Alcalá-Galiano en el Mediterráneo, Oyarvide en el Río de la Plata, Vernacci y Córtazar en Filipinas ilustran la segunda posibilidad apuntada.

Las academias de pilotos de la Marina

En los primeros años del siglo XVIII la Marina se proveía de pilotos procedentes del Colegio de San Telmo de Sevilla que eran contratados de modo específico para cada navegación. José Patiño en la *Instrucción sobre diferentes puntos que se han de observar en el Cuerpo de la Marina de España de 1717*, estableció la dotación de un cuerpo fijo de pilotos de la Armada que percibiría un sueldo aun estando desembarcados. Esta iniciativa supuso la inclusión de un cuerpo civil en una institución militar, con las tensiones que ello acarreó, pues el piloto, en muchas ocasiones, estaba mejor preparado técnicamente que el comandante y que el resto de los oficiales a los que estaba subordinado incluso en comisiones científicas. Los conflictos de competencia y las reclamaciones en los primeros años de la creación del cuerpo eran frecuentes por parte de los pilotos que se consideraban menospreciados por los oficiales generales y no querían ser homologados a suboficiales.[160]

En las Ordenanzas de la Armada de 1748 se creó definitivamente el Cuerpo de Pilotos, estableciéndose dos clases de pilotos: de altura y prácticos de costa. La primera categoría, que es la que nos interesa a efectos de cartografía, estaba dividida en primeros pilotos, segundos pilotos y ayudantes o pilotines, más adelante llamados terceros pilotos.

El cuerpo estaba a cargo de un oficial de la Armada, llamado primero Piloto Mayor y más adelante Comandante del Cuerpo de Pilotos, dependiente del Director General de la Armada.

En cada Departamento Marítimo había un director del Cuerpo de Pilotos que lo era también de la correspondiente Escuela de Navegación o Escuela de Pilotos, que de ambas formas se llamó. En estos centros se formaban los pilotos de la Armada y allí también habían de examinarse los pilotos particulares para ser controlada su formación. Al director competía la formación de los derroteros y cartas de navegación que debían usar las escuadras y buques que salían del Departamento.

En estas escuelas, tres maestros se encargaban de enseñar a los futuros pilotos la práctica de la navegación, el uso de los instrumentos, algunos principios teóricos de Geometría y Astronomía y las reglas necesarias para delinear cartas náuticas. Los aspirantes debían hacer constar con tres testigos que eran cristianos viejos, mayores de 15 años y que sabían leer y escribir y las cuatro reglas. Una vez admitidos, pasaban a cargo del segundo maestro que les enseñaba cosmografía, náutica y el uso de los instrumentos de navegación, más tarde con el maestro principal profundizaban en su formación. Andrés Baleato, que fue maestro principal de la Escuela de Náutica de Lima, asegura que él impartía aritmética, geometría elemental, trigonometría plana, geometría práctica, teoría y uso de los instrumentos trigonométricos y de las operaciones geodésicas, dibujo para la formación de planos y cartas, trigonometría esférica, cosmografía y cuestiones astronómicas, sistema del mundo y geografía, náutica e instrumentación de observación, cálculos de latitud y longitud, derrotas y maniobras.

Los alumnos se mantenían a costa de sus padres mientras realizaban los estudios; empezaban a disfrutar de sueldo al embarcar. Embarcaban como grumetes, marineros o artilleros durante dos o tres campañas y volvían a la escuela a repasar asignaturas y copiar y diseñar planos en la sala del primer maestro delineador de la escuela. Finalmente los más capacitados entraban en la Marina como pilotines de número; en este caso debían presentar la fe de bautismo y una información sobre limpieza de sangre. Los demás pasaban al servicio de las embarcaciones particulares o seguían otra carrera relacionada con el mar.

Todos los barcos debían llevar, por lo menos, un primer piloto y casi siempre dos. Ellos estaban encargados de la derrota y, lo que nos interesa más, de levantar planos de los lugares desconocidos o insuficientemente cartografiados. Una copia de estos planos se entregaba al director del cuerpo de pilotos del departamento correspondiente y se guardaba en la Escuela de Navegación de dicho departamento.

Las Escuelas de Navegación tenían dos actividades cartográficas complementarias; una era la de surtir a las expediciones y escuadras de cartografía apropiada y otra hacer copias de las cartas que se guardaban en el departamento, como parte de la enseñanza práctica de la escuela. Gracias a estos ejercicios conservamos interesante copias de época de cartas que hoy han desaparecido.

Nuevo Plano de Puerto Rico, por varios oficiales de la Armada. 1785. Museo Naval de Madrid.

De la Escuela de Navegación de Cádiz, que fue la que más actividad tuvo, conservamos abundante cartografía de América pues era éste el destino natural de sus flotas. Procedente de la del Departamento de Cartagena tenemos cartografía del Mediterráneo. Por último la Escuela de Navegación del Ferrol guardaba la cartografía de la costa atlántica europea y de la cantábrica española.

En cuanto a los diarios de navegación que llevaban los pilotos, una vez desembarcados se examinaban en junta de pilotos y oficiales del departamento correspondiente y una copia se remitía a la Dirección General de la Armada. Algunos de estos diarios, particularmente cuando se trataba de navegaciones a lugares inexplorados o remotos, como la costa noroeste de América y algunas islas del Pacífico, están llenos de interesantes noticias etnográficas y botánicas.

El decreto de Carlos III del 12 de octubre de 1778, dando libertad de comercio con América a todos los puertos

españoles, posibilitó la fundación de escuelas náuticas en numerosos puertos de la Península y de América. Estas escuelas, aunque sostenidas por los consulados y comerciantes locales, dependían de la Marina en cuanto a formación y personal. Se crearon escuelas en Arenys de Mar, Mataró, La Coruña, Gijón, San Sebastián, Buenos Aires, Cartagena de Indias, Lima, La Habana, Veracruz y Manila.

Cuando se creó la Dirección de Hidrografía se centralizó allí la recogida y examen de las cartas y de los derroteros de los pilotos.

Las cartas de estos pilotos que no están generalmente apoyadas por mediciones astronómicas ni aparatos de precisión, tienen una gran belleza estética y crearon una escuela fácilmente identificable por sus caracteristicas comunes. Aparecen firmadas bajo distintos epígrafes que pueden inducir a confusión por lo que citamos aquí algunos de los más comunes. Así unas veces aparece denomi-

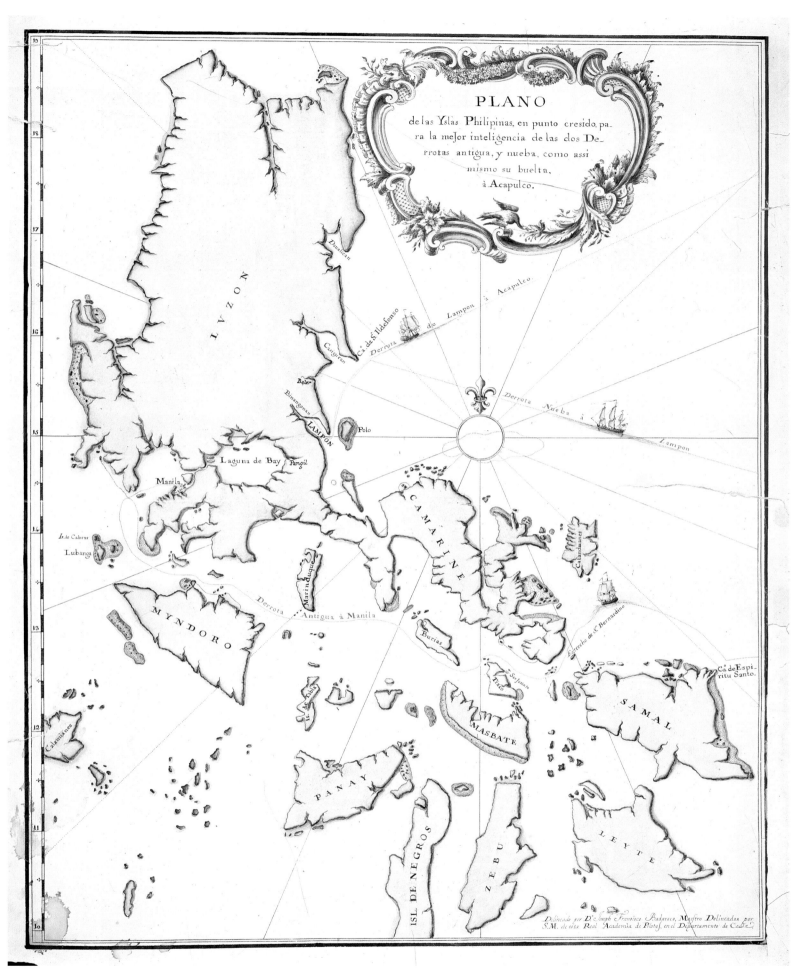

Plano de las islas Filipinas para expresar la derrota hasta Acapulco. Museo Naval de Madrid.

nada como Real Escuela de Navegación, Real Academia de Pilotos, Escuela de Pilotos y diferentes combinaciones de estos nombres.

A finales del siglo XVIII la actividad cartográfica, mucho más profesionalizada y especializada, era ya cuestión de un equipo de oficiales astrónomos; los pilotos ejercían una actividad complementaria de plasmar en el papel los distintos levantamientos.

Pilotos famosos que en muchos casos trascendieron su labor profesional fueron: Felipe Bauzá, Francisco Antonio Mourelle; todos los que cartografiaron la costa noroeste de América entre los que están, Juan Pantoja y Arriaga, José Camacho, José Cañizares.

José de Moraleda, la familia Berlinguero, Andrés Baleato, José Vázquez y Juan Hervé son otros nombres a tener en cuenta en el panorama científico del siglo XVIII.

Podemos pues resumir que la labor cartográfica y científica de la Marina en América durante los dos siglos que acabamos de examinar fue muy exhaustiva y producto de un cuidadoso plan, tendente a conocer perfectamente todos los territorios coloniales para mejor gobernarlos y controlarlos. Para esta labor, el estado borbónico e ilustrado creó instituciones científicas que le permitieron abordar el proyecto con pleno éxito. A juzgar por los resultados que obtuvieron y por la cartografía que ha llegado hasta nosotros creemos que este objetivo se alcanzó de lleno.

Dibujo de un barco, en la carta de Sicilia de Juan Martínez. 1587

NOTAS

136. Incluido como apéndice por Cesáreo Fernández Duro en el T. VI, p. 38 de *La Armada Española desde la union de los reinos de Castilla y Aragon*. Ed. facsímil. (Madrid: Museo Naval, 1973).

137. Sobre este proyecto ver Luisa Martín-Merás «El mapa de España en el siglo XVIII». *Revista de Historia Naval,* 1986, n.º 12. p. 37-44.

138. Luisa Martín-Meras El Atlas Marítimo Español. *Cicle de conferències presentat amb motiu del Symposium IMCOS, Barcelona, 3, 4 i 5 d'octubre de 1986.* p. 51-60.

139. Tofiño nació en Cádiz en 1732, donde murió en 1795, Hijo de militar, ingresó también en el ejército y estudió en la Academia de Artillería de Cádiz. Fue llamado por Jorge Juan para ocupar el cargo de tercer maestro de matemáticas en la Academia de Guardiamarinas. En 1757 ingresó en la Armada y llegó a ocupar en 1768 el cargo de director de la mencionada Academia. Se dedicó a hacer distintas observaciones astronómicas en el Observatorio de Cádiz. Fue académico de la Academia de Ciencias de París y Lisboa y alcanzó un gran reconocimiento científico tanto en nuestro país como fuera de él por el *Atlas Marítimo de España* con el que se inaugura la cartografía moderna en España.

140. Introducción al *Derrotero de las Costas de España en el Mediterráneo y sus correspondientes de África*. (Madrid: Imprenta Real, 1789):

141. La biografía y estudio de la obra de José Mendoza y Ríos más completa y documentada es la de Pelayo Alcalá-Galiano «Estudio sobre la vida y las obras del célebre marino D. José de Mendoza y Ríos». *Revista de España*. (Madrid: Imprenta de J. Noguera, 1875) T. XLII (Enero-Febrero) p. 28-54.

142. José de Lanz nació en Campeche, (México) ca. 1762 y murió en Francia después de 1837. Ingresó en la escuela de Guardiamarinas de Cádiz en 1781. Trabajó con Tofiño en los levantamientos del Atlas Marítimo de España. Fue llamado a Madrid en Octubre de 1792, posiblemente por casarse sin permiso de sus superiores. En 1793, al declararse la guerra con Francia se desplazó allí y no hizo caso de los repetidos requerimientos para que volviera por lo que fue fado de baja de la Marina por desertor. Fue llamado a colaborar en 1796, como director de planos de puertos en la Expedición que preparaba el conde de Mopox a Cuba, pero con distintos pretextos se excusó. A pesar de esto fue nombrado director del Depósito Hidrográfico desde primero de septiembre de 1809 hasta marzo de 1810, por sus simpatías hacia el rey francés. Véase también *Diccionario Histórico de la Ciencia Moderna en España,* de José María López Piñero y otros. (Barcelona: Ediciones Península. 1983).

143. Museo Naval. Ms 2244, fol. 178-190.

144. Los índices se hallan en el Archivo de Asuntos Exteriores y el fondo cartográfico en el Departamento de Geografía y Mapas de la Biblioteca Nacional de Madrid.

145. La documentación de las comisiones de Estado se encuentra en el Archivo Histórico Nacional. Sección de Estado, leg. 2442.

146. La documentación de Mendoza, relativa a Marina se encuentra en el Archivo General de Marina «D. Alvaro de Bazán». Sección Depósito Hidrográfico Histórico.

147. Mendoza se había casado en Londres con una inglesa, razón poderosa para negarse a volver. Tuvo dos hijas, una de las cuales se casó con lord Bellow; un descendiene de éste conserva en su castillo de Dunleer, Irlanda, abundante documentación sobre Mendoza.

148. Esta documentación se encuentra en el Archivo General de Simancas. Secretaría de Estado. leg. 8263.

149. «Diario del segundo viaje de Juan Francisco de la Bodega y Cuadra». *Anuario de la Dirección de Hidrografía*. III (Madrid: Depósito Hidrográfico, calle de Alcalá, 56, 1865).

150. J. Espinosa y Tello, *Memorias sobre las observaciones astronómicas hechas por los navegantes españoles en distintos lugares del globo ... ordenadas por D. José Espinosa y Tello,* (Madrid: Imprenta Real, 1809).

151. P. Novo y Colson, *Viaje político-científico alrededor del mundo por las corbetas Descubierta y Atrevida ...* Publicado con una introducción por D. Pedro Novo y Colson. Madrid: Imprenta de la Viuda e Hijos de Abienzo, 1885). p. 682.

152. Para todo lo relacionado con la organización de la Dirección de Hidrografía hemos seguido el documentado trabajo de A. M. Vigón, *Guía del Archivo Museo «D. Alvaro de Bazán»,* (Madrid: Instituto de Historia y Cultura Naval, 1985).

153. Esta noticia la proporciona L. M. de Salazar en el apéndice 5 del *Discurso sobre el progreso y Estado actual de la Hidrografía en España*. (Madrid: Imprenta Real, 1809).

154. P. Madoz, *Diccionario geográfico-estadístico-histórico de España y de sus posesiones de Ultramar*. (Madrid: Tipografía Madoz, 1846-1850).

155. Consultar la nota 5 del trabajo de U. Lamb, *Martín Fernández de Navarrete clears the deck: The Spanish Hydrographic Office, (1809-24)*. (Coimbra: Centro de Estudos de Cartografía Antiga, 1980), en el que, siguiendo a Luis María de Salazar, contabiliza la producción de la Dirección de Hidrografía en 1808 y la compara con la de The British Hydrographic Office en 1850 resultando esta última claramente deficitaria.

156. *Memorias de la Dirección de Hidrografía sobre los fundamentos que ha tenido para la construcción de las cartas de marear, que ha dado a luz desde 1797*. (Madrid: Imprenta Real, 1810).

157. Ob. cit, p. 104.

158. «Apuntes para continuar la noticia histórica de la dirección de Hidrografía de Madrid desde el año de 1809, en que se publicaron sus dos tomos de memorias hasta 1824. Manuscrito inédito en la época y publicado por U. Lamb en *Martín Fernández de Navarrete clears the deck: The Spanish Hydrographic Office, (1809-24)*. (Coimbra: Centro de Estudos de Cartografía Antiga, 1980).

159. «Noticia de las obras pertenecientes a la Dirección de Trabajos Hidrográficos que se venden en Madrid en la Librería de d. Rafael de Aguilera, calle de relatores y en la Imprenta Real...», Suplemento a la *Gazeta de Madrid* del viernes 29 de Abril de 1803.

160. C. Fernández Duro, «Academias de Pilotos», en *Disquisiciones Náuticas* Libro IV. Imprenta de Aribau y Cía., 1879.

Mapa del Reino de Quivira y del estrecho de Anián.

VII

LOS MITOS EN LA CARTOGRAFÍA

Los conquistadores y exploradores españoles llevaron a América con su lengua, religión y costumbres, una serie de creencias geográficas, basadas en leyendas y mitologías medievales que pensaban encontrar allí.

De entre ellas haremos un rápido repaso de las que quedaron plasmadas de uno u otro modo en la cartografía americana

La idea de Colón de que las tierras descubiertas no eran más que la parte occidental de Asia y que por lo tanto había llegado al Japón por el Oeste, impregnó la mayoría de las empresas de los primeros descubridores, que iban comprobando si los distintos accidentes geográficos se ajustaban a las relaciones de los antiguos cosmógrafos que les servían de guía.

El Occidente europeo, con el eclipse de los conocimientos de Ptolomeo, cayó en la creencia de que toda búsqueda científica era completamente irrelevante y podía conducir al paganismo; así pues, durante centurias, el pueblo estuvo acallado con cuentos y leyendas sobre tierras donde existían los grifos y los hombres sin cabeza, monos con cabeza de perros y pájaros que brillaban en la oscuridad. Gaius Julius Solinus fue un gramático latino del siglo II de nuestra era que copió la *Historia Natural* de Plinio, el viejo, de una manera tan descarada que fue llamado la abeja de Plinio;[161] su libro, divulgado en el siglo VI bajo el nombre de *Polyhistor*, fue determinante en la cartografía medieval y su influencia se puede rastrear hasta el siglo XVIII. Solinus añadió a la obra de Plinio algunas nociones de geografía y muchas leyendas y fantasías, de manera que llegó a ser uno de los libros más leídos de la Edad Media. Su geografía está plagada de hombres mitad caballos, otros con orejas tan grandes que les cubrían por entero con lo que no necesitaban ropa, cazadores con un solo ojo y otros pueblos que bebían hidromiel en los cráneos de sus antepasados. Más allá de Asia había abundantes minas de oro y piedras preciosas, custodiadas por grifos. En la India había hombres con un solo pie, pero con la pierna tan larga que, cuando la doblaban les servía de parasol. En Alemania había pájaros cuyas plumas brillaban en la oscuridad y también animales parecidos a los mulos con un labio superior tan grande que sólo podían alimentarse andando hacia atrás. En Italia contaba, siguiendo a Plinio, que las serpientes pitón crecían en las ubres de las vacas y que había linces en cuya orina congelada se producía una piedra preciosa que tenía poderes magnéticos.

A medida que las tierras eran menos conocidas crecían los elementos fantásticos que albergaban; en África había hienas cuya sombra dejaba mudos a los perros; en Libia una bestia, parecida a un cocodrilo, se arrastraba por la tierra con sus patas traseras mientras sus patas delanteras eran como aletas de tiburon. Las hormigas a lo largo del río Níger eran tan grandes como mastines y las aguas de ese río hervían por el excesivo calor de la tierra. Las fantasías sobre África pervivieron hasta principios del siglo XIX, debido a que el interior del continente no fue explorado hasta entonces.

La influencia de la obra de Solinus aparece muy frecuentemente en los mapas medievales y, durante muchos siglos, ni los exploradores ni los estudiosos se atrevieron a someter a examen sus teorías, antes al contrario, fueron recogidas en el siglo VI por un monje llamado Constantino de Antioquía, más tarde conocido por Cosmas Indicopleustes, que intentó compaginar la geografía con las enseñanzas de la Biblia para compendiar una *Topografía Cristiana*. Este autor había sido un comerciante y viajero que había navegado por el mar Rojo y el océano Índico, visitando Etiopía, Ceylán y la India, de donde debió recibir el nombre de Indicopleustes que significa viajero de la India. Cosmas, retirado a un convento del Sinaí, redactó su *Topografía Cristiana* y, aunque ya los griegos por observación científica habían deducido que la Tierra era esférica, Cosmas, apoyándose en que las Sagradas Escrituras proclamaban que la Tierra era el tabernáculo del Señor, decidió que ésta tenía forma de un paralelogramo plano el doble de largo que de ancho; en el centro de la Tierra estaba colocada Jerusalén, siguiendo las palabras de Ezequiel, 5,5: *«dijo el Señor: yo he colocado Jerusalén en el medio de las naciones y países que están a su alrededor»*. Más allá del océano, los hombres vivieron antes del Diluvio en unas tierras que, después, quedaron deshabitadas e inaccesibles, hacia el norte de ese mundo deshabitado existían unas grandes montañas, donde giraban el Sol y la Luna produciendo el día y la noche. El cielo tenía cuatro paredes que formaban el techo del tabernáculo-tierra.

Cosmas no solo proponía una cosmografía cristiana sino que «demostraba» la imposibilidad de que la tierra fuera redonda y que existieran los Antípodas pues, como muchos griegos, consideraba que más allá de los trópicos el calor era irresistible para la vida humana y en el caso de que ésta existiera no podría ser «de la raza de Adán» ya que, cuando los Apóstoles fueron enviados por Jesucristo a predicar el Evangelio por todo el mundo, no pudieron llegar a los Antípodas; por lo tanto no existían. Pero la razón de más peso resultaba ser la imposibilidad de que sus habitantes se pudieran mantener cabeza abajo y con los pies apoyados en la tierra.

Así pues, con estos argumentos y otros parecidos, muchos pensadores cristianos de la época abandonaron el estudio de estas materias por el peligro que representaba para sus almas y se dedicaron a otros temas que no supusieran contraposición con su fe.

Durante la Edad Media se tenía por cierta la existencia del Paraíso Terrenal en algún lugar no bien determinado, pero en todo caso en Asia. Cosmas pensaba que se encontraba más allá del océano y que era inalcanzable; otros se dedicaron a buscarlo con ahínco como hizo San Brandán, según una leyenda del siglo VI. Este era un monje irlandés al que un ángel se le apareció en un sueño y le prometió que encontraría el Paraíso. San Brandán se embarcó con sesenta monjes hacia el oeste y durante los cinco años que estuvieron en el mar vieron muchos prodigios: un palacio donde habitaba el demonio, una isla donde vivían con forma de pájaro los ángeles caídos, una isla

de humo y fuego, un templo de cristal emergiendo del mar y un dragón que comía fuego. Finalmente encontraron una isla donde vivía un hombre santo a la que llamó «La tierra prometida de los Santos» o el Paraíso. La leyenda de San Brandán está reseñada en los mapas desde 1200 y pervive durante muchos siglos, colocada siempre en el Atlántico, unas veces al lado de las Canarias y las Azores y otras veces en una latitud superior a la de Irlanda.

Isidoro, obispo de Sevilla en el siglo VII compiló todo el saber de su tiempo en una obra llamada *Etimologías*. Apoyándose también en las Sagradas Escrituras dividió la tierra en tres partes, en cada una de ellas estaba localizada la raza descendiente de uno de los hijos de Noé. El Paraíso estaría colocado en Asia, que era la tierra legendaria de las especias, de las grandes riquezas y la fuente de la luz de la mañana; pero sobre todo en Asia, según el Génesis: *«Dios plantó un jardín al este del Edén donde colocó al hombre que había formado»*; en el Paraíso había una fuente de la que salían cuatro ríos. En un pequeño mapa que incluía en su libro colocaba el Paraíso en la parte más lejana de Asia separado del género humano por una pared de fuego. La cartografía medieval colocaba invariablemente el Paraíso en Asia, siguiendo a Isidoro o en una isla en el este de Asia.

Todas estas leyendas pervivían en el siglo XIV y fueron recogidas en los *Viajes* de Juan de Mandeville, libro muy leído en su época y que influyó decisivamente en todos los descubridores; en él contaba todas las maravillas que había visto en sus viajes y todos los cuentos que había recogido en ellos, como si fueran hechos reales; algunos de los relatos procedían de Solinus. Mandeville consideraba que la tierra era redonda y colocada por Dios en el medio del firmamento. Sobre el Paraíso, aunque no había estado en él, oyó decir que estaba en la parte más alta de la Tierra, desde donde se puede tocar el círculo de la Luna y adonde no llegó el Diluvio; en lugar de estar rodeado por una pared de fuego, como explicaba Isidoro, la pared estaba cubierta de musgo y los cuatro ríos del Paraíso eran el Ganges, Nilo, Tigris y Éufrates. En el norte de Asia existía una tierra rodeada de grandes muros donde estaban Gog y Magog que, según la profecía, algún día romperían los muros donde estaban encerrados e invadirían la Tierra. El espectro de estos enemigos que asolarían la Tierra se encuentra en la literatura judía, coránica y cristiana. Los muros habían sido construidos por Alejandro el Magno que los había encerrado en ellos junto con 22 pueblos inmundos, cuando conquistó el Asia.

La amenaza de que se vinieran abajo estos muros y permitieran salir a las hordas malignas pervive en la literatura medieval, de tal manera que incluso Roger Bacon en el siglo XIV, recomendaba estudiar geografía para adivinar por donde se produciría la invasión. En los mapas medievales Gog y Magog están representados como dos gigantes en la costa norte de Rusia. Algunos autores identifican esta leyenda con las noticias que llegaron a Europa sobre la Gran Muralla China.

La leyenda del Preste Juan de las Indias se remonta al siglo XII y tuvo una pronta trasposición a la cartografía. Se decía que en algún lugar más allá de Asia reinaba un rey cristiano de gran poder y riqueza, llamado preste (presbítero) Juan. Este rey estaría dispuesto a ayudar a la Cristiandad contra los mongoles y sarracenos. La primera noticia sobre este rey la obtenemos a través del obispo de Siria, Hugo de Jábala, que, en 1145, proporcionó al Papa noticias de él, diciendo que usaba un cetro de esmeraldas y que vivía en el extremo oriente más allá de Persia y Armenia. Parece que el interés del obispo era recabar ayuda de Occidente en su lucha contra los turcos y la figura del preste Juan serviría para que los europeos se animaran a entrar en contacto con un rey tan rico y tan cristiano. El preste Juan, siempre según el obispo, iba en ayuda de la iglesia de Jerusalén pero no pudo cruzar el río Tigris por no haber suficientes barcos para su ejército por lo que tuvo que volverse a sus dominios.

Esta leyenda se extendió por Europa, reforzada por una carta que el preste Juan habría enviado al emperador de Bizanzio, dándole cuenta de su profundo cristianismo y de las riquezas de su imperio que se extendía por las «tres Indias» a través del desierto, hasta el lugar donde nace el Sol y por el desierto de Babilonia hasta la torre de Babel.

A causa de estas noticias tan atractivas el Papa envió misioneros a buscarle y el rey de Francia, embajadores; pero ninguno de ellos encontraron ni al rey ni lo que es más importante, riqueza alguna. Cuando regresó Marco Polo de su viaje a Oriente relató que efectivamente había existido el preste Juan pero que había sido vencido por las fuerzas militares de Gengis Khan y que su reino estaba ahora en las manos de este conquistador.

Mitos más frecuentes que aparecen en la cartografía.

El incremento del comercio y los viajes por Asia en busca de las riquezas de Catay y del preste Juan proporcionó noticias ciertas para el estudio de la geografía, pero estas noticias no debieron llegar a los cartógrafos de la época o no les dieron el crédito necesario, pues la geografía fantástica de Asia siguió presente en los mapas, aunque sí sirvió para desplazar el reino del preste Juan a un lugar que admitía toda clase de leyendas. Aparece colocado en África, concretamente en Etiopía, en el planisferio de fra Mauro de 1459 donde el autor escribió *«aquí el Preste Juan tiene su principal residencia»*.

La última huella cartográfica del preste Juan la encontramos en un mapa de Ortelius de 1573 titulado en latín el imperio del preste Juan o Abisinia.

Geografía mítica americana

Es importante señalar que en la conquista y posterior expansión por el continente americano ha influido sobremanera la geografía mítica que ya estaba presente en los relatos bíblicos como los de Ofir y Tarsis, islas de donde Salomón sacaba el oro y la plata para construir el templo, las leyendas de los griegos y las leyendas cristiano-medievales. Estas ciudades e islas míticas eran móviles y cada vez parecían estar más al interior del continente conquistado, propiciando, a causa de la ambición de los europeos, un rápido descubrimiento de lugares intrincados, perdidos en las selvas y las montañas. Como bien asevera Juan Gil:[162]

«Para bien y para mal, el oro y la plata de Tarsis y Ofir mantuvieron íntima relación con las Indias Occidentales, al menos para una serie no pequeña de estudiosos y visionarios».

Vamos a examinar brevemente los distintos mitos americanos que se plasmaron en la cartografía americana, y su procedencia.

El primer topónimo que procede de una leyenda es el de Antillas, que no se sabe bien en qué momento la toman las primeras islas descubiertas por Colón. Es una isla que aparece en los mapas medievales, no siempre en el mismo lugar, pero con bastante frecuencia en el océano Atlántico cerca del Ecuador, como la famosa isla Trapobana de Ptolomeo, ya que era creencia general, transmitida por los geógrafos clásicos, que cerca del Ecuador nacía el oro y la plata. A esta isla Antilla habría huido un obispo visigodo español junto con otros seis monjes, en la época de la invasión de los moros. En esta isla, que era móvil y a veces invisible, habrían fundado siete ciudades, llenas de riqueza.

Otra isla que participa de las mismas características mágicas de casi todas y que también aparece en los mapamundis medievales y en las cartas portulanas, es la isla de Brasil que una veces está colocada en el océano Atlántico, también cerca del Ecuador y otras cerca de Irlanda, confundiéndose con la ubicación de la isla de San Brandán. Esta fue la denominación que recibió la primera tierra americana que descubrieron los portugueses y donde la leyenda popular lusa consideraba que había ido a vivir el rey Don Sebastián.

El señuelo del oro y riquezas varias inunda de topónimos alusivos toda la geografía americana. Puerto Rico, Costa Rica, Castilla del Oro, las islas Rica de Oro y Rica de Plata, El Dorado, la costa de las Perlas son sólo una pequeña muestra de la obsesión que dominó a los españoles. Pero hay otros topónimos que, aunque no filológicamente sí semiológicamente, aluden también a riquezas sin fin. La isla de los Reyes (Magos), las islas del rey Salomón, la isla Antilla, la isla de Brasil, la isla California encu-

bren en su denominación la esperanza de hallar inmensos tesoros. En este sentido comprobamos invariablemente que son las islas las que concitan el mayor número de prodigios y riquezas en todas las leyendas geográficas y aún hoy el sueño de muchos habitantes de las grandes ciudades es marcharse a vivir a una isla exótica. Parece que la cualidad de lejanía y fortuna atribuida a las islas procede ya de los relatos mitológicos griegos y se encuentra igualmente en el resto de la literatura mitológica de otras culturas.

Bímini y la fuente de la eterna juventud

Ya hemos visto que, según la tradición, en el Paraíso Terrenal había una fuente que proporcionaba a quien bebía sus aguas o se bañaba en ellas, la eterna juventud. El mito de la eterna juventud procede de Herodoto que cuenta que los etíopes, que vivían en el otro extremo del mundo, eran longevos más de 120 años porque se bañaban en una fuente que dejaba el cuerpo impregnado de olor a violetas. En la lejana Grecia siempre se tuvo nociones de unas islas donde se vivía eternamente, el mismo Ulises fue tentado por la ninfa Calipso con la eterna juventud para que permaneciera con ella en la isla Eea. En el mapamundi de Andreas Walsperge, de 1459, aparece una isla Júpiter o de la Inmortalidad en la que nadie muere. Este ensueño de haber encontrado la fuente fue bastante común a los primeros conquistadores, que aluden a ella más o menos veladamente; pero Juan Ponce de León la buscó expresamente en la tierra que acababa de descubrir el 3 de marzo de 1513, día de la Pascua Florida y que él, en recuerdo de ese día y por la abundante vegetación que mostraba, la llamó La Florida.

Juan Ponce de León había partido de Puerto Rico a principios del año de 1513 con los navíos *Santa María de la Consolación*, *Santiago* y *San Cristóbal*; después de descubrir La Florida se volvió a Puerto Rico, enviando a la carabela *San Cristóbal* a buscar la isla Bímini. Estos expedicionarios regresaron al año siguiente sin haber encontrado nada de interés más que unos pocos indios que seguían contando las maravillas que existían en sus países de procedencia. Ponce de León se apresuró a volver a España, cantando las excelencias de sus descubrimientos, entre los que estaban la fuente de la eterna juventud en un lugar llamado Bímini, y obtuvo del rey el título de ade-

La mítica isla de Trapobana, según Ptolomeo.

lantado de La Florida y Bímini. Con el apoyo real organizó otra expedición, en 1521, en busca de la fuente soñada, que también acabó en fracaso. En 1523 el licenciado Lucas Vázquez de Aillón fue a explorar las tierras que lindaban con la Nueva España, más allá del paralelo 38, para buscar la misma fuente y las riquezas de sus alrededores. Descubrió un río que llamó río Jordán, lo mismo que al lago donde desaguaba dicho río, en memoria del río bíblico donde renacían los judíos y donde se bañó el mismo Jesucristo. Sin embargo, ésta será la última expedición con la intención explícita de hallar la mítica fuente, pues esta leyenda desapareció poco a poco de la memoria de los conquistadores aunque perdura la denominación del río y del lago Jordán en la Florida actual.

El mito de California

La primera noticia que se tuvo de California[163] fue la proporcionada por los supervivientes de la segunda expedición que envió Cortés el 20 de octubre de 1533. Diego Becerra iba al mando de ella con dos buques la *Concepción* y el *San Lázaro*; este último, mandado por Hernando Grijalba, se perdió la primera noche y no volvió a encontrarse con la capitana. En la *Concepción,* Diego Becerra fue asesinado por su piloto Fortún Jiménez con ayuda de parte de la tripulación. Este piloto vizcaíno desembarcó en Michoacán a los dos misioneros de la expedición y a los heridos y continuó el viaje hacia el norte. La nave de los amotinados llegó a un golfo, llamado luego de Cortés, que creyeron una bahía, y tocó en un puerto al que consideraron isla llamada luego por Cortés de Santa Cruz. Allí murió Fortún y algunos de sus compañeros a manos de los indios y los restantes escaparon a Nueva Galicia, llevando algunas perlas y la noticia de haber hallado una isla muy rica. Así pues, de esta expedición proceden las primeras confusas ideas de una isla rica en perlas y otras riquezas.

Cortés, después de muchas vicisitudes, consiguió organizar otra expedición y el 1 de mayo de 1535 entró en la bahía de la Paz y tocó en el mismo puerto que el piloto de la *Concepción*; creyendo también que era una isla la denominó de Santa Cruz por ser el día de la festividad de la cruz de mayo. Reconoció también la mayor parte del golfo que la separa del continente, que fue llamado Mar de Cortés o Mar Bermejo, y llegó a la conclusión de que

era una península. Sin embargo, una vez que se suspendieron las expediciones de Cortés y el conquistador volvió a España, poco a poco se la volvió a considerar como isla; así en la relación del segundo viaje de Vizcaino de 1602 se la describe como tierra separada y se añade:

«Tiene toda la forma y echura de un estuche ancho por la caveza y angusto por al punta, es la que comunmente llamamos de la California, y desde allí va ensanchando hasta el cabo Mendocino que diremos ser la caveza y ancho de él...Tiene este reyno, a la parte del Norte, al Reyno de Anian; y por la de levante, la tierra que se continúa con el reyno de Quivira; y por entre estos dos reynos passa el estrecho de Anian que passa a la mar del Norte, haviendo echo juntar el mar Océano que rodea al cavo Mendocino y el Mediterraneo de la California, que ambos a dos se vienen a juntar a la entrada de este estrecho que digo de Anian».

Las dudas sobre la insularidad de California empezaron a la altura del cabo Mendocino donde parecía que la costa tomaba rumbo nordeste por lo que se consideró que allí empezaba el ansiado estrecho. Según piensa Álvaro del Portillo en su obra, ya mencionada, la confusión entre si era isla o península se produjo al divulgarse el viaje de Francis Drake en 1579 que señaló el estrecho de Anian a los 42° de latitud norte y dijo, entre otras inexactitudes, haber navegado 1.400 millas alemanas desde un puerto de California situado a 29° hasta llegar a los 42°. A partir de su relato, los conceptos geográficos suministrados por los españoles, se confundieron y alteraron de tal manera que a finales del siglo XVII aún se discutía si era isla o península, ya que el relato de Cortés no se publicó hasta 1770. En el siglo XVIII parece que Carlos III tuvo que dictar una real orden imponiendo por ley la evidencia geográfica de la península de California. Los mapas de Delisle y D'Anville, geógrafos de gabinete, reflejan bien avanzado el siglo de las luces, esta confusión.

Ya Cortés había sabido por los indígenas de Zigüatán que muy cerca de allí había una isla muy rica toda poblada por mujeres, con lo que el intermitente mito de las Amazonas vuelve a aparecer aquí. Sin embargo, el primer nombre que recibió California fue el que le puso Cortés que la consideró isla y la llamó de Santa Cruz. Pero es en 1542 cuando aparece definitivamente el nombre. Rodríguez Cabrillo lo menciona de pasada como si fuese un nombre ya normalmente admitido. Posteriormente lo adoptan Herrera, Gomera y Bernal Díaz del Castillo, aunque el testimonio de estos cronistas no prueba más que el término estaba plenamente aceptado en el lenguaje corriente. Tampoco sabemos con certeza qué era lo que en un principio se designaba con el nombre de California si una bahía o una isla.

Aunque se hicieron muchas conjeturas sobre la etimología del nombre de California, parece seguro que procede de *Las sergas de Esplandián*, libro de caballería que escribió el español Garci Ordóñez de Montalvo y que se publicó en 1508 en Zaragoza como continuación de la versión castellana de los cuatro libros del *Amadís de Gaula*. Esplandián era el hijo de Amadís y continuó la serie de aventuras que habían hecho famoso a su padre. La difusión de estos libros fue extraordinaria y la imprenta contribuyó a que salieran otras cuatro ediciones antes del descubrimiento de California. En *Las sergas de Esplandián* se puede leer la siguiente descripción:

«... *a la diestra mano de las Indias hubo una isla, llamada California, muy llegada a la parte del Paraíso Terrenal, la cual fue poblada por mujeres negras, sin que algún varon entre ellas hubiese, que casí como las Amazonas era su manera de vivir.*»[164]

Calafia, reina de la maravillosa isla California, fue en auxilio de los paganos que tenían rodeada Constantinopla, apoyada por un ejército de grifos; pero cautiva de los cristianos se enamorará del héroe Esplandián. Esa California aparece descrita como una tierra riquísima en oro y joyas.

Parece pues bastante probable que la denominación de California empezara a usarse cuando llegaron los supervivientes de la expedición de Fortún Jiménez, si bien Cortés no debió adoptarla, pues dejó en el olvido todos los nombres que habían puesto los asesinos de Diego Becerra. La denominación hizo fortuna y ya hemos señalado que Rodríguez Cabrillo en la siguiente expedición cita California sin hacer ningún comentario al margen.

Lo que no está bastante claro es si el nombre fue adoptado por los partidarios de Cortés para seguir fomentando las exploraciones, que hasta entonces habían sido ruinosas, o por los enemigos del marqués del Valle para burlarse de sus baldíos esfuerzos.

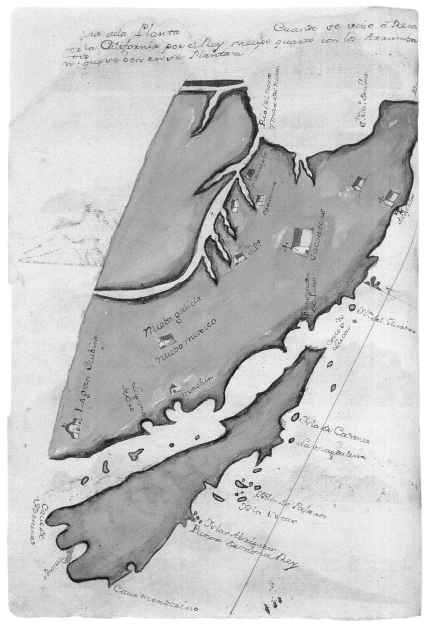

Representación de California como isla y de la Gran Quivira en un manuscrito del siglo XVII. Museo Naval de Madrid.

La Gran Quivira

Fue otra fructífera leyenda que impulsó las expediciones españolas y que recibió tratamiento cartográfico.[165] En 1536 volvió Alvar Núñez Cabeza de Vaca con tres compañeros, únicos supervivientes de los 300 que habían desembarcado en 1527 con Pánfilo de Narváez en Florida; llegaron a Culiacán, en el golfo de California, siete años después de su desastre en el golfo de México y, habiendo convivido durante esos años con los indios. Contaron todas las maravillas y grandes riquezas que habían visto en sus viajes. Estos relatos movieron al virrey Mendoza en 1538, a enviar al franciscano fray Marcos de Niza en busca de las Siete Ciudades de Cíbola y el reino de Quivira. Regresó el franciscano cinco meses después con una relación de las noticias que había adquirido de los indios en la que se contaba, las riquezas de las Siete Ciudades, pobladas por naciones cultas, con fértiles tierras y riquísimos metales. Cerca de las Siete Ciudades estaría la gran ciudad de Quivira cuyas casas tenían siete alturas. Estas noticias provocaron otra expedición al mando de Francisco Vázquez Coronado, gobernador de la Nueva Galicia, en busca de Cíbola, que resultó ser un pueblo con casas de adobe donde vivían los indios. No se daban por vencidos los descubridores en su fantasía y acabaron pensando que Quivira estaba más al interior del continente, por lo que el mismo Vázquez Coronado escribió una carta al gobernador de Quivira, al que consideraba un cristiano superviviente de las primeras armadas españolas que se internaron en Florida.

Esta leyenda de mediados del siglo XVI reverdeció a finales del XVII por la potente imaginación de Diego de Peñalosa, natural de La Paz, que, según él, había sido gobernador de Nuevo México, pero, perseguido por la Inquisición, pasó a Inglaterra y, en 1673 a París, ofreciendo sus servicios en ambas Cortes para iniciar una expedición por el territorio norte de México. Utilizando crónicas de viajes españoles del siglo XVI, Peñalosa compuso una relación apócrifa en la que daba noticias de que remontando un afluente del río Mississipi, hacia el oeste, se encontraba un reino, rico en metales preciosos llamado Theguayo y una ciudad fabulosa llamada Quivira que él habría descubierto en 1662. Estos lugares estarían cerca de las fundaciones de franceses e ingleses en La Florida, con lo que la expedición no sería muy costosa. Aunque no consiguió ningún crédito ni, por supuesto, el mando de ninguna expedición, su ciudad, Quivira, ingresó en el reino de la leyenda y en algunos mapas del siglo XVIII.

La ciudad de los Césares

Cuando Magallanes descubrió el estrecho que lleva su nombre se había cumplido el objetivo del cuarto viaje de Colón: la búsqueda de un paso hacia el Oriente. Este descubrimiento llevó aparejado la implantación de otra leyenda medieval: la de la existencia en las costas próximas al estrecho de una raza de hombres gigantescos llamados por Pigafetta, el cronista de la expedición, «patagones». Los mapas, sobre todo portugueses y holandeses que se nutrían de la información de los primeros, presentan gi-

gantes patagones en las costas del puerto de San Julián, mientras que los mapas procedentes de la Casa de Contratación de Sevilla son más prudentes en este tema.

Una vez confirmada la existencia de tierras al sur del Río de la Plata, se produjo una avalancha de peticiones para explorar la región que se encontraba entre el estrecho y la cordillera de los Andes donde se pensaba que existía una ciudad habitada por los descendientes de Francisco César, capitán de la armada de Sebastián Caboto que partió con varios hombres del fuerte de Sancti Spiritus y encontró al sur de la cordillera de los Andes una provincia llena de riquezas, donde fueron muy bien recibidos por el rey. César y sus hombres, desandaron el camino y comunicaron la existencia de grandes riquezas. Pronto esta leyenda se amalgamó con la del Dorado y con la de la ciudad de los Reyes adonde se pensaba que habían llegado el obispo Argüello y varios supervivientes del naufragio de una nave en el cabo del Purgatorio, cerca del archipiélago de los Chonos. Los naúfragos, después de caminar 60 leguas hacia el noreste habían llegado a una rica ciudad llamada de los Reyes donde vivían en paz con los nativos.[166] Estas noticias motivaron un sin fin de expediciones desde Chile y desde el Río de La Plata hacia la cordillera de los Andes y hacia el interior del continente. La leyenda de la ciudad de los Césares y de los Reyes vuelve a repetir la del preste Juan de las Indias al introducir una ciudad habitada por cristianos en un entorno hostil.

El estrecho de Anián

El deseo de encontrar un paso que franqueara el camino hacia oriente y que resultara más corto que el utilizado por los porugueses alrededor de África, llevó a Colón al descubrimiento de América y fue un importante motor para los viajes del siglo XVI.

El mismo Colón creyó haberlo encontrado en su cuarto viaje y lo buscó en los territorios recién descubiertos por Ojeda, Bastidas y Pinzón, en la zona del Darién y del Amazonas. El viaje de Magallanes-Elcano había establecido la existencia de un estrecho en el sur del continente americano, pero resultaba un itinerario largo y muy penoso por lo que el interés de los países europeos se polarizó hacia el norte del continente.

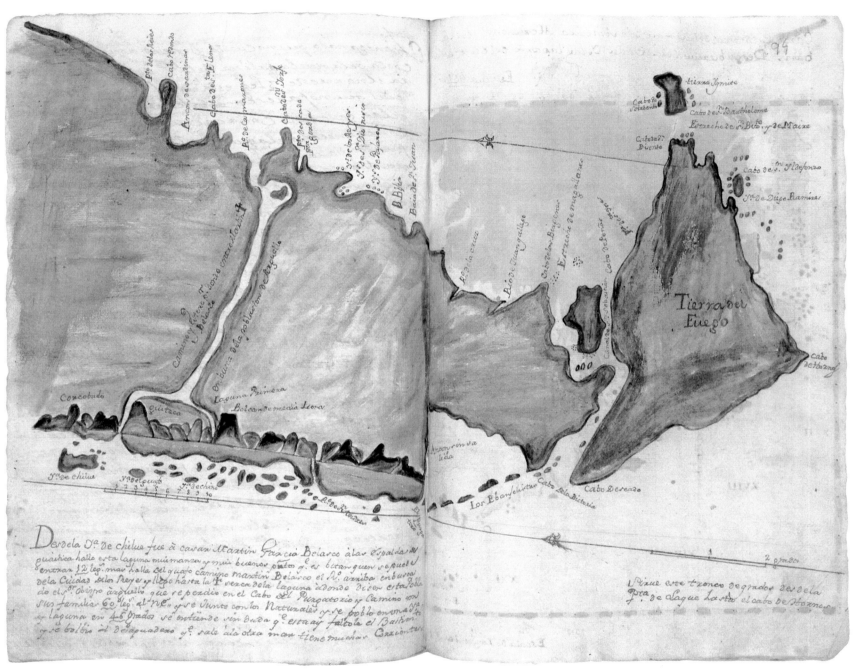

Mapa de un manuscrito del siglo XVII donde se localiza la ciudad de los Reyes. Museo Naval de Madrid.

Por encargo de Enrique VII de Inglaterra, Juan Caboto emprendió en 1497 esa búsqueda en la costa atlántica de América; los portugueses por su parte enviaron a Gaspar Corterreal con el mismo objetivo y los franceses al navegante florentino Giovanni Verrazano en 1524. En este mismo año, Carlos I de España envió al navegante portugués Esteban Gómez al mando de una armada que nunca regresó, por la costa llamada de los Bacalaos para encontrar el estrecho del norte.

Estas infructuosas tentativas llevaron a los españoles a intentarlo en la costa americana del Pacífico. Los viajes de Cortés en las costas de California estaban organizados con este propósito y durante el siglo XVI los virreyes de México escribieron a Felipe II dándole noticias referentes al paso del noroeste y urgiéndole a organizar expediciones para comprobar la veracidad de éstas. España, primera potencia marítima en aquel tiempo, consideraba vital encontrar ese estrecho antes de que lo hicieran el resto de las naciones europeas en general y los ingleses en particular. Los gobiernos de Felipe II y Felipe III, acuciados por las navegaciones de Francis Drake en el Pacífico, no se cansaban de anunciar abundantes recompensas, convencidos de que el estrecho al noroeste de América existía y que era cuestión de tiempo el descubrirlo. Todas estas circunstancias potenciaron un aluvión de noticias sobre el descubrimiento de este paso por parte de toda clase de arribistas y falsos científicos que aseguraban haberlo encontrado o tener la clave para hallarlo con vistas a alcanzar el premio anunciado.

Mientras que la parte atlántica del deseado estrecho fue denominada como estrecho de Groenlandia, Terranova o de los Bacalaos, la parte del estrecho que desembocaba en el Pacífico fue llamada por los españoles estrecho de la Nueva España, hasta que a finales del siglo XVI se generalizó el de estrecho de Anián. El nombre de Anián, si bien sólo para designar un reino llamado de Anián, parece que procede del relato de Marco Polo y sería una deformación del de la provincia china de Hainán. Aunque la convición de que existía un paso al norte del continente descubierto era frecuente en relaciones geográficas de la época, aparece por primera con el nombre de estrecho de Anián en la obra de Jacobo Gastaldi *La Universale descritione del mondo* de 1562 y cuatro años más tarde en el mapa de la Nova Franza de Bolognino Zaltieri. Sigue apareciendo en el mapa del mundo de Ortelio de 1564 con la forma italiana de «*Stretto di Aniam*» lo que viene reforzar el origen italiano del nombre.

Entre los falsos relatos de esta búsqueda vamos a pasar revista a tres españoles que dejaron huella en la cartografía posterior.

El viaje de Lorenzo Ferrer Maldonado

El relato de este viaje está hecho en primera persona y tiene el siguiente título: «*Relacion del descubrimiento del estrecho de Anian que hice yo el Capitan Lorençio Ferrer Maldonado el año de 1588 en el qual está la orden de la Navegación y la dispusición del sitio y el modo de fortalecerlo, y asímismo las utilidades de esta navegación y los daños que de no hacerla se siguen*».

Es éste un extenso memorial que el autor dirigió al rey Felipe III en 1609 y que circuló por la Corte de España en distintas copias. Se explicaba en él cómo se podía repetir un viaje que el autor había hecho en 1588, atravesando el estrecho del Labrador y hallando a 60° de latitud un estrecho que le había llevado en quince días a la costa pacífica americana. Ferrer Maldonado aseguraba haber vuelto a España por el mismo camino, todo esto en los meses de invierno. El autor incluía cuatro mapas, uno general de la derrota que debía seguirse, y tres de distintas perpectivas del estrecho. También se ofrecía a repetir el viaje con ayuda real para fortificar el estrecho e impedir que llegaran a él los enemigos de España, que como bien sabemos eran muchos.

El relato, del que omitimos todos sus disparatados detalles, y el autor del que hay abundante documentación sobre sus delictivas andanzas, gozaron de cierto crédito en una corte como la de España, obligada a defender unos enormes territorios, y donde pululaban toda suerte de arribistas y novatores. Finalmente el memorial se ha conservado en los archivos sin el informe correspondiente del Consejo de Indias, lo que indica que probablemente no llegó a ser considerado digno de examen. Esto explicaría que no se encuentre ninguna referencia de él en los escritores contemporáneos. Es posible que su relato se sumase a la leyenda general sobre el paso del noroeste. La repercusión científica del viaje se produciría a finales del siglo XVIII en el que fue objeto de importantes controversias por parte de la comunidad científica europea y motivó otras expediciones para comprobar la veracidad del cuento urdido dos siglos antes.

El viaje de Juan de Fuca

El relato del viaje de Juan de Fuca tiene características distintas del de Ferrer Maldonado pues nos ha llegado a través de terceras personas, es muy parco en detalles y no incluye ningún mapa explicativo del viaje. Esta relación la inserta Purchas en su libro *Purchas His Pilgrimes in Five Bookes. London, Printed by William Stansby for Henrie Fetherstone...1625*. Purchas cuenta que le fue referido por Michael Lok, cónsul inglés en Turquía, que, en el año de 1596 conoció en Venecia a un viejo marinero de 60 años que dijo llamarse Juan de Fuca, aunque su verdadero nombre era Apóstolos Valerianos, nacido en Cephalonia, el cual en presencia de John Dowglas, marino inglés, declaró que había navegado por las Indias occidentales al servicio de los españoles durante cuarenta años; que al volver de las Filipinas, su barco fue asaltado y robado por el inglés Cavendish, perdiendo 60.000 ducados de su hacienda. Añadía que en 1592 había sido enviado por el virrey de México con una carabela y una pinaza para examinar la costa norte de la California. Había navegado hasta los 47° latitud norte y al notar que la costa se internaba hacia el noroeste, se adentró en una gran entrada entre los 47° y 48° y navegó por ella 20 días, encontrando que la tierra se extendía al NO. y al NE. y también al E. y SE. y que la parte más estrecha de esta entrada debía tener 30 o 40 leguas. Pasó por entre muchas islas y varios canales, saltando a tierra en algunos lugares donde vio a gentes vestidas con pieles de animales; la tierra le pareció muy rica en oro, plata y piedras preciosas como en la Nueva España. Habiéndose adentrado hasta el mar del norte, considerando que su barco no estaba preparado para resistir un probable ataque de los salvajes habitantes de esos lugares, enderezó el rumbo y volvió a Nueva España donde fue muy bien recibido por el virrey.

Parece que Fuca no pudo obtener recompensa por su descubrimiento ni del virrey ni de la corte española por lo que decidió ir a morir a su tierra, adonde se dirigía cuando lo encontró Lok. Consideraba Juan de Fuca que la causa de no haber sido escuchado en España se debía a que los españoles estaban convencidos de que los ingleses habían abandonado sus viajes para descubrir el paso del noroeste. El marino se ofrecía a servir a la reina de Inglaterra, volviendo al estrecho si le devolvían el dinero que le había robado el capitán Cavendish.

Mientras se tramitaba su viaje a Inglaterra, Juan de Fuca murió y con él las probabilidades de encontrar el estrecho que decía conocer. Este es el relato que ha llegado hasta nosotros siempre relatado en libros ingleses. La relación del piloto griego, aunque desprovista de detalles técnicos y cultos, de derrotas y mediciones o de cualquier clase de precisión, produce sin embargo una sensación de veracidad, avalada, bien es verdad, por la comprobación de que en esas latitudes existe efectivamente una entrada que bien pudo el marino confundir con un estrecho.

Los críticos que consideran falso el viaje alegan que no ha quedado rastro en los archivos españoles ni de Juan de Fuca ni de los viajes que dijo haber hecho. Los que están

a favor de la veracidad de este viaje, no dudan en atribuir al secreto con que trataban estos temas en España, la falta de datos sobre el viaje y añaden que era usual que los españoles contrataran pilotos griegos para sus navegaciones. En contraste con las inexactitudes de otros falsos relatos, la descripción de Juan de Fuca concuerda con la mayoría de los accidentes geográficos que existen en la entrada que lleva su nombre. La diferencia de un grado de latitud ya que el estrecho se encuentra en realidad a 48° 30', consideran que es debido a la falta de instrumentos de precisión en la época. Su aseveración de que el estrecho conducía al Atlántico pudo deberse a que confundió la anchura del canal con mar abierto o bien lo supuso sin internarse más allá. Esta suposición se apoya en que dijo haber navegado 20 días por el estrecho y en otro lugar aseguró que en 30 días se podía atravesar por completo el dicho estrecho. Por otra parte, al describir las tierras halladas como muy ricas en oro, perlas y piedras preciosas no hizo más que seguir la tradición de todos los descubridores, como hemos venido comprobando.

Sea como fuere, lo cierto es que el estrecho de su nombre, que no es tal sino la entrada sur a la isla de Vancouver, empezó a aparecer en los mapas en la segunda mitad del siglo XVIII y ha pervivido hasta nuestros días.

El viaje del almirante Fonte

Otro relato apócrifo, presuntamente llevado a cabo por españoles o gente al servicio de España, apareció publicada por James Petiver en 1708 en la revista *The Monthly Miscellany* o *Memoirs for the Curious* en donde el almirante Bartolomé Fonte relataba un viaje que hizo en 1624 a la costa norte de Nueva España y una vez que llegó al cabo Blanco cambió el rumbo hacia el noroeste, llegando al río de Los Reyes y al archipiélago de San Lázaro, donde comprobó que no había comunicación entre ambos océanos. Este increíble viaje, redactado caóticamente, fue dado a conocer a la comunidad científica en las memorias del geógrafo francés Guillermo Delisle al publicar un mapa de los descubrimientos de Fonte. Se hizo eco de este viaje Philippe Buache que presentó en 1750 un mapa manuscrito a la Academia de Ciencias de París, donde figura un golfo al oeste de Canadá llamado «*Mer de l'Ouest*», descubierto por Fonte. Este mapa fue impreso por Joseph Nicolás Delisle en

1752 como «*Carte des Nouvelles découvertes au Nord de la Mer du Sud*».

La veracidad de este viaje a pesar de los argumentos a su favor esgrimidos por Buache ha sido puesto siempre en duda aduciendo que la relación del viaje publicada por los ingleses está en portugués y no en español y que no aparece citado en las relaciones de los jesuitas de California, contemporáneos del almirante, al que se le denomina almirante de Nueva España y Perú y príncipe de Chile.

Este viaje como los otros dos mencionados más arriba fueron desconocidos en su época pero en el siglo XVIII provocaron grandes controversias entre la comunidad científica. Los pretendidos descubrimientos fueron plasmados en mapas e impulsaron a las naciones europeas a organizar expediciones geográficas para comprobar la veracidad de estos asertos y contribuir al conocimientos de las regiones polares insuficientemente conocidas.

Al terminar este resumen, necesariamente breve, de la mitología geográfica americana hemos podido comprobar que los mitos proceden directamente de las creencias de la antigüedad tardía, mantenidas muy vivas en la Edad Media, y en muy pocos casos son plenamente autóctonos de las nuevas tierras, pues los conquistadores utilizaron las leyendas indígenas sólo para corroborar las que ellos aportaban procedentes de sus lecturas y de sus propias creencias. Unas leyendas se engarzan con otras y las que dieron nombres a las tierras americanas proceden de diversas fuentes clásicas y medievales y resultan a veces difíciles de separar.

Los mitos americanos preceden siempre a los conquistadores que, en pos de la quimera, se adentraban en territorios desconocidos y hostiles. Deslumbrados por ella, aquellos hombres, crédulos e intrépidos, pudieron vencer inmensos peligros y ampliar el horizonte geográfico universal.

Escala del «Nuevo Atlas» de I. Blaeu. 1654.

NOTAS

161. Sobre los mitos de la geografía clásica consúltese el capítulo IV de la parte I del libro de J. Noble Wilford, *The mapmakers*. (New York: Vintage Books, 1982).

162. J. Gil, *Mitos y utopías del descubrimiento. Colón y su tiempo*. (Madrid: Alianza Universidad, 1989). p. 250.

163. Para el tema de California hemos consultado el ya clásico trabajo de A. del Portillo, *Descubrimientos y exploraciones en California*. (Madrid: Escuela de Estudios Hispanoamericanos de Sevilla, 1947).

164. A. del Portillo, Ob. cit., p. 126.

165. Aparece tratada la Gran Quivira en el artículo de L. Martín-Meras, «Derrotero de la costa pacífica americana», en *Jano* 1986, V. XXX, n.º 709, p. 263.

166. Esta leyenda está reflejada en un mapa del estrecho de Magallanes y sobre ella se puede consultar el trabajo mencionado en la nota anterior.

ÍNDICE ONOMÁSTICO

ÍNDICE GEOGRÁFICO

Deseamos hacer constar nuestro agradecimiento por la
colaboración prestada para la realización de este libro al

Archivo de los marqueses de Castiglioni. Mantua
Biblioteca Británica de Londres
Biblioteca del Palacio Real de Madrid
Biblioteca Herzog August. Wolfenbüttel
Biblioteca Laurenciana de Florencia
Biblioteca Nacional de Madrid
Biblioteca Nacional de París
Biblioteca Nacional de Turín
Biblioteca Nacional de Viena
Biblioteca Olivariana de Pessaro
Biblioteca Real de Turín
Biblioteca Vaticana de Roma
Museu Nacional de Arte Antiga de Lisboa
Servicio Geográfico del Ejército. Madrid
The Hispanic Society of America. Nueva York

y de forma muy particular nuestro agradecimiento al

Museo Naval de Madrid

por la generosa cesión de iconografía de su archivo fotográfico
y amplias facilidades para la reproducción de su magnífica
colección de cartografía americana.

Han intervenido en la realización de este libro:

Director General: Juan Carlos Luna
Director de Arte: Andrés Gamboa
Director Técnico: Santiago Carregal
Maquetación: Luis Garrido

Reproducciones fotográficas
Joaquín Cortés